中国石化
SINOPEC CORP.

油田企业HSE培训教材

油田交通

总主编　卢世红

主　编　王智晓　周振杰　唐齐

中国石油大学出版社
CHINA UNIVERSITY OF PETROLEUM PRESS

图书在版编目(CIP)数据

油田交通 / 王智晓，周振杰，唐齐主编. —东营：
中国石油大学出版社,2015.12
中国石化油田企业 HSE 培训教材/卢世红总主编
ISBN 978-7-5636-4896-2

Ⅰ. ①油… Ⅱ. ① 王… ② 周… ③ 唐… Ⅲ. ① 油田
开发—交通运输管理—技术培训—教材 Ⅳ. ①TE34

中国版本图书馆 CIP 数据核字(2015)第 322618 号

丛 书 名：中国石化油田企业 HSE 培训教材
书　　 名：油田交通
总 主 编：卢世红
主　　 编：王智晓　 周振杰　 唐　齐

责任编辑：阙青兵(电话 0532—86981538)
封面设计：赵志勇

出 版 者：中国石油大学出版社(山东 东营　 邮编 257061)
网　　 址：http://www.uppbook.com.cn
电子信箱：zhiyejiaoyu_qqb@163.com
印 刷 者：青岛国彩印刷有限公司
发 行 者：中国石油大学出版社(电话 0532—86983560,86983437)
开　　 本：170 mm×230 mm　 印张：14.75　 字数：281 千字
版　　 次：2016 年 5 月第 1 版第 1 次印刷
定　　 价：38.00 元

编审人员

总 主 编	卢世红
主　　编	王智晓　周振杰　唐　齐
编写人员	邢利民　张　鹏　刘洋洋　付　文　崔　伟
	陈永刚
审定人员	（按姓氏笔画排序）
	丛金玲　刑利民　闫　进　杨延美　张　鹏
	孟宪平　钱志刚　谢　晋

特别鸣谢

马　勇　　王　蔚　　王永胜　　王来忠　　王家印　　王智晓

方岱山　尹德法　卢云之　叶金龙　史有刚　成维松

毕道金　师祥洪　邬基辉　刘卫红　刘小明　刘玉东

闫　进　闫毓霞　江　键　祁建祥　孙少光　李　健

李发祥　李明平　李育双　杨　卫　杨　雷　肖太钦

吴绪虎　何怀明　宋俊海　张　安　张亚文　张光华

陈安标　罗宏志　周焕波　孟文勇　赵　忠　赵　彦

赵永贵　赵金禄　袁玉柱　栗明选　郭宝玉　酒尚利

曹广明　崔征科　彭　刚　葛志羽　雷　明　褚晓哲

魏　平　魏学津　魏增祥

前言
Preface

　　自发现和开发利用石油天然气以来,人们逐渐认识到其对人类社会进步的巨大促进作用,是当前重要的能源和战略物资。在石油天然气勘探、开发、储运等生产活动中发生过许多灾难性事故,这教训人们必须找到有效的预防办法。经过不断的探索研究,人们发现建立并实施科学、规范的 HSE(健康、安全、环境)管理体系就是预防灾难性事故发生的有效途径。

　　石油天然气工业具有高温高压、易燃易爆、有毒有害、连续作业、点多面广的特点,是一个高危行业。实践已经证明,要想顺利进行石油天然气勘探、开发、储运等生产活动,就必须加强 HSE 管理。

　　石油天然气勘探、开发、储运等生产活动中发生的事故,绝大多数是"三违"(违章指挥、违章操作、违反劳动纪律)造成的,其中基层员工的"违章操作"占了多数。为了贯彻落实国家法律法规、规章制度、标准,最大限度地减少事故,应从基层员工的培训抓起,使基层员工具有很强的 HSE 理念和责任感,能够自觉用规范的操作来规避作业中的风险;对配备的 HSE 设备设施和器材,能够真正做到"知用途、懂好坏、会使用",以从根本上消除违章操作行为,尽可能地减少事故的发生。

　　为便于油田企业进行 HSE 培训,加强 HSE 管理,特组织编写了《中国石化油田企业 HSE 培训教材》。这是一套 HSE 培训的系列教材,包括：根据油田企业的实际，采用 HSE 管理体系的理念和方法，编写的《HSE 管理体系》《法律法规》《特种设备》和《危险化学品》等通用分册；根据油田企业主要专业，按陆上或海上编写的 20 个专业分册，其内容一般包括专业概述、作业中 HSE 风险和产生原因、采取的控制措施、职业健康危害与预防、HSE 设施设备和器材的配备与使用、现场应急事件的处置措施等内容。

本套教材主要面向生产一线的广大基层员工，涵盖了基层员工必须掌握的最基本的 HSE 知识，也是新员工、转岗员工的必读教材。利用本套教材进行学习和培训，可以替代"三级安全教育"和"HSE 上岗证书"取证培训。从事 HSE 和生产管理、技术工作的有关人员通过阅读本套教材，能更好地与基层员工进行沟通，使其对基层的指导意见和 HSE 检查发现的问题或隐患的整改措施得到有效的落实。

为确保培训效果，提高培训质量，减少培训时间，使受训人员学以致用，立足于所从事岗位，"会识别危害与风险、懂实施操作要领、保护自身和他人安全、能够应对紧急情况的处置"，培训可采用"1＋X"方式，即针对不同专业，必须进行《HSE 管理体系》和相应专业教材内容的培训，选读《法律法规》《特种设备》和《危险化学品》中的相关内容。利用本套教材对员工进行培训，统一发证管理，促使员工自觉学习，纠正不良习惯，必将取得良好的 HSE 业绩，为油田企业的可持续发展做出积极贡献。

本套教材编写历时六年，期间得到了中国石油化工集团公司安全监管局领导的大力支持、业内同行的热心帮助、中国石油大学(华东)相关专业老师的指导及各编写单位领导的重视，在此一并表示衷心感谢。

限于作者水平，书中难免有疏漏和不足之处，恳请读者提出宝贵意见。

总主编

2015 年 12 月

目　录
Contents

第一章　油田机动车辆交通概述

第一节　油田机动车辆交通概况

一、油田机动车辆交通运输特点

油田企业是一个以油气生产为主,集勘探开发、施工作业、石油化工、后勤辅助、多种经营和社会化服务为一体的大型野外生产企业。中国石化现有油田企业16个,拥有各类机动车辆数万台,驾驶员数万名,担负着油田生产物资设备运输、施工队伍搬迁、施工作业配套、生产运行指挥、后勤辅助保障等工作任务。随着境内外市场的不断开拓,机动车辆随施工队伍遍布全国各地、世界各国。由于油田生产经营的性质所致,机动车辆不仅具有一般社会车辆的道路交通运输特点,而且具有野外生产施工和连续作业的特殊性,主要表现在:

(1)车辆多,类型多,特种专用工程车辆多,车辆并非单一的交通运输工具。在油田生产施工过程中,无论是油气勘探开发、施工作业,还是后勤辅助保障,均离不开机动车辆。为保证油田生产建设任务的顺利完成,各企业都配备了相当数量的各类机动车辆,车辆类型涉及大、中、小型普通客货运输车辆,危险货物运输车辆,大型货物及设备搬迁运输车辆,石油工程、地面建设施工作业车辆等多种类型的机动车辆。特种专用工程车辆是油田生产施工的主要车型,约占车辆总数的30%。

(2)危险货物运输和施工作业队伍搬迁任务多,特种专用工程车辆施工作业接连不断,"三超"货物运输常有,工作任务复杂多样。油田的生产经营特点决定了机动车辆的工作性质和任务,涉及油气生产、勘探开发、施工作业、生产辅助、运行管理和后勤保障等各个方面,不仅担负着油田生产建设用物资设备运输、单井原油拉运、自用成品油配送、员工通勤、生产运行管理等任务,而且肩负着物探、钻井、测/录井、井下作业等施工作业队伍人员、设备、设施的搬迁运输,施工作业和特殊情况下的工程抢险等任务。几台、十几台或几十台车辆相互配合,共同完成一项施工作业任务;几十台、上百台车辆编队行驶,是油田的一道壮观而又美丽的风景线。

1

（3）车辆行驶及施工作业区域广，道路环境条件复杂，施工作业现场常常受限，安全行车和施工作业难度大。油田的生产工区面积广阔，地跨几个县市，同时随着境内外市场的不断开拓，施工队伍遍及全国各地、世界各国。油气田大多位于沙漠、戈壁、山区、湿地、滩海陆岸和荒漠贫瘠的盐碱地，地理环境条件恶劣，道路交通情况复杂，一些地方根本没有路，多数情况下车辆行驶在油田自建路、乡村路和田间地头、湿地荒地、沙漠戈壁中，车辆安全行驶难度大，还常常受到工农关系的影响，使设备搬迁运输和施工作业受阻、被困。在雨、雪、雾等恶劣天气下，车辆行驶更加艰难，时常陷入泥泞、积雪中。有些施工作业现场因受地理环境和建筑物的影响，工作区域受限，造成车辆摆放和施工作业困难。

（4）工作任务复杂，部分道路交通条件恶劣，施工现场环境条件差别较大，车辆施工作业组织运行难度大。油田施工队伍搬迁运输和施工作业需要多车辆、多车型相互配合才能完成，施工作业现场和搬迁距离的远近、施工作业工艺方案、队伍及设备设施情况、道路环境条件、现场环境条件和工农关系情况等都会影响车辆的组织运行，需要管理人员进行实地现场勘查，根据施工作业项目方案、现场和搬迁运输距离、现场和道路环境条件等，科学、合理、有序地调度车辆，安排人员现场指挥协调，并根据情况及时调整。部分特种专用工程车辆需要安排一岗两职甚至多职驾驶员，既要能驾驶车辆，又要能操作车载施工作业设备，还要保证驾驶员不能因为连续驾驶或施工作业造成心神疲劳而影响安全生产。

（5）油田驾驶员不仅要具备社会通用驾驶员的驾驶技能、经验知识，还要拥有适应油田特殊道路环境、工作性质、高标准的安全要求和驾驶操作相应车型的能力。目前，由于油田机动车辆的工作性质、任务和道路交通环境的特殊性以及高标准的安全要求，油田对驾驶员综合素质要求相对较高。一般要求驾驶员要有比社会驾驶员更高的工作责任心、更高的安全意识和更高的安全驾驶技能与经验知识。尤其是特种专用工程车辆驾驶员，不仅要驾驶价值贵重的车辆安全行驶，而且还要懂得车载施工作业设备的结构、性能和安全操作要求，具备相应的现场应急处置能力，持有法律法规规定的相应资格证，在施工作业时按照施工作业工艺要求，安全、熟练地操作车载施工设备。在外部市场尤其是在境外市场工作的驾驶员，必须具备良好的心理素质和身体素质，以及更高的地理环境、气候环境、人文环境、社会环境和法律环境的适应能力，遵守当地法律法规、宗教信仰和风俗习惯，保证工作的顺利完成。

二、油田机动车辆交通运输安全现状

机动车辆是一种高速行驶的现代化交通运输工具，具有较高的交通安全风险，它在给人类带来物质文明和精神文明的同时,也给人类带来严重的灾难。据有关资料报道,自汽车发明问世以来,全世界已有 4 000 多万人死于车祸,当今每年约有 120 万人因交通事故丧生。我国是世界上道路交通安全形势最严重的国家之一。据官方资料统计,1992—2011 年这 20 年间,我国交通事故共造成 1 550 971 人死亡,平均每年死亡 77 548 人,道路交通事故平均死亡人数约占全国各类安全生产事故死亡总人数的 80%。其中 2002 年因道路交通事故死亡 109 381 人,受伤 562 074 人,道路交通事故平均死亡人数约占全国各类安全生产事故死亡总人数的 78.4%。道路交通事故已成为我国乃至世界各国非正常死亡人口的主要杀手之一。随着机动车辆数量的不断增加,这场道路交通战争将会无情地持续下去,预防道路交通事故成了一项世界性难题和长期而又艰巨的任务。

中国石化油田企业拥有数万台各类机动车辆,遍布全国各地、世界各国,担负着油田生产建设物资设备运输、施工队伍搬迁、施工作业配套、生产运行指挥、后勤辅助保障等任务。车辆和车型种类多,新度系数低,驾驶员队伍结构复杂,安全素质高低不等,驾驶技能、经验知识参差不齐,工作任务复杂而繁重,车辆经常行驶在戈壁、沙漠、山区、湿地、乡村和油区道路上,甚至是田间地头和施工作业区,道路及环境条件复杂,安全管理难度大,安全风险高。同时,目前各油田企业机动车辆普遍存在着车辆相对老化、更新速度较慢、新度系数较低的现状,驾驶员队伍也存在着年轻新驾驶员增补缓慢、队伍年龄结构老化,外雇驾驶员逐年增多和部分新聘外雇驾驶员的工作责任心、安全意识、安全驾驶技能及经验知识不能较好地满足油田安全生产需要的现状,给安全管理带来了一定难度。尽管集团公司和各油田企业制定并实施了一系列交通安全管理措施,做了大量卓有成效的工作,但是受社会大道路交通安全形势的影响,机动车辆交通事故仍时有发生,事故起数和伤亡人数位列其他安全生产事故之首。做好交通安全工作,预防交通事故,也是集团公司和各油田企业的一项重要而艰巨的任务。

近年来,党和国家为了进一步加强交通安全工作,预防道路交通事故,遏制重特大道路交通事故的发生,相继出台了一系列措施,不断修改完善相关法律法规条款,强化各级人民政府、主管部门和企业的交通安全责任,加强对交通安全工作的监管和对交通违法行为的处罚。2010 年《国务院关于进一步加强企业安全生产工作的通知》(国发[2010]23 号)将道路交通运输纳入国家安全生产重点监管行业,采取了更加严格的目标考核、责任追究和更加有效的管理手段及政策措施,强化对道路交通安全工作的监管。2011 年《国务院关于坚持科学发展安全发展　促进安全生产形势持续稳定好转的意见》(国发[2011]40 号)再次强调对交通运输行业的监管监控。同时,《中华人民共和国道路交通安全法》(修正案)和 2012 年新颁布的

《机动车驾驶证申领和使用规定》加大了对饮酒驾驶、醉酒驾驶、超速行驶等严重交通违法行为的处罚力度,《中华人民共和国刑法修正案(八)》将醉酒驾驶和飙车列入刑事犯罪。

中国石化是一个高度负责任的中央直属大型企业,始终坚持"安全第一,预防为主,综合治理"的安全生产方针,高度重视安全生产工作。尤其是近年来,在中国石化集团公司的领导下,各油田企业牢固树立"安全高于一切,生命最为宝贵"的理念,以企业安全文化建设为主线,进一步加强交通安全规章制度和标准化建设,强化交通安全责任落实,加强交通安全监督管理,大力开展交通安全宣传引导和教育培训,积极推广运用 GPS 车辆卫星定位监控技术,做好交通安全监督检查和车辆服务商(承包商)安全监管,取得了良好的交通安全业绩,杜绝了重特大责任交通事故的发生,事故起数和伤亡人数远远低于全国交通安全考核指标,确保了各油田企业安全稳定的改革、发展和生产经营形势。

目前,各企业按照国家和集团公司的要求,不断加强交通安全管理责任落实,开展交通安全教育培训,加强交通安全监督检查和考核,积极开展隐患排查治理和风险识别与控制活动,努力消除事故隐患。各基层车队在车辆调派时,认真落实车辆安全风险消减控制措施,针对不同的任务、天气和道路交通情况,认真开展交通安全风险识别分析,消除、控制交通安全危害因素。大部分专业驾驶员都具有多年安全驾驶经验,交通安全意识和驾驶技能相对较高,交通违法违规现象普遍较低,酒后开车现象基本上得到根除。但是,从道路交通安全现状来看,还存在着一些安全隐患,主要表现在:

(1)部分驾驶员的交通安全意识不强,"安全高于一切,生命最为宝贵"的理念还不牢固,"我要安全"的意识还不够强烈,麻痹心理、侥幸心理、惰性心理、从众心理、逞能心理、冒险心理等不安全心理仍然存在,遵守法规不是为了安全而是为了避免处罚的"警察式"安全行为思想还较为突出。

(2)部分驾驶员的交通安全经验知识和安全驾驶操作知识相对不足、不系统、不全面或不牢固,感性认识较强,理论和经验知识较差,驾车跟着感觉走,危害识别与消除、控制能力较差,不知道或不清楚当前面临的危险因素是什么、在哪里,无知或记忆不清造成不安全行为时有发生。

(3)驾驶车辆主动礼让斑马线、按序排队通行、按位有序停放、文明使用车灯、遵守交通信号和服从交警指挥等文明交通行为还没有成为自觉行为,不按导向车道行驶、开车接打手机、不系安全带、随意乱停乱放、占用应急车道、争道抢行、加塞等交通陋习经常发生,酒后(醉酒)驾驶、超速(飙车)行驶、强行超车、逆向行驶、闯红灯和疲劳驾驶等危险驾驶行为还没有根除。

（4）违规装载，捆绑固定不牢，遮挡或污染号牌，超长、超高、超宽运输不按规定办理手续等违法现象还偶有发生。

（5）无准驾证驾驶油田车辆和公车私用等违规现象也偶有发生。

（6）汽车起重机、危险货物运输车辆和提供高温高压气体或液体的特种专业工程车辆等的安全装置不全、不用、不会正确使用的现象仍然存在。根据国家及行业相关规定和标准，多数专业工程车辆应该安装专用的安全装置，确保车辆设备作业的基本安全，但是部分驾驶人不能正确使用安全装置，部分单位为了提高工作速度，人为地限制安全装置的有效使用，导致有效安全措施失效。

第二节　油田机动车辆主要种类

汽车是油田企业物资运输、队伍搬迁、生产指挥、员工通勤和后勤保障的主要交通运输工具，也是油田油气勘探开发、施工作业的必要设备机具，涉及的车辆数量和种类较多。按照我国国家分类标准，油田车辆包括载客汽车、载货汽车、专项作业车（油田特种专用工程车辆）等。

一、载客汽车

载客汽车是指主要用于载运人员的汽车，包括以载运人员为主要目的的专用汽车。其分类见表1-1。

表1-1　载客汽车分类

分类	说　　明
大型	车长大于等于6 000 mm或者乘坐人数大于等于20人的载客汽车
中型	车长小于6 000 mm且乘坐人数为10～19人的载客汽车
小型	车长小于6 000 mm且乘坐人数小于等于9人的载客汽车，但不包括微型载客汽车
微型	车长小于等于3 500 mm且发动机汽缸总排量小于等于1 000 mL的载客汽车

二、载货汽车

载货汽车是指主要用于载运货物或牵引挂车的汽车，包括以载运货物为主要目的的专用汽车。其分类见表1-2。

表 1-2　载货汽车分类

分类	说　　　明
重型	总质量大于等于 12 000 kg 的载货汽车
中型	车长大于等于 6 000 mm 或者总质量大于等于 4 500 kg 且小于 12 000 kg 的载货汽车,但不包括低速货车
轻型	车长小于 6 000 mm 且总质量小于 4 500 kg 的载货汽车,但不包括微型载货汽车、三轮汽车和低速货车
微型	车长小于等于 3 500 mm 且总质量小于等于 1 800 kg 的载货汽车,但不包括三轮汽车和低速货车
三轮 (三轮汽车)	以柴油机为动力,最大设计车速小于等于 50 km/h,总质量小于等于 2 000 kg,长小于等于 4 600 mm,宽小于等于 1 600 mm,高小于等于 2 000 mm,具有 3 个车轮的货车。其中,采用转向盘转向、由传递轴传递动力、有驾驶室且驾驶人座椅后有物品放置空间的,总质量小于等于 3 000 kg,车长小于等于 5 200 mm,宽小于等于 1 800 mm,高小于等于 2 200 mm
低速 (低速货车)	以柴油机为动力,最大设计车速小于 70 km/h,总质量小于等于 4 500 kg,长小于等于 6 000 mm,宽小于等于 2 000 mm,高小于等于 2 500 mm,具有 4 个车轮的货车

三、专项作业车(油田特种专用工程车辆)

专项作业车是指油田为了承担专门的运输任务或作业,装有专用设备,具备专用功能的车辆,是油田作业中不可缺少的配套设备。

按照油田生产各环节的需要,涉及的专业工程车辆类型具体为:① 物探作业类,包括地震仪器车、地震排列车、可控震源车、物探钻机车;② 钻井作业类,包括固井水泥车、管汇车、立放井架车、井架安装车、汽车起重机、平板拖车、重型货车、大型货车、测量工程车、水罐车;③ 测录井作业类,包括放射性专用源车、测井车、测井液压绞车、测井工程车、试井车;④ 井下作业类,包括压裂车、压裂管汇车、压裂仪表车、修井车、压裂泵车、压裂混砂车、氮气发生车、井架安装车、供砂车、石粉罐车;⑤ 采油作业类,包括锅炉车(洗井清蜡车)、压风机车(压缩机车)、水泥车、作业井架车、随车吊(大型)、酸罐车、大型货车、水罐车等。

(一)物探作业类

图 1-1 所示为地震仪器车,是用来装备地震仪器及其配套车载发电机的专用

工程车辆,按照底盘型号主要分为奔驰仪器车、北方奔驰仪器车、铁马仪器车三个系列,用于野外地震采集资料的收集及野外生产指挥等工作任务。

图 1-2 所示为地震排列车,是配备有前桥驱动的四轮或六轮越野工程车辆,在地震勘探施工过程中用于运载人员物资以及运输石油勘探专用设备。

图 1-1　地震仪器车

图 1-2　地震排列车

图 1-3 所示为可控震源车,是安装有自适应伺服控制系统、震动器的专用地震设备,可以通过电控箱体控制震动频率,用于炸药激发不能完成区域的施工作业。

图 1-4 所示为物探钻机车,是配备安装有钻井泵、空压机、液压钻井系统和井架的专用工程设备,可以通过钻井液和空气等介质进行钻井作业,用于野外地震施工中的钻井作业。

图 1-3　可控震源车

图 1-4　物探钻机车

(二)钻井作业类

图 1-5 所示为固井水泥车,是由计算机进行自动控制的固井设备,它是一个集机械系统、自动控制系统和液压系统于一体的高性能自动混浆灌浆设备。其装备的混配系统配备有轴流式混合器和自动密度控制系统,可根据需要精确地配制水泥浆,并具有重复循环二次混配功能,实现水泥浆密度的实时控制和调节。另外,工控机还能将作业过程中的施工参数自动记录并保存,为固井施工和质量分析提供一定的依据。

图 1-6 所示为管汇车。管汇车是装置压裂、防砂作业用的管汇、阀门等配套设备的专用工程车辆,用于连接固井泵系统、水泵系统和水泥浆混合系统的管线以及各种阀门等。

图 1-5　固井水泥车　　　　　　　　　　图 1-6　管汇车

图 1-7 所示为立放井架车,钻机车的动力、绞车、井架、游车系统及传动机构全部装载于自走式底盘上,对于提高钻井作业搬迁效率具有很大的优势。有钻深最大级别 4 000 m 的钻机车,最大静载荷从 1 125 kN 到 2 250 kN,具有作业负荷大、性能可靠、越野能力强、移运方便、作业和搬迁费用低等特点,适应中浅井钻井作业,可满足高寒、沙漠、高原等地区的特殊要求。

图 1-8 所示为井架安装车,是一种车载移动式设备,利用主车取力,带动绞车转动,使钢丝绳带动物体上下移动,它主要用于塔式井架的安装与拆卸作业。

图 1-7　立放井架车　　　　　　　　　　图 1-8　井架安装车

图 1-9 所示为汽车起重机,主要用于油田勘探开发、井队搬迁、地面建设、生产设备与施工作业的吊装、施工队伍营房搬迁等。

图 1-10 所示为平板拖车,分为低平板半挂车和高平板半挂车,主要用于油田钻井队、作业队搬迁,运输重型机械设备(如钻井机组、板房、挖掘机、推土机、装载机、铺路机等)及其他重载货物,载重范围在 20～150 t 之间。

图 1-9　汽车起重机　　　　　　图 1-10　平板拖车

图 1-11、图 1-12 所示分别为重型、大型货车,主要用于油田钻井队(井下、作业)大型设备搬迁,钻具、套管、油管转运,井架安装等工作任务。

图 1-11　重型货车　　　　　　　图 1-12　大型货车

图 1-13 所示为钻井测量工程车,属中型专项作业车,是井队施工作业用的特种专用工程车辆,完成特殊工艺井现场测量工作任务,配备有 YST-48R 设备、无线随钻测量仪器。

图 1-14 所示为水罐车,是装备有有效容积为 $15\ m^3$ 的原装罐体,并且配有自动装卸装置,专门用来装运水的运输工程车,主要承担为油田钻井队提供生活用水和软化水等工作任务。

图 1-13　钻井测量工程车　　　　图 1-14　水罐车

（三）测录井作业类

图 1-15 所示为放射源专用源车,是在车内配备了有辐射防护层的测井用放射源专用源箱的车辆,用于运输、现场储存测井用放射源。

图 1-16 所示为测井车,是装载测井仪器和电缆绞车的专用石油工程车,用于油田勘探开发和生产过程中探井、生产井等各种油井的测井作业及射孔作业。

图 1-15　放射源专用源车　　　　　　　　图 1-16　测井车

图 1-17 所示为测井液压绞车,是安装配备测井地面系统、液压绞车系统以及测井电缆等的测井专用车辆,通过控制绞车的动力和变速系统,可以使电缆滚筒以不同的速度转动,从而使电缆和井下仪器在井中下放或上提,测井地面系统采集井下信号,从而完成测井作业或井壁取心。目前常见的液压绞车一般可分为车载式液压绞车和拖撬式液压绞车两种。车载式液压绞车是利用汽车发动机为动力驱动车辆行驶及液压绞车运行,可在陆地各种复杂环境条件下测井施工。

图 1-18 所示为测井工程车,是用于人员乘坐,运输下井仪器、工具、备件等的专用车辆,同时作为测井作业人员现场临时休息场所。

图 1-17　测井液压绞车　　　　　　　　图 1-18　测井工程车

图 1-19 所示为试井车。试井车是油田油、气、水井维修与测试工作中必备的专用石油工程车,用于油、气、水井的压力、温度与流量测试,井下取样,复合定位,吸气剖面,套管验漏,清蜡,小型打捞等井下作业。

图 1-19　试井车

(四)井下作业类

图 1-20 所示为压裂车,是油层压裂工艺过程中使用的一种专用工程车辆,为井下作业压裂施工提供动力,将具有一定黏度的液体挤入油层,使油层形成裂缝。

图 1-21 所示为压裂管汇车,负责在油田各压裂、防砂作业中运载和吊装大量管汇。管汇车的基本结构主要由汽车底盘、液压吊臂、橇架、高低压管汇系统以及液压系统组成,可根据需要设计和配备管汇系统。

图 1-20　压裂车

图 1-21　压裂管汇车

图 1-22 所示为压裂仪表车,是成套压裂机组实现联机作业的核心监控设备。仪表车在压裂施工中的主要作用是实时采集、显示、记录压裂作业全过程,集中控制数台泵车,可对压裂作业数据进行分析、处理。

图 1-23 所示为修井车,是采用单(双)发动机为动力的自走式修井机,主要针对陆上油田深井大修、修井、试油、投捞、检泵作业,其主要工作系统为提升作业系统、旋转作业系统和底盘行走系统。其最大静钩载荷达 1 470 kN,配备钻台和相关附件可进行侧钻和中浅井钻井作业。

图 1-22　压裂仪表车　　　　　　　　　　　图 1-23　修井车

　　图 1-24 所示为压裂泵车。压裂泵车主要适用于油气田深井、中深井、浅井的各种压裂泵液注压作业。整机主要由下车行走部分和上车工作部分组成。上车工作部分主要由车台发动机、液力传动箱、三缸柱塞泵、高低压管汇及液气路操作控制系统组成。

　　图 1-25 所示为压裂混砂车。车台部分主要由动力设备(发动机)驱动各种液压泵提供液压动力,其主要的组成部分包括发动机、分动箱、液压取力泵、搅拌器、干添装置、液添装置、吸入叶片泵、排出叶片泵、流量计、输砂器和车台控制室等,一些混砂设备还配备有放射源(含放射性同位素铯[137])。

图 1-24　压裂泵车　　　　　　　　　　　图 1-25　压裂混砂车

　　图 1-26 所示为氮气发生车,采用膜分离制氮工艺,利用空气分离技术制取氮气以供使用。制氮车设备的组成(除底盘车外)包括:动力柴油发动机一台、空气压缩机和氮气增压机各一台、液压动力驱动的冷却单元、空气处理单元、膜分离制氮单元和控制系统。制氮车设备能满足天然气、石油开发过程中的钻井、油气井下特种作业、气举排液、输气管线吹扫、置换等工况使用的要求,设备能够在边远地区无外接电力与外接动力的情况下正常运行,满足耐盐碱、耐油、耐热、耐潮湿、耐寒要求。

图 1-27 所示为井架安装车,配备安装有液压系统,通过液压系统升降井架起落杆,是试油作业井架起降设备专用的工程车辆,用于试油井架起降、转立及运输。

图 1-26 氮气发生车   图 1-27 井架安装车

图 1-28 所示为供砂车,是油田压裂、防砂作业的主要配套设备,主要用于输送压裂作业所需要的各种介质的施工砂。

图 1-29 所示为石粉罐车,配备有传动装置、配气系统、罐体部分和下灰系统。其下灰系统采用的是气力输送原理,利用车装空压机所产生的压缩空气,借助管汇总成、气控系统(控制箱)及罐体内的汽化器,使罐体内的物料流态化,然后利用罐内外气压差将物料排出储料罐。石粉罐车主要用于石油矿场运送散装固井水泥,以供油(气)井固井配套作业时使用。

图 1-28 供砂车   图 1-29 石粉罐车

(五)采油作业类

图 1-30 所示为锅炉车(洗井清蜡车),装置有车载锅炉及配套设备的专用加热设备,可以提供高温、高压水及蒸汽,用于油井的结蜡热洗、压力容器加温清洗及管线疏通等。

图 1-31 所示为压风机车(压缩机车),用于油水井流程管线的扫线疏通、试压及油水井井液的气举施工。

图 1-30　锅炉车(洗井清蜡车)　　　　　图 1-31　压风机车(压缩机车)

图 1-32 所示为水泥车,装置有高压泵及配套设备,用于向井下灌注水泥,主要用于油水井作业施工中的防砂、酸化、冲砂、洗井、压井、试压、酸化等。

图 1-33 所示为作业井架车,安装固定有修井作业井架及配套设备,用于作业井活动井架的运输及立放施工。

图 1-32　水泥车　　　　　　　　　　图 1-33　作业井架车

图 1-34 所示为随车吊(大型),车上安装、固定有吊机,用于作业井水罐、井下工具及其他小型物体的吊装运输。

图 1-35 所示为酸罐车,车体上安装有玻璃钢罐体,主要为作业井队运送腐蚀性液体。

图 1-34　随车吊(大型)　　　　　　　图 1-35　酸罐车

图 1-36 所示为大型（重型）货车，主要用于钻井队（井下、作业）大型设备搬迁，钻具、套管、油管转运，井架安装等工作任务。

　　图 1-37 所示为水罐车，车体上安装有铁质罐体，配合水泥车进行油水井施工作业，提供井液运送和废液回收等服务，主要是为作业井队运送作业所需的化工料、钻井液、污水等。

图 1-36　大型（重型）货车

图 1-37　水罐车

第三节　油田机动车辆交通安全要求

　　我国规范道路交通安全的主要法律、法规和标准有《中华人民共和国道路交通安全法》《中华人民共和国道路交通安全法实施条例》《机动车驾驶证申领和使用规定》《道路交通安全违法行为处理程序规定》《机动车运行安全技术条件》等。集团公司为加强交通安全管理，预防和减少交通事故，保障员工和公众人身、财产安全，结合集团公司实际，制定了《机动车辆交通安全管理规定》，对驾驶员、车辆、驾驶操作均做了明确规定。集团公司下属各企业单位据此制定了相应规定，全面推行企业内准驾证制度，以进一步规范车辆使用、管理，加强车辆交通的安全。

一、机动车辆交通基本安全要求

（一）对驾驶员的基本安全要求

　　（1）机动车辆驾驶员应具备良好的职业道德和身体条件，作风正派，遵纪守法，并取得国家颁发的机动车辆驾驶证。由各单位或所属二级单位安全部门对其驾驶技能、交通安全法规知识等考核合格并取得单位内部机动车辆准驾证后，方可驾驶单位内部机动车辆。

　　（2）驾驶重型、大型、危险货物及特种专用工程车辆的驾驶员应具备 5 年或150 000 km 以上的安全驾驶经历，了解所驾车辆的基本性能以及车载特种设备的

性能、施工工艺流程;驾驶危险货物运输车辆的驾驶员应经过相关安全知识培训,掌握危险货物的性质、一般安全规程和应急处置技能,取得合法有效的资格证后方可上岗。

(3)驾驶员应做到:

① 遵守国家法律、法规和集团公司及本单位的相关安全生产规章制度,严格自律,驾驶车辆做到"四不"(不违反信号、不争道抢行、不乱停乱放、不随意变道)与"四让"(车辆让行人、转弯让直行、右转让左转、超车让对行),不违反交通安全法律法规。

② 加强职业道德修养,培养良好的生活习惯,提高安全自律性,不开英雄车、斗气车和霸气车,礼貌行车,文明行车,驾驶车辆时应保持精力充沛和良好的心境。

③ 爱护车辆,服从调度,自觉接受安全检查;出车前、行驶途中和收车回场后应按规定检查车辆,及时做好车辆日常维护保养,保证车辆处于良好状态,如实汇报出车情况。

④ 自觉参加本单位组织的各项安全活动,提高自身安全意识和技能。

⑤ 拒绝执行违章指挥。

(二)对机动车辆的安全要求

(1)机动车辆安全技术状况、安全装置和车辆标识应符合《机动车运行安全技术条件》的规定要求,车辆的日常安全检查和维护维修应重点检查监控制动、转向、灯光等关键部位,严禁车辆带"病"上路行驶。

(2)机动车辆应按规定配备随车工具、灭火器、警告标志牌、大中型客车逃生安全锤等;在山区、冰雪、泥泞道路上行驶的车辆,应配备防滑链和防溜掩木。

(3)严禁机动车辆客货混载,机动车辆载人(物)不得超过行驶证核定的载人(重)量,运输超限物件(超长、超宽、超高、超重)应按规定到当地相关部门办理超限运输手续。汽车吊车、轮式专用机械车不得牵引车辆,严禁将特种专用工程车辆用作运输车或交通(通勤)车使用。3台以上车共同执行同一任务时,应指定负责人并编队行驶。车队行驶时,应保持安全行车距离,中速行驶,并做好途中对车辆的"三停四查"(通过险路险桥前停车查看路况,通过城市前停车整理车容车貌,遇行车安全障碍时停车排除事故隐患;途中检查车辆轮胎气压是否正常,检查车辆制动、转向等装置是否灵敏、安全、可靠,检查车辆灯光信号是否有效,检查货物捆绑是否牢固)。

(4)特种专用工程车辆在施工作业过程中应严格遵循"保证安全、利于健康、保护环境"的原则,不应妨碍其他车辆通行。需要驾驶员配合的作业项目,驾驶员应坚守岗位,严格遵守相关安全操作规程。

(三)对车辆行驶安全保障的要求

(1)生产管理部门和基层车辆单位安排车辆任务时,应对车辆、驾驶员、天气、道路和任务等进行 HSE 风险识别分析,合理调派车辆和驾驶员,不得因工作任务造成驾驶员疲劳开车、超速行驶。

(2) 驾驶员在出车前应全面了解出车任务,选择最佳行车路线,预测、分析途中风险因素,提前做好预防措施,并认真做好安全检查,确保车辆安全技术状况良好,行车证件齐全有效。

(3) 驾驶员在出车前应对自己的身体状况和精神状态进行确认,确保行车过程中精神饱满、精力充沛,身体和精神状态不会对安全行车造成影响。

(4) 驾驶员驾驶车辆应严格遵守《中华人民共和国道路交通安全法》及相关法律法规,杜绝酒后开车、疲劳开车、超速行驶、强行超车等严重交通违规行为,并做到以下几点:

① 起步前要认真查看车辆周围,大型车辆还应注意车底,确认安全后方可发出信号起步行驶。

② 驾驶车辆时应集中精力,认真观察判断,发现异常情况应提前减速并采取相应措施,切勿疏忽麻痹、心存侥幸。

③ 行车过程中要沉着冷静,谨慎驾驶,不可急躁或心存侥幸、左右超车、超速行驶。

④ 行车途中要保持安全车距,切勿跟车过近、横距过小,导致突发情况时措手不及。

⑤ 超会车时,要正确判断超会车的距离、速度,切勿盲目侥幸,避免"三点"或"多点"交会,严禁强超抢会行为。

⑥ 行经路口时要严格遵守灯光信号和通行规则,注意避让行人,不得强行通过。

⑦ 行经村庄、学校、繁华街道或城乡接合部时,要减速慢行,注意观察判断,并做好预防措施,防止儿童、学生玩耍打闹或车、马、行人争道抢行、截头猛拐、突然横穿等意外情况发生。

⑧ 在雨、雪、雾等恶劣天气或冰雪、泥水道路上行驶时,应严格控制车速,掌稳方向,加大安全车距,操作方向、油门、刹车时要轻缓,切勿急打方向、猛踩/急抬油门或刹车过急过死,禁止超速行驶、左右穿插、紧急制动。

⑨ 执行长途任务要遵守规定,行车途中应中速行驶,沉着冷静,不可高速赶路、超速行驶,严禁疲劳驾驶。

⑩ 车辆转弯、掉头、停车或变道行驶时,要注意观察来往车辆和行人,遵守通行规则,给后方来车、行人留有安全距离,不得强行转弯、掉头、停车或随意变道。

⑪ 在高速公路行驶时应控制车速,保持安全车距,注意调节注意力,按规定行车、超车、变道和应急停车,避免视觉疲劳、注意力分散,严禁疲劳开车、强行超车、

随意变道和逆向行驶。

⑫ 午饭后应尽量稍作休息调整再上路行驶,若饭后急需上路,应采取措施振作精神,避免发生饭后困倦、瞌睡、精力不足和注意力分散等现象。

⑬ 夜晚、黄昏行车要减速慢行,注意观察;超会车时应沉着谨慎,合理使用灯光,切勿观察不清盲目行驶,要特别注意因光线对射形成的视线盲区。

⑭ 遇险路、险桥时,驾驶员应下车查看,必要时乘车人应下车步行通过;车辆行驶时应低速慢行,乘车人应协助瞭望,严禁冒险强行通过。

⑮ 行经沼泽、泥泞路段时应下车查看路况,不得冒险驶入;车辆被陷时,不应猛加油门前行或倒车,要挖开被陷轮胎周围的泥土,放好垫物或用其他车辆拖出。

⑯ 机动车辆需要通过水淹路段时,应下车查看积水深度,不可侥幸冒险通过。如可通行,应选好行车路线,使用低速挡平稳操作、缓慢行进,不宜在水中停车、变速和急剧转向;若车辆在水中因故熄火,不可再发动车辆,应设法将车拖出,防止发动车辆时水从排气管进入发动机造成发动机毁坏。

⑰ 在山路及山坡上行驶时,应注意路标指示,掌稳转向盘,中低速行驶,充分利用发动机的牵制力控制车速,不宜频繁使用刹车;在弯道多、视线不良的情况下,应缓慢行进,提前减速、鸣号;上坡时不得按蛇形曲线行驶,下坡时严禁熄火或空挡滑行。

⑱ 在沙漠地区行驶时,应先进行沙漠驾驶培训,掌握迷路或抛锚后遇险救生的基本技能,经考核合格后方可单独驾驶。

二、油田特种专用工程车辆的安全要求

(1)应根据不同特种车辆的安全运行技术要求制定完善的安全操作规程,建立健全车辆和车载设备的安全技术档案。

(2)组织车辆安全检查时,应对车载设备的安全附件、仪表、承压和受力部件以及各种控制阀门、安全装置等进行检查,及时排查和消除安全隐患,严禁车辆、设备带"病"施工作业。

(3)法律法规和标准对设备、装置、附件等有检验要求的,应按照相关规定进行检验。

(4)特种车辆的设备操作人员应熟知设备的性能、安全技术要求和施工作业工艺流程。法律法规、标准和规定对操作人员有培训取证要求的,应按照相关规定进行培训取证,持证上岗。

(5)施工作业前,设备操作人员应对设备的关键安全部位进行检查,严格按照安全操作规程进行施工作业,严禁违章操作。

(6)施工作业过程中若发现设备出现异常情况,应及时通知相关人员,并立即采取应急措施。

第四节　岗位设置及 HSE 职责

一、驾驶员通用基本条件

(一)年龄条件

大型客车、中小型客车、大中型货车、牵引车驾驶员年龄需在 24 周岁以上、50 周岁以下,危险化学品运输车辆驾驶员需在 26 周岁以上、50 周岁以下。

(二)驾驶经历

(1) 非专职驾驶员需具备与驾驶车型相符的 3 年安全驾驶经历。

(2) 专职驾驶中小型客车、大中型货车、牵引车的驾驶员应具备安全行驶 50 000 km 以上的驾驶经历。

(3) 专职驾驶重型、大型汽车,危险货物运输车辆及特种专用工程车辆的驾驶员应具备 5 年或 150 000 km 以上的安全驾驶经历。

(4) 外聘驾驶员录用前需提交工作地公安机关出具的守法证明,且无违法记录。

(三)身体条件

(1) 身高:驾驶大型客车、牵引车、大型货车的,身高应在 155 cm 以上。驾驶中型客车的,身高应在 150 cm 以上。

(2) 视力:两眼裸视力或者矫正视力达到对数视力表 5.0 以上。

(3) 辨色力:无红绿色盲。

(4) 听力:两耳分别距音叉 50 cm 能辨别声源方向。

(5) 上肢:双手拇指健全,每只手其他手指必须有三指健全,肢体和手指运动功能正常。

(6) 下肢:双下肢健全且运动功能正常,不等长度不得大于 5 cm。

(7) 躯干、颈部:无运动功能障碍。

(8) 有下列情形之一的,不得从事车辆驾驶岗位:

① 有器质性心脏病、癫痫、美尼尔氏综合征、眩晕症、癔症、震颤麻痹、精神病、痴呆以及影响肢体活动的神经系统疾病等妨碍安全驾驶疾病的;

② 3 年内有吸食、注射毒品行为,或者解除强制隔离戒毒措施未满 3 年,或者长期服用依赖性精神药品成瘾尚未戒除的。

(9) 应按规定时限取得县级以上医院身体条件证明。

二、驾驶员从业资质要求

（1）普通货物运输车辆驾驶员：与准驾车型相符且合法有效的中华人民共和国机动车驾驶证；与从业资格类别相符且合法有效的经营性道路客货运输驾驶员从业资格证。

（2）客车驾驶员：与准驾车型相符且合法有效的中华人民共和国机动车驾驶证；相应车型机动车驾驶证；从事经营性道路旅客运输的驾驶员还应具备与从业资格类别相符的从业资格证。

（3）流动式起重机驾驶员：与准驾车型相符且合法有效的中华人民共和国机动车驾驶证；特种设备作业证。

（4）危险化学品运输车辆驾驶员：与准驾车型相符且合法有效的中华人民共和国机动车驾驶证；与从业资格类别相符且合法有效的道路危险货物运输从业资格证。

（5）其他油田特种专用工程车辆驾驶员：国家法律、法规和标准对操作人员有培训取证要求的，操作人员应按照相关规定进行培训取证；国家法律、法规和标准无取证要求的，应符合单位相关资质要求。

三、驾驶员岗位 HSE 职责

（一）驾驶员通用岗位 HSE 职责

（1）认真学习和遵守《中华人民共和国安全生产法》《中华人民共和国道路交通安全法》等各项法律、法规、政策和本企业安全生产禁令及各项安全管理规定。对本岗位的安全生产负直接责任。

（2）牢固树立"以人为本"和"安全高于一切，生命最为宝贵"的观念，具有良好的职业道德。服从交通管理人员的管理和指挥，做到遵章守法、安全文明、礼貌行车。

（3）严格遵守驾驶员岗位安全操作规程，保持车容车貌整洁。

（4）积极参加各级组织的安全教育学习和活动，加强自我学习和安全素质修养，保持良好的情感、情绪，努力克服、控制不良安全心理和交通安全陋习。

（5）服从调派管理，严格执行路单制度、"长途行驶令"和"三交一封、一定"制度。

（6）坚持车辆巡回检查和维护保养制度，发现问题及时整改，确保车辆安全技术状况良好。

（7）驾车时证件齐全，文明行车，严禁酒后开车、疲劳开车、超速行驶、强超抢会、驾车不系安全带、驾车使用手机及乱停乱放等不安全行为。

（8）熟悉并掌握应急预案程序，按时参加应急预案演练。

（9）按时参加资格证件审验，确保证件合法有效。

（二）大客车驾驶员岗位 HSE 职责

（1）严格遵守驾驶员通用岗位 HSE 职责。

（2）车辆巡回检查时应对安全锤、灭火器和乘客座椅安全带进行严格检查，确保以上设施设备齐全有效。

（3）驾驶车辆应平稳，避免紧急制动、急打方向和高速转弯。

（4）上下乘客时车辆应停稳，车辆未停稳和启动前严禁打开车门，乘客未坐稳前不得起动车辆，密切关注或引导乘客上下车，严禁乘客携带危险化学品上车。

（5）当发生紧急事件时应立即启动应急程序，第一时间救助和疏散乘客逃生。

（三）货运汽车驾驶员岗位 HSE 职责

（1）严格遵守驾驶员通用岗位 HSE 职责。

（2）装卸过程不准擅离工作岗位，货物捆绑要牢固可靠，散装易散落和雨雪怕潮湿货物应遮盖。

（3）拉运"三超"货物时应持有政府主管部门批准的超限运输手续，并在超大货物的末端悬挂明显的标志。

（4）行驶过程中做到"三停四查"，即：通过险路险桥前停车查看路况，通过城市前停车整理车容车貌，遇行车安全障碍时停车排除事故隐患；途中检查车辆轮胎气压是否正常，检查车辆制动、转向等装置是否灵敏、安全、可靠，检查车辆灯光信号是否有效，检查货物捆绑是否牢固。

（四）危险化学品运输驾驶员岗位 HSE 职责

（1）严格遵守驾驶员通用岗位 HSE 职责。

（2）应熟知承运物质的危险特性、应急处置方式和岗位安全操作规程，并严格执行本岗位的安全生产操作规程。

（3）上岗时必须穿戴和使用劳动防护用品。严禁随身携带火种、火机上岗，严禁吸烟，严禁穿带铁钉的鞋上岗。

（4）车辆巡回检查时应严格检查危险货物运输车辆标识、灭火器材、导静电拖地带和防火帽，车上不得违规放置易燃易爆物品和容易产生火花的铁器，不得携带与所运危险货物性质相抵触的其他危险化学品。

（5）车辆进入装卸作业区应严格遵守门禁和装卸作业安全管理规定，接受检查，服从指挥，在指定位置停放车辆。

（6）装卸作业前应关闭车辆总电源，确认静电接地可靠。装卸过程中不得擅离岗位，严禁使用手机，并做到监装监卸。

（7）行车过程中应做到"三停四查"，发现异常情况及时处理和报告。

（五）汽车起重机驾驶员岗位 HSE 职责

（1）严格遵守驾驶员通用岗位 HSE 职责。

（2）认真学习并遵守《中华人民共和国特种设备安全法》《特种设备安全监察条例》等法律法规。

（3）熟练掌握吊车的安全操作技能，严格遵守起重"十不吊"制度。服从现场指挥人员的管理和指挥，做到遵章守法、安全操作、一丝不苟。

（4）精心维护车辆设备，确保车辆性能良好、安全可靠。

（六）其他特种专用工程车辆驾驶员岗位 HSE 职责

（1）严格遵守驾驶员通用岗位 HSE 职责。

（2）应熟知设备的性能、安全技术要求和施工作业工艺流程，严格遵守施工设备安全操作规程，服从现场指挥人员的管理和指挥，做到遵章守法、安全操作、一丝不苟，严禁违章操作。

（3）施工作业前应对设备的关键安全部位进行检查确认。施工作业过程中若发现设备出现异常情况，应及时通知相关人员，并立即采取应急措施。

（4）车辆巡回检查时应对车载施工作业设备、仪器进行严格检查或配合检查，及时整改并消除安全隐患，确保设备完好。

第二章　机动车辆运行危害识别与控制

在驾驶员、车辆、道路及环境三大要素构成的道路交通动态系统中,驾驶员是系统信息的捕获者、理解者和指令的发出者、操作者,是唯一具有意识能动性的要素。驾驶员的自身因素对机动车辆的安全驾驶操作起着关键性的主导作用。我国大量的交通事故统计分析结果显示,道路交通事故的原因构成中,驾驶员的各种不安全的行为因素是导致事故发生的主要原因,约占事故发生原因的70%;道路及环境条件因素是影响驾驶员观察、判断、操作、处理和影响机动车辆的安全技术性能的重要因素,因道路及环境因素引发的事故约占20%;机动车辆的故障隐患和违法装载对其安全技术性能和驾驶员的操作也具有很大的影响,由此导致的事故约占10%。而机动车辆的故障隐患、违法装载和对道路及环境的应对处理,大多数也是由于驾驶员的各种原因导致的。可见,预防交通事故工作中,加强驾驶员培训教育,强化驾驶员的行为管理,对于减少和避免交通事故具有十分重要的意义。

第一节　驾驶员危害因素识别与控制

随着现代汽车技术的发展进步,车辆安全技术性能不断提高,因车辆故障隐患导致的道路交通事故逐渐减少,而因驾驶员各种不安全行为造成的道路交通事故所占比例明显提高。据有关资料分析,在道路交通事故成因中,因驾驶员各种交通违法行为造成的事故约占70%以上,而影响安全驾驶导致事故发生的驾驶员自身因素是多方面的,有驾驶员心理因素、生理因素、不安全行为因素和驾驶经验知识及技能因素等。人的心理活动对其行为具有指向和调节控制作用,而行为是心理活动的外在表现,有什么样的心理就有什么样的行为表现。人的生理因素是保证人的心理活动和行为活动的功能器官,是人脑发出指令的执行者,并对人的心理活动产生影响。人的不安全行为由人的不安全心理因素、不安全生理因素和知识、经验、技能产生,是导致事故发生的直接原因。因此,识别和控制驾驶员自身的不安全因素,对于安全行车、预防事故的发生具有非常重要的现实意义。

一、驾驶员的不安全行为

（一）安全带使用不正确

驾车在道路上高速行驶时,突遇紧急情况,驾驶员紧急制动,由于惯性力,乘员如果没有正确使用安全带,头部、躯体等势必与车辆发生碰撞而造成重伤,严重者将直接撞出车外导致死亡;如果正确使用安全带,它可以将驾驶员和乘客束缚在座椅上,以免前冲,从而保护驾驶员和乘员免受二次冲撞造成的伤害。《中华人民共和国道路交通安全法》第五十一条规定,机动车在行驶时驾驶人、乘坐人员应按照规定使用安全带。

控制措施:

（1）必须随时系上安全带,养成启动车辆前首先系好安全带的习惯。

（2）要求所有乘员都系上安全带。因为一旦发生车祸,后排座位上未系安全带的乘员会被抛向前方碰撞在前排座椅上,其所产生的冲力远超过常态,结果全体乘员都会严重受伤。

（3）正确使用安全带。

（二）开车接打手机

调查显示,在时速 110 km 行驶时,普通司机平均刹车反应距离为 31 m,使用非手提电话的司机为 39 m,而使用手提电话的司机则需要 45 m。这表明,开车使用手提电话的司机在遇紧急情况时,其反应比正常司机要慢很多,危险性大。

控制措施:驾驶员一定要克制自己,切莫图一时方便边开车边打电话,这样会分散驾驶员的注意力。

行车操作过程中坚决不接听电话,一定要接时,应首先安全变道靠边,车辆停到安全可靠位置后再接听电话或回拨电话。出车前务必告诉今天最有可能产生联络需求的相关人员:"我正在开车,请晚点打来。"或"我到达目的地后联系你。"注意:车载蓝牙免提功能同样危险。

（三）疲劳驾驶

在驾车过程中,驾驶员必须时刻注视四周交通情况,还须对车辆行驶前方一定范围的事态变化进行预测,不能有瞬间的疏忽和松懈。长途或长时间驾驶车辆时,由于一个人长时间坐在一个固定席上,坐姿固定,部分机体受到压迫,肌肉紧张,血液循环不畅,供氧不足,从而产生困倦,形成我们常见的驾驶疲劳。若及时休息,疲劳可以很快恢复。但若休息时间太短,当疲劳还未恢复时又继续工作,时间一长,多次疲劳积累便会造成过度疲劳。它在驾驶员身上主要表现为厌倦驾驶车辆、头昏脑涨、没有精神、注意力难以集中、四肢无力、关节和腰酸疼、爱打哈欠、无故叹气等。尤其是驾驶员随着年龄的增长,身体素质总体开始下降,更容易引起疲劳,而且不容易恢复。此外,一些药物具有使人嗜睡的副作用,比如一些抗感冒药就很可能会让驾驶员进入一种精神疲劳的状态,要格外注意。

控制措施:

(1)驾驶员应杜绝熬夜打牌、上网等娱乐习惯,保证足够的睡眠时间和良好的睡眠效果,一般每天应保持7~8 h的良好睡眠,保持充足、旺盛的精力。要增强职业责任感,摆正安全与效益的关系,自我调节,自我控制,合理安排作息时间。

(2)坐进驾驶席之后,注意调整好坐姿:首先应该深深地坐在座椅后部,使腰部和肩部靠在椅背上;先感受一下座椅的前后距离和靠背角度是否合适,然后将手臂伸向前方,自然握住转向盘的两侧,这时手腕必须能自由弯曲,活动自如;腿部要有一定的活动空间,用脚踩离合器踏板、制动踏板或油门时不费力,而且身体不必前倾。满足这些要求,则此时的位置就基本合适了。如果不合适,可以前后滑动一下座椅的位置或调整一下椅背倾斜的角度,使之达到上述要求。行车过程中不要始终保持一个姿势开车,要适当调整坐姿以消除疲劳。

(3)行车过程中开始感到困倦时,切忌继续驾驶车辆,应迅速停车,采取有效措施,适时减轻和改善疲劳程度,恢复清醒。减轻和改善疲劳可采取以下方法:用清凉空气或冷水刺激面部;喝一杯热茶、热咖啡或食用一些酸或辣的刺激食物;停车到驾驶室外活动肢体、呼吸新鲜空气进行刺激,促使精神兴奋;听听轻音乐或将音响适当调大,促使精神兴奋;做弯腰动作,进行深呼吸,使大脑尽快得到氧气和血液补充,促使大脑兴奋;用双手以适当的力度拍打头部,疏通头部经络和血管,加快人体气血循环,促进新陈代谢和大脑兴奋。

(4)避免长时间驾驶和疲劳驾驶。一般连续驾车时间不得超过4 h,连续行车4 h必须停车休息20 min以上。若夜间行车,也必须保证精力充沛,夜间长时间行车应由2人轮流驾驶、交替休息,每人驾驶时间不应超过2 h。驾驶车辆时应避免长时间保持一个固定姿势,可时常调整局部疲劳部位的坐姿和深呼吸,以促进血液循环。最好在行驶一段时间后停车休息,下车活动一下腰、腿,放松全身肌肉,预防驾驶疲劳。

(四)超速行驶

超速行驶使驾驶员的反应时间减少,驾驶员判断和操作失误的可能性增大;超速行驶还导致与车道其他车辆明显的速度差,而速度差越大,频繁发生车辆超车和被超车现象的概率也就越大,更容易诱发事故,特别是急刹车时易发生追尾事故;超速行驶过程中急转弯或遇突然情况快速转向时易发生翻车事故,车速越快事故越严重;车速太快,导致驾驶员的观察不够、判断不准、操作失误或来不及处理而发生事故;车速越快,处理时间越短,制动距离越长,操控性越差,使驾驶员极易疲劳,导致强超抢会、违章占道等违法现象增加,意味着事故增多。

控制措施：

（1）严格遵守各种道路的限速规定，不要超出最高限速；同时避免长时间开慢车，导致疲劳驾驶，诱发事故。

（2）行车时经常察看自己的车速表，检查是否超速，不能仅靠直觉判断；对其他车辆和行人速度的判断要留有余地，不能低估自己的行车速度。

（3）防止高速行驶对准确判断产生不良影响的最好方法便是降低速度。要准确判断，车速必须降至驾驶员来得及处理各种信息的"安全行车最高速度"范围内。每个驾驶员必须对自己的反应操作水平、经验、生理心理状况有清醒的认识，不开英雄车，不盲目开快车。

（4）另外，驾驶员应进行快速反应方面的训练和锻炼，以提高快速处理信息的能力。

（五）强超抢会

前车不让时强行超车，易与被超车发生刮擦、碰撞事故，甚至有被挤出路外造成翻车的危险；前车遇障碍时强行超车，会因前车躲避障碍而发生事故；前车方向不明时强行超车，会因前车突然拐弯、变道、调头而发生事故；强行超越正在超车或会车的车辆，形成三点交会或多点交会，是事故多发的一种危险形式；超车中有会车可能时强行超车，对被超车和对面来车的车速以及超车所需的时间、安全距离判断不准，极易造成事故；道路、环境和天气条件不允许时强行超车，因冰雪、泥泞路滑、道路情况复杂、车多人挤、视线不清而发生事故；道路、路口、渡口和收费站拥挤阻塞，应排队等候时强行挤靠、穿插，易造成刮擦、碰撞事故。

在窄路、窄桥路段会车时，车速快或靠右行驶时不注意行人和非机动车而发生事故；有会车障碍时抢占道路，强行会车，造成碰撞、刮擦；对方强行超车时没避开会车，形成"三点一线"，稍有失误或处置不当便会发生事故；在傍山险路和陡坡弯道行驶时，因视线受限，没有思想准备时突然会车，易发生碰撞或驶出坚实路面而翻入悬崖、沟内；在冰雪泥泞路、湿滑路、漫水路和漫水桥上会车时，易发生侧滑、调头和陷入坑内、滑到路下而造成事故；夜晚或者大雾天视线不良的情况下会车，因观察不清和不全面而发生刮擦、碰撞，或者撞击车前、路边行人和非机动车；在城区街道繁华路面上会车时，会因观察不够、不全面而碰撞车前横穿的或者路边的非机动车和行人。

控制措施：

（1）需要超车时，若前车车速与己车接近，前车不让道，在短时间内无法超越，应该放弃超车，拉开跟车距离，切勿斗气两车并进抢行。

（2）前车超车时，勿紧跟其后超车，因为道路交通情况在不断变化，前车能安全超越，后车不一定能安全超越。

（3）正欲超车却发现前方有情况不能超车，而后车硬要超越时，不要马上给后车让道,以防后车在超越时发现前方障碍而向己车前方猛拐,与己车相撞。

(4)超越路边停放的车辆时应加倍小心,减速鸣号,以防视线盲区内有行人、自行车横穿马路,或车底下检修人员突然钻出、车门突然打开、车辆突然起步驶入车道等。

(5)超车、让车、会车时,遇情况应禁用制动,以防侧滑撞车。与拖拉机和带挂车的车辆超、会车时,应加大侧向距离,以防拖斗横摆。让车后确认无其他车辆连续超越时,再驶回原道。

(6)在不便让、超的情况下,若后车与己车跟得太近,为防止己车遇情况减速或制动时首先造成事故,可将方向稍向道路中间打,同时将脚碰一下制动器踏板,使制动灯亮,警告后车减速。

(7)会车时不要认为对方车道内有障碍物,来车会主动停车让道;夜间会车时不要认为自己关闭大灯打开小灯,对方会以同样的方法回报;不要认为禁止超车路段后面就没有超车的;也不要将单前灯工作的汽车当成摩托车。要把情况预料得复杂些。

(8)气候条件不好不能超车。如过冰雪路、泥泞路、狭路、城镇繁华路段、交叉路口、弯道、隧道、桥梁,遇雨、雾、雪、大风天气,以及车尘飞扬、斜阳刺眼等视线不清的情况下不超车。

(9)环境条件不好不超车。如交通秩序混乱、车多人挤、对方情况无法准确判断时不超车。

(10)车辆装载超高、超宽或牵引损坏时不能超车。

(11)在行驶途中发生故障又无法排除(如操纵困难,刹车不灵,机件有异响、异味,仪表有反常现象)时绝不超车。

(12)感觉身体不适,如头痛、头晕、胸闷、疲劳、精神不振时不超车。

(六)安全车距不足

在行驶过程中,后车与前车安全距离不足即与前车的安全距离小于自车紧急制动的停车距离。车辆在行驶中如果安全车距过小,容易造成追尾事故,严重时还会造成人员伤亡;如果与前车距离过大,又会引发后面或侧面车辆的不断超越和穿插,导致己车为让行而频频减速直至刹停,增加新的不安全因素。

控制措施:

(1)在干燥的一般路面上,车速在30～60 km/h之间时,保持"最小安全车距＞车速－15",如车速为60 km/h,安全车距应大于45 m。另外,也可采用时间控制法则——3秒法则,即保持自车与前车3 s的行驶距离。

(2)在高速公路上,速度为80 km/h,安全车距为80 m;速度为100 km/h,安全车距为100 m以上。

（3）雨天,安全车距是干燥路面上的 1.5 倍;冰雪天,安全车距是干燥路面上的 3 倍。

（七）观察判断失误、失时

驾驶员行车时观察判断经验不足,"错、忘、漏",对交通信息处理不当是导致判断失误、失时的主要原因。驾驶经验不足,对出现的情况没有经验,判断不出情况发展动向和可能产生的后果,而没有及时采取相应措施,或者犹豫不决,一旦发现情况危急,已措手不及;对出现的情况重视不够、麻痹大意、估计过低,或者过高估计了自己的应变处理能力,造成判断失误或失时而导致事故;精力分散、注意力不集中,对出现的情况做出不经意的错误判断,或者判断失时,导致事故发生;因酒后、疲劳、身体不适、驾驶员年龄偏大,造成判断力下降,而导致判断失误或失时;一些特殊地物、地形也易影响驾驶员的判断,导致判断失误。

控制措施:

（1）应针对自己所驾车辆的行驶特点,总结各种道路和各种情况下的行车规律,使之经验化、科学化,增强本身的感知能力,以提高驾车行驶的观察能力。平时多向有经验的优秀驾驶员请教安全驾驶经验,提高自身风险、安全意识和观察判断水准,以及安全行车知识和驾驶操作技能;经常对自己的驾驶工作进行总结,丰富自身驾驶经验。

（2）驾驶员应建立防范"错、忘、漏"的驾驶习惯。

① 应注意"三思一念"。即一思成功,二思失误,三思保障措施,防止盲目冒险、思已思做思比较,念安全。

② 应注意"三联一变"。即一要联想到中断操作的不利影响和后果或新情况、新操作的困难和风险;二要联想到新情况、新操作的不同特点;三要联想到作业环境中的明显标志、突出和熟悉事物、具体数字、操作口诀、事故教训,防止顾此失彼,及时应变。

③ 应注意"三看一动"。即一看操作起始位置,二看行车路线,三看行车环境,注重一点照顾四方,保证不发生意外情况而陷入紧迫局面。

④ 应注意"六避免、六防止"。这是驾驶员应建立的与安全行车相适应的动作应变原则,主要内容为:一是避免呆板、单调,防止困倦、瞌睡;二是避免身心不适、烦恼急躁,防止抢点、抢先和抢道;三是避免犹豫、动作迟缓,防止动作出现不协调;四是避免操作不遵循要领,防止己车失控;五是避免跟车过近、行驶过线、车速过快和频繁使用制动,防止陷入紧迫局面;六是避免只注意单方面、单面信息、单面可能,防止从一种紧迫局面陷入另一种紧迫局面。

（3）驾驶员要建立预见性驾驶的职业习惯。

① 看到注意儿童标志时,应预想到儿童可能突然横穿马路,从而减速以便随

时停车。

② 通过人行横道时,应预想到自行车、行人可能突然横穿马路,有行动不便的人滞留路中等危险,因此应减速行驶。

③ 夜间行驶时,应预想到可能看不清正在人行横道行走的行人、对面来车不关远光灯等危险,因此应减速行驶。

④ 在交叉路口等绿灯亮后直行时,应预想到前车可能左转、行人可能从前面大型车前跑出、对面大型车后面可能有车辆左转等危险,因此必须在确认安全后,以随时能停车的速度行驶。

⑤ 跟随前车右转时,应预想到前车可能突然停下,后面的电动车、摩托车可能直行,行人、自行车可能跑入人行横道等危险,因此应注意观察右边交通情况并减速行驶。

⑥ 左转弯时应预想到对面停驶的大型车后可能会有突然直行冲出的车辆,行人、自行车、电动车、摩托车可能跑入人行横道等危险,因此必须减速,确认安全后再行驶。

⑦ 行驶过程中前方右侧停有大型车辆时,应预想到可能有行人从大车前走出、前车车门可能突然打开等危险;右前方有自行车、电动车、摩托车时,应预想到其可能突然左转向或突然摔倒等危险。因此,应减速并稍靠中心线行驶。

⑧ 前方车辆减速靠右时,应预想到前车可能突然紧急制动导致后车追尾、可能突然起步、车门可能突然打开等危险,因此应预先留出足够的安全车距,减速并稍靠近中心线行驶。

⑨ 准备超越前方大型车辆时,应预想到对向车辆可能越线发生碰撞、前车突然减速造成追尾、前车前方没有安全的靠入位置等危险,因此应稍靠中心线,确认安全后再超越。

⑩ 雨天、雪天行驶时,应预想到因视线不佳可能会没有及时发现行人,可能没有发现其他车辆靠近,前方、对向来车可能侧滑,行人为了避开积水、积雪可能突然进入行车道等危险,因此应加大安全车距,减速行驶,并多用发动机制动。

(八) 交通信息处理不当

交通信息对于驾驶员正确操作具有十分重要的意义。但是,并不是所有的交通信息都是有用的,如果将各种无用的交通信息堆积到大脑,会导致判断失误或注意力不集中,引发事故。

在行车路上会出现大量已现危险信息,如有的车辆违章行驶、有的车辆行迹不正常、有的车辆存在故障、有的行人心神不定、有的人在路上嬉笑打闹等。对这些现象如不及时采取措施,就可能导致事故发生。如某汽车以 30 km/h 的速度行驶,驾驶员发现前面有一团黑东西,感到可疑,但未仔细分析,从而未采取措施,致使横躺在马路上的一名醉汉当场被压死。未及时处理已现危险信息是驾驶员所禁忌的。

行车途中还存在不确定的潜伏信息。潜伏信息有很大的隐蔽性,驾驶员在高速行驶时很难发现。如夜间或浓雾天行驶,通过视线受障碍的盲区,遇大风、大雪、大雨天气,常常存在看不见、听不清的险情。有的车辆潜伏着即将发生的机械故障,特别是关键部件可靠性已经到了极限,还没有最后暴露等。驾驶员禁忌对隐蔽的潜伏信息未想到和未做准备。

控制措施:

(1)选择有用的交通信息。如对方来车的颜色和装载的货物是什么等这种信息对行车影响不大,应不予重视;而来车的速度、行驶是否反常、转向信号灯是否闪亮等这些信息对行车有影响,驾驶员应予以重视。这样就可捕捉到有用的交通信息,不被无用的交通信息迷惑和分散注意力。

(2)处理已现危险信息的措施。

① 要细心观察。从已现信息的表现形态分析对方的心理行为、行迹,找出问题原因,想好对策。

② 如果情况允许或有恰当的空间,在确保安全的前提下迅速通过,尽快消除危险信息。

③ 如果情况不明又无法通过,可减速观察,甚至寻找安全地方停车观察,考虑处理危险信息的方法并处理之。

(3)对付隐蔽潜伏信息,一是要认真谨慎,充分调动自身各器官,尽快发现问题,沉着处置;二是要切实检查好自己的车辆,发现故障苗头,及时排除;三是一旦在紧急情况下关键部件发生问题,能迅速采取预先设计好的处理方案,做到遇险不惊,处理及时。

(九)行驶中紧急制动

行驶中突然紧急制动,易使后车措手不及,发生追尾事故;同时,轮胎易发生爆破。在冰雪、泥泞、潮湿路面上紧急制动,易产生车辆侧滑、甩尾、调头现象而导致事故发生。

行车中驾驶员有时会受到意外情况的干扰,这些干扰会在驾驶员心理、生理上造成很大的刺激和影响。此时,若驾驶员的应变能力不强,便会在突然到来的刺激和打击下晕头转向,而被动采取紧急制动,甚至会失去对车辆的控制。如果驾驶员应变能力较强,在突如其来的刺激和打击面前能沉着应对,即使受到惊吓,也能采取合理措施控制住车辆。

控制措施:应建立预见性驾驶的职业习惯。行车中什么情况都可能发生,意外干扰的情况很难预料。驾驶员在思想上要有防止出现"万一"情况的准备,并事先想好针对干扰的对抗措施或遇到其他情况的对策,这样能提高自己的应变能力。

在行车中一旦出现意外情况,就能胸有成竹、采取有效的措施化险为夷,掌握主动权,避免事故的发生。

(十)随意调头、变道

行驶中随意或突然调头、变道、倒车等,易给前后方车辆制造突然险情,使他们没有思想准备,造成措手不及、处理不当而发生事故。不按规定拐弯、调头、变道、超车、起步与停车不给灯光信号,导致前后方车辆驾驶员观察不到、判断不清你的行动意图,造成后车没有思想准备和采取措施,因突如其来的情况而措手不及,导致事故发生。

控制措施:

(1)应规范驾驶行为,途中调头或变道时应提前观察前后来车,择机操作。

(2)严格按照《中华人民共和国道路交通安全法》的规定使用灯光,确保安全行驶。

(十一)违章拖曳故障车

软拖故障车时,拖车绳短,拖车与故障车没有足够的安全距离,拖车遇情况采取刹车等措施时后车反应不及而造成追尾;拖车绳过长,不仅给转弯造成困难,而且给其他车辆造成观察、判断和超会困难,也易发生事故。拖车时速度快,特别是软拖,因故障车本身无动力,刹车、转向和灯光等不能正常工作,操作困难,且与拖车距离短、间隔近,遇情况难以处理;同时,也给其他车辆超会车造成一定的困难,容易导致事故发生。超越车辆时,因拖车和被拖车之间距离较长,给超车造成困难,具有较大风险;当超车过程中遇情况需急加油门提速时,会因被拖车惯性而不能如愿,不仅极有可能与对行车辆发生迎头相撞的极大危险,还有可能拉断拖车绳导致被拖车发生事故。长距离软拖,因距离远、时间长,出现的危险更多、风险更大;同时,因距离长,极易导致车速快,使风险加剧。硬拖车也会因增加了车辆的相对长度和负荷,以及被拖车的刹车、转向和灯光等不能正常工作等原因,使危险程度相对增大很多。

控制措施:

(1)拖曳故障车的时速不得超过 20 km,尽量避免超越车辆。

(2)拖曳故障车必须由正式驾驶员操作,不准载人或拖带挂车。

(3)拖曳故障车宽度不得大于牵引车。

(4)用软连接牵引车辆时,与牵引车必须保持必要的安全距离。

(5)制动器失效时,须用硬连接牵引装置。

(6)转向器灯光装置失效时不准被牵引。

(7)长途在外故障车应在发生故障的当地进行维修,避免长途拖曳故障车而造成危险。

（十二）跟车不当

跟车不当会造成追尾、侧撞事故,尤其是高速行驶时事故后果更加严重。

控制措施:

（1）不要跟在三种车辆后面走:一是大型车辆（包括公交车）,有不少追尾事故是小车追大车,原因就是大车车体宽,挡住了小车的整个视线,前面发生了状况,让跟车来不及反应;二是出租车,出租车司机想的是如何拉到客人,所以在任何路面出租车都可能突然停车拉客;三是故障车,特别是刹车尾灯不亮的车子,在高速公路上尤其危险,一旦发现前车的刹车尾灯不亮,就要尽量避免跟着走,无论是高速公路还是城市路面。

（2）当前面车辆在行驶中方向忽左忽右、摇摇晃晃,发生不必要的制动和制动灯闪亮时,就可判断该车驾驶员在打瞌睡或是醉酒。对这类车不宜跟随,要尽早谨慎超越。当前车在交叉路口停车时制动距离过长,绿灯亮起后起步缓慢、行驶速度缓慢、显得小心翼翼时,就可判断该车是由新驾驶员驾驶的,对这类车不宜跟得太紧。

（3）当前车的车胎发生摇晃或振动,如果是在高速道路上,可能会随时发生爆胎。特别是负荷大的巴士和大型货车,如果车胎与路面接触的地方有碎片飞出时,爆胎马上就要发生,对此应做好停车避让准备,并设法通知前车做好防范。

（4）当前车行驶中频繁使用制动、经常被超车、行驶速度不稳定时,就可判断该车驾驶员驾驶技能较差,对此类车亦不宜跟随。

（5）当前车行驶平顺、处理情况果断、转弯圆滑、交会车自然有序时,就可判断该车驾驶员技能水平较高,若车速恰当,可跟随此车行驶。

（十三）酒后开车

驾驶员在没有饮酒的情况下行车,发现前方有危险情况,从视觉感知到踩制动器的动作中间的反应时间为 0.75 s,饮酒后尚能驾车的情况下遭遇危险踩下制动踏板的反应时间却要减慢 2/3～3/4,同速行驶下的制动距离也要相应延长,这大大增加了出事的可能性。资料表明,人在微醉状态下开车时发生事故的可能性为没有饮酒情况下开车的 16 倍。

酒精天生具有麻醉作用,能明显降低驾驶员的触觉能力。饮酒后驾车,驾驶员的手和脚的触觉较平时降低,严重时甚至无法正常控制油门、刹车及转向盘。另外,饮酒后驾驶员对声、光刺激的反应时间会延长,本能反射动作的时间也相应延长,感觉器官和运动器官如眼、手、脚之间的配合功能发生障碍,因此无法正确判断距离和速度。饮酒后驾驶员的视力也会暂时受损,视像不稳,辨色能力下降,因此不能发现和正确领会交通信号、标志和标线。同时,饮酒后视野大大减小,视像模糊,眼睛只盯着前方目标,对处于视野边缘的危险隐患难以发现,易发生事故。最重要的是,在酒精的刺激下,驾驶员往往会过高地估计自己,干出一些力不从心的事,从而导致危险降临。

控制措施:由于酒后人已经很难保持正确的判断能力,因此在不可避免地参与饮酒活动前应安排、交代好车辆的保管与驾驶员人选,并确保其不参与饮酒。除非极特殊情况,否则不要带车赴宴,彻底做到"喝酒不开车,开车不喝酒"。第二天有驾驶任务时,当天晚上不要饮酒。

二、驾驶员疾病及用药产生的不安全生理反应

(一)高血压

血压是指血液在血管内流动对血管壁产生的侧压力。血压包含收缩压和舒张压。血压用血压计在肱动脉上测得的数值来表示,以 mmHg(毫米汞柱)或 kPa(千帕)为单位。

高血压是一种以动脉压增高为特征的疾病,是指在未服用抗高血压药的情况下,收缩压≥140 mmHg 和/或舒张压≥90 mmHg 者;或既往有高血压病史,近两周内在服降压药,血压控制在正常范围者。按照我国 2012 年高血压病的分级分层标准,高血压可分为三级:

(1)一级高血压(轻度)收缩压为 140～159 mmHg 或舒张压为 90～99 mmHg;

(2)二级高血压(中度)收缩压为 160～179 mmHg 或舒张压为 100～109 mmHg;

(3)三级高血压(重度)收缩压≥180 mmHg 或舒张压≥110 mmHg。

高血压病的症状表现往往因人而异,因病期而异。早期多无症状或症状不明显,偶于体格检查或由于其他原因测血压时发现。其症状与血压升高程度并无一致的关系,这可能与高级神经功能失调有关。有些人血压不太高,症状却很多,而另一些病人血压虽然很高,但症状不明显。常见的症状有:头晕、头痛、烦躁、心悸、失眠、注意力不集中、记忆力减退、神情恍惚、易急躁、易激动等。

患有高血压病的驾驶员若出现上述不良反应,会对驾驶精力、情绪、注意力、判断力和反应能力产生一定的影响,有可能因此引发事故。由于血压的升高与饮食、运动、疲劳、情绪和一些习惯、爱好有着密切的关系,当高血压病人不合理膳食、不运动或休息睡眠不好、疲劳、情绪异常时,都可能导致血压升高。机动车辆驾驶工作是一项辛苦而生活不规律的工作,极有可能由于工作繁忙、休息不好、长时间驾驶造成疲劳或没有及时服用降压药而导致血压升高,同时道路环境的复杂因素和各种生活事件也容易导致驾驶员产生情绪异常,从而导致血压升高。另外,高血压也是导致心血管病发作的一个重要原因,如果高血压的驾驶员同时有心血管疾病,有可能在车辆驾驶过程中因疲劳、情绪变化或没有按时服用药物,使血压升高而导致心血管疾病发作,致使驾驶员降低或失去对车辆的操控能力,从而导致事故发生。

治疗高血压病的药物有多种,临床上常用的降压药物主要有六大类:利尿剂、α受体阻滞剂、钙通道阻滞剂、血管紧张素转换酶(ACE)抑制剂、β受体阻滞剂和血管紧张素受体拮抗剂(ARB)。大多数药物都有一定的副作用,可出现头痛、眩晕、困倦、乏力、失眠、烦躁、心动过速、心悸等症状,对安全驾驶产生一定的影响,有的药物影响甚至更大,有资料显示吃降压药后驾车危害胜过"酒驾"。例如:

(1)利尿剂类的一些药品,如氨苯蝶啶、阿米洛利、氢氯噻嗪、呋塞米等,可引起低钠血症和低钾血症,可能出现头痛、眩晕、困倦、瞌睡、恶心、呕吐、乏力、烦躁、视力模糊等不良反应。

(2)α阻滞剂类的一些药品,如特拉唑嗪、布那唑嗪、布屈嗪、双肼屈嗪、多沙唑嗪等,可能出现头晕、头痛、乏力、口干、恶心、心动过速等不良反应。

(3)钙通道阻滞剂类的一些药品,如维拉帕米片、尼莫地平、氨氯地平、硝苯地平等,可能出现头痛、眩晕、面部潮红、乏力、心悸等不良反应。

(4)β受体阻滞剂类的一些药品,如醋丁洛尔、阿替洛尔、美托洛尔、纳多洛尔、吲哚洛尔、普萘洛尔、噻吗洛尔等,可能出现失眠、手脚发凉、乏力、抑郁、心率减慢等不良反应。

防控措施:

(1)经常检测身体生化指标,达到较高危险值,对驾驶车辆存在较大影响时,应及时向单位领导反映,慎驾车辆。

(2)及时就医,按时服药,并随身携带降压药品,感到不适时及时服药,但应特别关注和重视药物的不良反应对安全驾驶车辆的影响。

(3)加强运动,合理膳食,注意休息,调控情绪,避免身心疲劳和情绪异常时驾驶车辆。

(4)驾车时注意车内空气流通,保持车内氧气充足,禁忌车内一氧化碳和二氧化碳超标,禁忌汽车尾气泄漏进入驾驶室内。

(5)如果高血压和服用的药物影响到安全驾驶,不得驾驶车辆。

(6)如果在行车中出现头晕、眼胀、耳鸣、视线模糊等症状,影响到安全驾驶,应及时靠边停车休息,服用药物,待身体状况恢复正常后再驾车行驶,禁忌在有病症状况下坚持驾车。

(二)高血脂

血脂是人体血浆内所含脂质的总称,其中包括胆固醇、甘油三酯、胆固醇酯、β-脂蛋白、磷脂、未脂化的脂酸等。高血脂是指脂肪代谢或运转异常使血浆内的一种或多种脂质高于正常值的一种症状。无论是血浆中的总胆固醇(TC)超过5.72 mmol/L,还是甘油三酯(TG)超过1.70 mmol/L,均可称之为高脂血症。

高脂血症是促进高血压、高血糖的一个重要危险因素,它还会导致脂肪肝、肝硬化、胆石症、胰腺炎、眼底出血、失明、周围血管疾病、跛行、高尿酸血症等,如果治疗不及时,可能会导致脑卒中、冠心病、心肌梗死、猝死。

高脂血症根据程度不同,其症状也表现不一。轻度高血脂通常没有明显不舒服的感觉。一般高血脂的症状多表现为头晕、乏力、失眠健忘、肢体麻木、胸闷、心悸等,较重时会出现头晕目眩、头痛、胸闷、气短、心慌、胸痛、乏力、口角歪斜、不能说话、肢体麻木等症状,严重时会导致冠心病、脑中风等疾病。患有高脂血症的驾驶员若出现上述不良反应,会对驾驶精力、情绪、注意力、判断力和反应能力产生一定的不良影响,有可能因此引发事故。

治疗高脂血症的药物种类繁多,常用的降脂药主要有他汀类、苯氧芳酸类、烟酸类、激素类、不饱和脂肪酸与磷脂类、阴离子交换树脂类和甾体类等,这些药物大多有一定的副作用,一些药品可出现头痛、头晕、恶心、失眠、腹胀、腹泻、嗜睡、乏力、心悸、烦躁、易激动等不良反应,对安全驾驶产生一定的影响。例如:

(1)他汀类药品,如洛伐他汀、美伐他汀、辛伐他汀、普伐他汀、阿托伐他汀等药,可出现头痛、失眠、气短、恶心等不良反应。

(2)苯氧芳酸类药品,如氯贝丁酯、非诺贝特、吉非贝齐等药,可出现恶心、腹胀、腹泻、嗜睡、乏力、瘙痒肌痛、肌痉挛等不良反应。

(3)激素类药品,如羟甲烯龙、氧雄龙、右甲状腺素钠等药,可出现类似甲亢的症状(心悸、震颤、烦躁、易激动、好出汗)及心律失常、皮疹、瘙痒等不良反应。

(4)甾体类药品,如谷固醇、熊去氧胆酸等药,可出现食欲减退、胃肠痉挛、腹泻等不良反应。

防控措施:

(1)经常检测身体生化指标,重视高血脂对安全行车的影响,慎驾车辆。

(2)及时就医,按时服药,并关注和重视药物的不良反应对安全驾驶车辆的影响。

(3)适当运动,合理膳食,控制盐和脂肪类食物的摄入量,注意休息,调控情绪,避免情绪激动和抑郁时驾驶车辆。

(4)如果在行车中出现头晕目眩、头痛、胸闷、心慌等症状,影响到安全驾驶,应及时靠边停车休息调整,待症状消除后再驾车行驶。

(三)高血糖

血糖是血液中的糖,绝大多数情况下都是葡萄糖。高血糖是指血液中的血糖含量长期持续超出正常水平的症状,即空腹超过 6.19 mmol/L、餐后超过7.8 mmol/L的症状。

高血糖会导致全身广泛毛细血管管壁增厚、管腔变细,动脉硬化,肾小球硬化、肾髓质坏死,眼底视网膜毛细血管出现微血管瘤、眼底出血,神经细胞变性等疾病。

高血糖病症常表现为厌食、乏力、恶心、呕吐、腹部不适、心动过速等。患有高血糖病的驾驶员若出现上述不良反应,会对驾驶精力、情绪、注意力、判断力和反应能力产生一定的不良影响,从而影响安全驾驶。

治疗高血糖病的药物种类非常繁多,主要有磺脲类胰岛素促泌剂、非磺脲类胰岛素促泌剂、双胍类、α-糖苷酶抑制剂、胰岛素增敏剂和胰岛素及其类似药物,一些药物具有一定的副作用,最为严重的是低血糖。α-糖苷酶抑制剂、双胍类及胰岛素增敏剂单独使用一般不会引起低血糖,但与其他药物连用时可能发生,出现精神不振、头晕迷糊、思维迟钝、视力模糊、步态不稳、幻觉、烦躁、痉挛等不良反应,用药不当还可能出现昏迷甚至"植物人"等现象。若患有高血糖的驾驶员因用药不当出现上述不良反应时,会对驾驶精力、情绪、注意力、判断力和反应能力产生一定的不良影响,甚至会严重影响安全驾驶,从而引发事故。例如:

(1)磺脲类胰岛素促泌剂药物,如格列吡嗪、格列齐特、格列喹酮、格列苯脲等,主要通过刺激胰岛β细胞产生胰岛素发挥降糖作用,可出现强烈空腹感、颜面发白、全身酸软无力、出冷汗、头晕迷糊、思维迟钝、视力模糊、心悸、烦躁等不良反应。

(2)非磺脲类胰岛素促泌剂药物,如瑞格列奈、那格列奈等,可出现低血糖、头痛、头晕等不良反应。

(3)双胍类药物,如苯乙双胍、二甲双胍等,可出现食欲下降、恶心、呕吐、腹胀、腹泻、上腹不适等不良反应。

防控措施:

(1)高度重视高血糖对身体健康和安全驾驶的影响,经常检测血糖指标,了解自己的病情。如果血糖超过一定数值,感到身体不适而影响安全驾驶时,不应驾驶车辆。

(2)及时就医,根据医嘱按时服药,关注和重视药物的不良反应对安全驾驶车辆的影响,并注意不宜同时服用、空腹或饭后服用的药物所产生的低血糖等不良反应。

(3)适当运动,合理膳食,控制盐、脂肪和含糖类食物的摄入量,注意休息,调控情绪,避免生气、激动、抑郁等情绪异常现象。

(4)行车中出现精神不振、头晕头痛、思维迟钝、视力模糊、步态不稳、烦躁等情况影响安全驾驶时,应及时停车休息,调整身体,待症状消除后再驾车行驶。

(四)糖尿病

糖尿病是以持续性高血糖为其基本生化特征的代谢异常综合征,而高血糖是由于胰岛素分泌缺陷或其生物作用障碍,或者两者同时存在引起的。

糖尿病时的慢性高血糖将导致各种组织,特别是眼睛、肾脏、神经、心血管及脑血管的长期损伤、功能缺陷或衰竭。糖尿病患者主要表现出多尿、多饮、多食、体重下降、四肢麻木疼痛、腹部不适、视力下降、疲乏无力、萎靡不振等不良反应。

高血脂与高血糖具有相互促进的作用：一方面，由于糖尿病人胰岛素不足，体内脂酶活泼性降低，血脂容易增高；另一方面，糖尿病本身除糖代谢紊乱外，还伴有脂肪、蛋白质、水和电介质的紊乱，经常有游离脂肪酸从脂肪库中游离出来，使血液中的甘油三酯及游离脂肪酸浓度增高；第三方面，2型糖尿病人进食过多，运动少，促使体内脂类合成增多，这也是造成血脂增高的原因。因此，很多糖尿病人都伴有高脂血症，人们通常把糖尿病与高脂血症称为姐妹病，并认为高血脂是糖尿病的继发症。据统计，大约40％的糖尿病人存在脂肪代谢紊乱，其特点是甘油三酯增高和高密度脂蛋白降低。因此，有糖尿病的人同时还应注意高脂血症的不良反应。

患有糖尿病的驾驶员在驾驶车辆过程中若出现头晕、头痛、心悸、心慌、胸闷、疲乏无力、萎靡不振、视力模糊、腹部不适、四肢麻木疼痛等不良反应，将会对安全行车产生一定的影响，有可能导致事故的发生。

治疗糖尿病的药物基本为降糖药，服用降糖药的不良反应在前面已经讲述，但糖尿病较重的患者还会使用胰岛素制剂，使用胰岛素制剂可能会出现低血糖反应、血管神经性水肿，过敏体质的人有可能引起过敏性休克等不良反应。若驾驶过程中出现上述现象，将会严重影响安全驾驶。

降糖药还不宜与某些药物同时服用，若同时服用可能会出现不良反应。例如：普萘洛尔会使血糖下降加速，容易发生低血糖或加重低血糖的程度；阿司匹林本身也有降糖作用，易引起低血糖昏迷；磺胺类药物能抑制口服降糖药在肝脏代谢，推迟排泄，延长半衰期，同时使用有可能引起低血糖反应。

另外，吃药不当也会产生一定的不良反应。不少病人吃了药之后不吃或少吃东西，或者本来是饭前吃，但有些患者放在饭后吃，都可能因此而出现低血糖。由于驾驶员的工作性质所致，生活不规律，上述不正常用药的现象更容易发生，应引起足够的重视。

防控措施：

（1）糖尿病是慢性病，需要长期的治疗，要正确认识，抛弃思想包袱，保持乐观开朗的心态，控制情绪波动，情绪紧张、激动和忧虑等对血糖控制和车辆驾驶都不利。

（2）自备测糖仪，每天定期测量血糖，定期就医，坚持每天按照医嘱服用或注射降糖药物。

（3）患有视网膜病变、显著的眼底出血、黄斑病变的驾驶员不宜驾驶车辆，尤其不能夜间开车。患有神经病变或经常发生低血糖的驾驶员，在调整降糖治疗期间不要驾驶车辆，尤其不要长途驾驶车辆。

（4）合理膳食，控制饮食，坚持运动，防止脱水，戒掉抽烟、喝酒等不良习惯。

（5）注意休息，避免疲劳，养成良好的作息时间，保证充足的睡眠，预防感冒。

（6）血糖随时都在波动，应经常随身备些糖果、饼干等食物，驾驶过程中若出现头晕目眩、心慌发抖等低血糖症状，应立即靠边停车，吃些食物，补充糖分，调整身体，不得勉强驾驶。

（7）夏季开车应注意防暑，车内多备些矿泉水，并保持车内空气流通。

（8）平时注意定期检查眼睛和心脏，以防糖尿病并发症影响安全驾驶。

（五）低血糖

低血糖症是由多种病因引起的血糖浓度过低所致的一组临床综合征。一般以成人血浆血糖浓度小于 2.8 mmol/L 为低血糖。高血糖与糖尿病紧密相连，许多人都十分注意是否患有高血糖，但没有多少人在意低血糖。其实，血糖过低也是一种病，医学上称为低血糖症。

低血糖病因很多，据统计可多达 100 种，近年来仍在发现其他病因。本症大致可分为器质性低血糖（指胰岛和胰外原发病变，造成胰岛素、C 肽或胰岛素样物质分泌过多所致）、功能性低血糖（指患者无原发性病变，而是由于营养和药物因素等所致）、反应性低血糖（指患者多有自主神经功能紊乱，迷走神经兴奋，使得胰岛素分泌相应增多，造成临床有低血糖表现）。

低血糖可出现面色苍白、头痛、头晕、心动过缓、意识蒙眬、神志不清、视力模糊、复视、定向力和识别力减退、记忆力受损、周身乏力、躁动不安、辨距不准、运动不协调、心悸、肢冷、出汗、手颤、腿软、恐慌、焦虑、抑郁等症状，严重时会抽搐、昏迷。

血糖过低时，人体会感到倦息、疲劳、暴躁、易怒、反应迟钝。美国营养学家的相关调查表明，许多车祸的发生都与肇事者血糖水平过低、反应迟钝有关，因此营养学家警告人们，血糖过低时开车与酒后驾车同样危险。

据内分泌科专家介绍，一般有三种情况会引发低血糖症：

（1）反应性低血糖症。空腹吃甜食，有时会使胰岛素过度释放导致血糖快速下降，甚至形成低血糖，从而迫使肌体释放第二种激素——肾上腺素，以便使血糖恢复正常。这两种激素作用会使人头晕、头痛、出汗、浑身无力，出现反应性低血糖症。

（2）禁食性低血糖症。通常在禁食 8 h 后发生，症状比反应性低血糖症更严重，包括头晕、记忆力丧失、中风和慌乱，有不少肥胖的人特别是许多爱美的女士常因禁食减肥导致低血糖症。

（3）糖尿病患者用药不当导致低血糖症。由于糖尿病患者使用胰岛素、磺脲类药物过量或使用不当所致。

由于糖尿病驾驶员容易饥饿和使用胰岛素、磺脲类药物控制血糖，常常会因工作原因不能及时进餐或药物过量、使用不当造成低血糖而影响安全驾驶。据有关资料报道，由于糖尿病驾驶人低血糖引发的交通事故时有发生。在我国没有法律法规规定糖尿病人不得取得驾驶证或驾驶车辆,但在西方一些国家却有这种规定。但不是所有糖尿病人都不能取得驾驶证,有的国家规定用胰岛素治疗的糖尿病人可取得洲际公路职业驾驶证,这相当于我国职业长途车驾驶员。

防控措施:

(1)高度重视低血糖对车辆安全驾驶的危害性,糖尿病驾驶员和因其他原因时常发生低血糖症状的驾驶员要高度关注血糖的变化,低血糖症状发作时切勿驾驶车辆。

(2)服用降糖药尤其是使用胰岛素、磺脲类药物控制血糖的糖尿病和高血糖驾驶员,应高度重视药物的使用,切勿因用药过量或使用不当导致低血糖症发作而影响安全驾驶。

(3)糖尿病驾驶员出车前,特别是长途出车前要检测确认一下自己的血糖值,长途行车时应随车带上血糖仪、葡萄糖、可能需要的其他药物和糖块、饼干等食物,途中定时测试血糖,以减少低血糖驾车风险。当行车途中出现低血糖症状时,应立即靠边停车,服用药物或进食,不得勉强开车。

(4)采取禁食或减食减肥的驾驶员,也应高度重视可能发生低血糖的风险,驾车时应随车带些果汁、糖块、饼干等食物,以备低血糖症发作时食用。

(5)空腹时不要食用甜食,避免胰岛素过度释放导致血糖快速下降而发生低血糖。

(6)保证按时进食,无论是长途驾驶还是在市区开车,饿了就得吃饭。不要因为快到目的地而坚持开车,否则极易因突发低血糖酿成不幸。

(六)心脏病

心脏病可分为器质性心脏病和功能性心脏病。

器质性心脏病是指人们可以找到的确切的心脏结构组织上的病变所导致的心脏病,包括先天性心脏病、风湿性心脏病、高血压性心脏病、糖尿病心脏病、冠心病、心肌炎等各种心脏病。

器质性心脏病的种类较多,不同类型的心脏病有不同的具体症状表现,对车辆安全驾驶的危害主要表现为胸痛、眩晕、气促、寒战、恶心、乏力、心慌气短、心悸等症状,严重时出现供血不足、心律失常、昏厥,甚至猝死,从而导致车辆失控而发生事故。

2013年1月1日我国实行的《机动车驾驶证申领和使用规定》第十二条明确要求:有器质性心脏病、癫痫病、美尼尔氏症、眩晕症、癔症、震颤麻痹、精神病、痴呆以及影响肢体活动的神经系统疾病等妨碍安全驾驶疾病的,不得申请机动车驾驶证。《中华人民共和国道路交通安全法》第二十二条规定:饮酒、服用国家管制的精神药品或者麻醉药品,或者患有妨碍安全驾驶机动车的疾病,或者过度疲劳影响安全驾

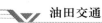

驶的,不得驾驶机动车。但是,由于一些心脏病前期或不发作时症状不是很明显,心脏病的确诊需要医院使用仪器设备检查,而目前国家在驾驶证年审、换证方面没有较为严格的疾病检查要求和手段,实际上心脏病患者驾驶车辆未被真正禁止,现实中也确实发生了不少因驾驶人心脏病发作而引发的交通事故。

机动车驾驶是一种需要驾驶员集中精力、谨慎驾驶的工作,既需要一定的体力,又需要一定的脑力,一天复一天,驾驶员身心得不到较好的休息。同时,驾驶员长时间坐在驾驶座椅上,身体运动较少,脂肪容易沉积而不易被消耗,容易使血压、血脂和血糖增高。车速快,险情多,会对驾驶员的心脏产生刺激,使精神处于兴奋状态,心脏加速,血管收缩,血压升高,心肌供血不足,容易使心脏受损。遇到堵车和道路天气不好的时候,处于密闭空间的等待和长时间控速行驶会让人情绪焦躁、心烦意乱。因此,机动车驾驶员这个群体是一个心脏病高发的群体。目前油田企业车辆驾驶员年龄普遍偏高,45 岁以上驾驶员占绝大多数,而 45 岁以上又是高血压、高血脂、高血糖和冠心病的多发年龄段,应引起高度关注。

虽然心脏病的种类较多,但在驾驶员人群中,基本上都是在高血压、高血脂、高血糖、吸烟、酗酒、生活不规律和精神压力等危险因素作用下,伴随着年龄的增长,血管老化、冠状动脉粥样硬化,逐步形成的冠心病、高血压性心脏病、糖尿病心脏病。治疗这几类心脏病的药物大多是降压、降脂、降糖、扩张血管、抗血小板凝聚的药物,这些药物基本上都有一定的副作用,出现低血压、低血糖和神经及精神症状,对安全行车产生一定或较为严重的影响。

防控措施:

(1)高度重视心脏病对自身健康和安全行车的危害,患有器质性心脏病的驾驶员不应再驾驶车辆。

(2)心脏病较轻的驾驶员应定期和及时就医治疗,按照医嘱及时用药,并高度关注药物不良反应对安全行车的影响。

(3)控制体重,合理膳食,坚持运动,规律生活,戒烟戒酒,注意休息,避免疲劳,控制情绪,养成良好的生活习惯,保持良好的心理状态。

(4)驾驶过程中应注意车内通风,预防感冒发烧,控制车速,加大车距,加强观察,避免险情刺激、情绪激动。当堵车或天气、道路不好时要调节控制情绪,切记不要生气、发火、情绪激动。

(5)随身携带硝酸甘油片、速效救心丸等应急药品,以备应急之用。如果出现下列症状,应立即开启双闪灯,引导其他车辆避让,控制车辆靠边停车,用力深吸气、拼命咳,促使心脏正常跳动,将车停住后立即服用救心丸等应急药品,并拨打电话告知家人或朋友,请求急救车前来救援:① 胸部压痛或压迫感;② 心慌、气促、呼吸困难;③ 过度出汗;④ 胸部紧缩感;⑤ 心前区痛放射到肩膀、颈部、手臂或下颚;

⑥ 有胃灼热感或消化不良,可能伴有恶心和呕吐;⑦ 突然头晕、心跳加剧或短暂失去意识。

(6) 使用降糖药物的心脏病驾驶员,要关注低血糖症对安全行车的影响,出车前和长途行车前应测试确认血糖值,随车携带必要的药物和食物,当出现低血糖症状时要立即靠边停车,服用药物或吃些糖块、饼干等食物,恢复血液中的糖分,缓解及消除症状。

(七) 眼病

眼睛的疾病统称为眼病。常见的眼病有白内障、眼底出血、黄斑病变、玻璃体积血、葡萄膜炎、青光眼、视神经炎、角膜炎、睑腺炎、红眼病等。这些眼病虽然形成的原因不同,但都会对视力、视野产生不同程度的影响。例如:

(1) 白内障会出现视力变差(严重的白内障可致盲)、眼压增高、眼痛等症状。

(2) 眼底出血,表现为:眼前突然一片漆黑,仅见手动或仅有光感;突然间眼前会出现圆形的黑影遮挡,眼球转动阴影不移动,正中方向注视事物完全看不见,周边事物模糊可见;突然间眼前出现闪闪红光,逐渐增加,严重时红光满目,视物不明;突然眼内有线条状黑影向某一方向直射,进展迅速且逐渐增多,终至遮住眼前,视物一片模糊,无法分辨;眼睛发胀,眼球跳动。大多反复发作,每次发作时都会伴随上述某些现象。

(3) 黄斑病变会出现中心视力减退、有中心暗点、视物变形等症状。

(4) 葡萄膜炎会出现畏光、视力模糊、眼睛痛、流泪、眼睛发红等症状。

(5) 角膜炎的主要症状有疼痛、畏光、流泪、视力模糊,严重时甚至仅有光感。

(6) 睑腺炎的初起症状有眼睑痒、痛、胀等不适感,之后以疼痛为主。部分患者在炎症高峰时伴有恶寒发热、头痛等症状。

(7) 红眼病有剧烈的疼痛、畏光、流泪等重度刺激症状和水样分泌物,眼睑红肿,结膜高度充血、水肿,球结膜下点、片状或广泛出血等症状。

眼睛是人类获得和验证外部信息的重要感觉器官,对于驾驶员来说,有 90% 左右的道路交通信息来自眼睛,眼睛疾病导致视力下降,视野变窄,观察受阻,必然会严重影响到车辆安全驾驶。

防控措施:

(1) 患有眼病时应及时就医治疗,若影响安全驾驶,不应驾驶车辆。

(2) 如果症状较轻,对安全行车影响不大,仍应格外小心谨慎,降低车速,中低速行驶,认真观察道路情况,始终将车速控制在视线之内,不可盲目行驶。

(3) 白内障、日光性角膜炎、角膜内皮损伤、眼底黄斑变性等眼科疾病都与紫外线有关,阳光强烈时佩戴太阳镜保护眼睛,不用裸眼直视太阳或电焊火花等。

(4) 多吃维生素丰富的食物,养护眼睛。

（八）感冒

感冒总体上可分为普通感冒和流行性感冒。

（1）普通感冒,中医称为伤风,西医称为急性上呼吸道感染（简称上感）,是一种主要由病毒感染引起的上呼吸道常见病,以冠状病毒和鼻病毒为主要致病病毒,初冬和春季多见,但全年均可发病。病毒从呼吸道分泌物中排出并传播,当机体抵抗力下降,如受凉、营养不良、过度疲劳、烟酒过度、全身性疾病及鼻部本身的慢性疾病影响呼吸道畅通时,容易诱发感染。临床表现为鼻塞、咳嗽、头痛、轻度畏寒、发热、全身不适等症状,发病初期还常常打喷嚏。

（2）流行性感冒（简称流感）,是由流感病毒引起的急性呼吸道传染病,病原体为甲、乙、丙三型流行性感冒病毒,通过飞沫传播,传染性强,具有"变异"特性,不断产生新的亚型,易感者众多,常容易造成暴发性流行或世界性大流行。临床表现为畏寒、发热,体温可高达 39～40 ℃,同时患者感觉头痛、全身酸痛、软弱无力,且常感觉眼干、咽干、轻度咽痛,部分病人可有打喷嚏、流涕、鼻塞,有时可见胃肠道症状,如恶心、呕吐、腹泻等。

由于普通感冒和流行性感冒具有上述症状,会对驾驶员的观察判断和驾驶操作行为产生一定甚至较为严重的影响。同时,治疗感冒的一些药物具有一定的不良反应,出现头痛、头晕、倦怠、乏力嗜睡、视物模糊、听力下降、注意力分散等现象,加剧了对安全行车的影响,特别是一些人为了想快速解除症状,多种感冒药一起吃,有可能产生的副作用更大。

有媒体报道称,英国政府下属的药物安全管理机构（MHRA）对 69 种常用感冒药进行了评估,结果显示 69 种感冒药可能会"引发过敏反应,导致幻觉以及干扰睡眠等副作用"。MHRA 称大多数感冒咳嗽药都含有 15 种可能导致副作用的成分,这些成分包括使鼻腔黏膜血管收缩的伪麻黄碱、麻黄素、去氧肾上腺素、羟甲唑啉、塞洛唑啉,属于抗组胺剂的苯海拉明、氯苯那敏、异丙嗪、曲普利啶、抗敏安,抑制咳嗽的右美沙芬、福尔可定,以及用于去痰的愈创甘油醚、吐根剂等。在抗感冒药物中应用最多的是起效较快的扑尔敏,"扑尔敏"只是一种俗称,现在很少用这个名称,感冒药中所标的"马来酸氯苯那敏""氯苯那敏"其实都是扑尔敏。扑尔敏含抗组胺药,其主要不良反应有嗜睡、困倦、视力模糊、头痛等,含抗组胺药的有新康泰克、三九感冒灵、感冒清胶囊、感冒清片、鼻炎康片、维 C 银翘片、速效感冒胶囊、泰诺、力克舒、快克、感冒通、感康等。

防控措施：

（1）要高度重视感冒和服用感冒药对安全行车的危害性,当感冒较重或服用药物后反应较大时,应慎驾车辆,尤其是不应长途驾驶车辆。

（2）若症状较轻,驾驶车辆时要格外小心谨慎,降低车速,注意观察,禁止高速行驶、强超抢会、截头猛拐、随意变道和跟车距离过近。

（3）就医时要主动表明自己是驾驶员的身份，请医生尽量避免使用会对驾驶员产生不良影响的药物；用药时要按照医嘱服药，并认真阅读说明书上的"药品成分""不良反应"和"注意事项"，不要自作主张多种药物混合服用或加量服用。

（4）对已知有不良反应但不得不吃的药，开车前量要减半服用，等休息时再补足全量，或等药效消除后再开车上路。

（九）肢体疼痛性伤病

肢体疼痛性伤病是指导致肢体骨骼、肌肉或关节疼痛、麻木、肢体活动受限的伤病。对车辆驾驶有影响的常见肢体疼痛性伤病主要有上下肢骨折、骨裂、踝关节、膝关节或腕关节扭伤，腰肌劳损、背部肌肉拉伤、上下肢肌肉拉伤，膝关节炎、肩周炎和落枕等内外伤病。

机动车辆驾驶操作时刻离不开肢体的运动，肢体骨骼、关节、肌肉内外伤病将产生疼痛、麻木、肢体运动受限或不灵活等症状，对驾驶操作动作的及时性和有效性产生影响，从而影响安全驾驶，导致事故的发生。例如：踝关节扭伤（挫伤），会出现肿胀、瘀斑、疼痛、不能加力、跛行或不能行走，直接影响到驾驶员对油门、刹车及离合器的操作，对安全行车有较大影响。又如：肩周炎，它是驾驶员常见的一种病，主要表现为肩部阵发性疼痛，严重时向颈项及上肢扩散，尤其是当肩部偶然受到碰撞或牵拉时，可引起撕裂样剧痛，使肩关节活动受限。当驾驶员的手在转向盘与挡位操纵杆之间来回移动操作或遇到险情用力猛打转向盘时会产生剧烈疼痛，从而影响到驾驶员的安全驾驶操作。再如：落枕，又称"失枕"，是一种由于睡眠姿势不良、感受风寒等原因引起的常见病症，表现为颈后部疼痛、酸胀，头颈活动受限，转动不利，不能自由旋转等症状，严重者俯仰困难，头部强直于异常位置，使头偏向病侧。该病会使驾驶员在驾驶操作过程中梗着脖子，不能自由转动头部仔细观察道路情况，极易造成观察不周或失时、失误，从而导致事故的发生。

防控措施：

（1）要高度重视肢体疼痛性伤病对安全驾驶操作的影响，当影响安全驾驶时，不应驾驶车辆。

（2）若伤病对安全驾驶影响较小，驾驶车辆时要小心谨慎，低速行驶，提前预防和控制险情。

（3）治疗伤病的一些消炎、止痛类药物可能产生头痛、头晕、耳鸣、嗜睡等不良反应，服用药物要关注说明书上的"药品成分""不良反应"和"注意事项"，避免影响安全驾驶。

（4）加强日常肢体防护，避免肢体伤害。

（十）听力下降

汽车在运行中，要求驾驶员耳听八方，对外界车辆的声音、交通指挥人员发出

的音响信号以及其他声响能迅速听清、准确处置,否则容易发生事故。但是,驾驶员的听觉在一定条件下也会出现下降,比如长期连续行车、体力消耗过大、外界噪声刺激过重、车子各部件松动发出刺耳、颤抖的声音等,都会使听觉器官出现疲劳,导致驾驶员的听力下降、觉察不出有可能造成危险的声响。

控制措施:

(1) 驾驶员一旦感觉疲劳,就要适时休息,以保护自己的听觉器官。

(2) 要经常检查身体,使听力保持在两耳各为音叉测距 50 cm 并能辨别方向,低于这个数值禁止继续开车,应积极治疗,使其恢复。

(3) 在噪声很大的驾驶室内长时间工作,要设法降低工作环境的噪声。

(十一)警惕药物产生的不良反应

治疗疾病、伤痛的药物有很多会对人体产生一定的副作用,可能出现头晕、头痛、目眩、乏力、嗜睡、注意力减退、判断力减弱、视敏度降低、反应灵敏度下降等不良反应,影响驾驶员安全行车,进而导致交通事故的发生。

"药驾"堪比"酒驾"。《法制日报》《扬子晚报》《齐鲁晚报》等多家报纸和人民网、中新网、凤凰网等网络媒体发表或转载文章,报道机动车驾驶员服用某些药品后对车辆驾驶的危害性。国外一份有关在致命性交通事故中用药情况的调查结果表明:口服抗抑郁和镇静剂的人,事故发生率高达 97%,服用抗过敏药,如氯苯那敏等抗组胺药的为 72%,而酒驾的事故率则为 87%。奥地利科学家柯·瓦格涅尔在研究了 9 000 起交通事故后查明,其中 16% 是因驾驶员服了某种药物造成嗜睡引起的,而肇事司机对此却全然不知。在苏州大学医学院等研究机构 2008 年发表的一篇论文中,研究人员引述了国外一项调查,该调查曾对 18 882 个发生交通事故死亡的驾驶员肇事后 4 h 内采集的血液样本进行乙醇(酒精)和其他 43 种药物筛查,结果乙醇阳性率达到 51.5%,而其他药物的阳性率也接近 18%。由此可见,与药物有关的交通事故死亡率不容小觑。

欧美不少国家在法律程序上关注"药驾"的危害。在美国,到 2010 年已有 37 个州通过了禁止药后驾驶的法律;在法国,根据药品对驾驶员驾驶能力影响的程度,将其分为 4 个等级,并要求药厂在药盒上以不同颜色标识,警示药物对驾驶能力的影响。在我国的道路交通安全法律法规中,目前只明确规定了"服用国家管制的精神药品或者麻醉药品不得驾驶车辆",还没有对药品"驾驶等级"做出明确规定,缺乏给服药的机动车驾驶员应有的提醒和警示,但是一些药物对机动车安全驾驶的影响已逐渐被公众所认识,已有全国人大代表呼吁关注"药驾"问题,不少医院的专家也发出警示或提示。

参照世界卫生组织的分类和药剂科专家临床经验,有七大类药物会对驾驶产生影响,它们分别是抗组胺药物、抗抑郁药物、镇静催眠药、解热镇痛药、抗高血压药、抗心绞痛类药和降糖药。

（1）抗组胺药：代表药品有异丙嗪、氯苯那敏、赛赓啶、本海拉脱、布克利嗪等，对中枢神经有明显的抑制作用，常常有嗜睡、眩晕、头痛乏力、颤抖、耳鸣和幻觉等副作用，可导致驾驶员注意力不集中、反应不灵敏。大多数感冒药都含有抗组胺类药物成分。

（2）抗抑郁、焦虑类药：代表药品有丙咪嗪、多虑平等，服用后昏昏欲睡、打哈欠，多吃后产生共济失调、走路不稳，车辆驾驶安全更是难以保证。

（3）镇静催眠类药：代表药品有安定、硝基安宁、本巴比妥、阿普唑仑等，会产生镇静、催眠和抗惊厥的效果，开车前应绝对禁用这类药。

（4）解热镇痛药：代表药品有阿司匹林、水杨酸钠、安乃近、非那西丁、氨基比林等，常出现眩晕、耳鸣等症状，有些病人甚至出现听力减退、大量出汗及虚脱。

（5）抗高血压药：代表药品有利血平、可安定、帕吉林、硝普钠和甲基多巴等，有心悸、心绞痛、体位性低血压和头痛、眩晕、嗜睡等不良反应，会降低驾驶员的注意力和反应灵敏度，增加发生事故的概率。

（6）抗心绞痛类药：代表药品有普萘洛尔、硝苯地平、异山梨酯、硝酸甘油制剂等。这些药物会扩张血管从而导致头痛，使驾驶员难以集中精神；还会因眼内压、颅内压升高而导致视力不清、头晕乏力等，影响驾驶员的视野。

（7）降血糖类药：代表药品有胰岛素、格列本脲、格列齐特、格列吡嗪等，会产生低血糖等反应，出现头晕、心悸、多汗、虚脱、烦躁、酸懒无力、思维迟钝、视物模糊等症状。各类降糖药物基本上都具有引起低血糖反应的潜力，但以胰岛素和磺酰脲类多见，如果药品选用或使用不当，更容易出现问题，对车辆驾驶产生严重影响。

（8）保健品也会引发"药驾"。

① 保健品中的褪黑素（脑白金的主要成分之一）对神经中枢有抑制作用，各国都规定驾车和机械操作者不可服用，在欧洲甚至不准作为保健品销售。

② 天麻也常作为保健品使用，其含有作用于中枢神经系统的天麻素，该成分具有显著的镇静催眠作用。

③ 人参、西洋参制剂有明显的抗疲劳作用，但大剂量长期使用时，容易出现烦躁不安、头痛甚至意识混乱等神经系统症状。

控制措施：

（1）充分认识"药驾"的危险性堪比"酒驾"，高度重视用药后车辆驾驶，治病要做到慎重选药和用药，用药期间慎驾车辆。

（2）就诊时主动表明身份，如"我是驾驶员"或"我开车上班"，请医生尽量避免使用会对驾驶员产生不良影响的药物。对于普通常见感冒，最好选用中成药，或者选择不含抗组胺药成分的感冒药品。

（3）仔细阅读药品的说明书或是商品标签，特别是用量、禁忌证和副作用等。如服药后出现身体不适等异常情况，应去医院请教医生。

（4）不可超剂量用药。引起药品不良反应的原因主要有三个：用药剂量不当、重复用药和不同药物同用的相互作用。

（5）对已知有不良反应但不得不吃的药，开车前量要减半服用，等休息时再补足全量，或者等药效消除得差不多后再开车上路。

（6）驾驶过程中出现不良反应影响安全驾驶时，应及时停车休息调整，等症状消除后再驾车行驶。不要勉强开车，以免发生行车事故。

（7）日常生活和工作中注意天气变化，关注身体健康，合理膳食，加强锻炼，提高身体抵抗力。

三、驾驶员的不安全心理

（一）惰性心理

惰性心理也称为"省能心理"，是指在人的行为活动中，不按照既定目标或行为规范行事，力求以最小的能量消耗取得最大工作效果的一种心理状态。惰性是人的本性，是人的一种自我保护机制，但它却是人行为活动的阻碍和安全隐患，是侥幸心理、冒险心理产生的一个重要原因。一些驾驶员在惰性（省能）心理的驱使下，往往会为了省时、省力、嫌麻烦、怕费劲、图方便，产生侥幸和冒险心理，把应该做的事情拖延不做或做不到位，能凑合就凑合，能省力就省力，能省时就省时，得过且过或违反规定走捷径，导致了不安全、不文明驾驶习惯性行为长期存在，屡禁不止。主要表现在驾驶员不按规定检查和维护车辆，随心所欲乱停乱放车辆，不按规定减速或停车让行及等候信号，不按规定转弯、调头、变道而逆行、抄近道行驶，或该采取措施时犹豫不决而错失良机，或遇到困难时情绪消沉、悲观失望而不积极想办法应对等，从而导致了一些可以避免的险情或事故发生。

控制措施：

（1）充分认识惰性心理的危害性，树立风险忧患意识，严格要求自己，努力克服惰性（省能）心理，凡事不找借口，不找理由，牢记"宁可十步远，不冒一步险"的安全警句，坚持"多走一步、多看一眼、多问一声、多说一句"的工作理念，凡事不要耍小聪明，不要贪图省能和便利，不要试图别人会为你让路，下决心遏制住惰性（省能）心理和行为。

（2）从现在做起，自觉遵守交通安全法律法规和规章制度，每天晚上反省，经常在脑海中浮现"家庭幸福美满"的画面和闪烁触碰交通安全"高压线"就会被"电晕""电死"的危险镜头，并制订行为改进计划，先从一件容易的事情做起，一点一点地改掉自己的不良行为习惯。

（3）引入监督机制，将自己置于他人的监督之下，让他人帮助自己纠正不良的行为习惯。

（二）侥幸心理

侥幸心理就是无视客观事物的性质、违背客观事物的发展规律或者违反为了维护事物发展而制定的规则，试图根据自己的需要或好恶并通过偶然的机会去取得成功或避免灾害的一种心理状态。

在驾驶车辆过程中，很多交通违法行为都是心存侥幸而产生的。据有关资料显示，在道路交通事故原因构成中，有70%以上的道路交通事故是由于驾驶员的各种交通违法行为造成的，而在造成这些事故的驾驶员交通违法行为中，约有70%以上的交通违法行为是由于驾驶员存在不同形式、不同程度的侥幸心理产生的。因此，侥幸心理是道路交通事故的罪魁祸首。按照驾驶员发生事故或违反交通安全法律法规时人为差错的类型，可将侥幸心理分为经验性侥幸和技术性侥幸。

经验性侥幸主要是指一些驾驶员安全意识不强，法制观念淡薄，有法不依，有章不循，盲目自信地违法驾驶。这类驾驶员明知违反法律法规，如果没有警察或电子监控，就会认为"没关系"，凭着"老经验"，抱着"试试看"的侥幸心理而酒后驾驶、疲劳驾驶、冲闯信号、超速超载等。还有一些人总结了一些所谓的"经验"，如下坡脱挡滑行、上坡蛇形行驶、遇到车辆及行人影响自己正常行驶或遇到视线障碍时猛按喇叭不减速等，虽然与交通安全法律法规和安全驾驶操作规程不符，但是凑巧一直没有发生过事故，然而，如果按照这样的经验做下去，势必会发生事故。

技术性侥幸主要是指一些驾驶员由于开车多年没有发生过事故，所遇到的险情基本上都能凭借经验、技术化险为夷，转危为安，过分相信自己的驾驶技术和经验，开车由着性子来，跟着感觉走，马虎凑合，满不在乎，认为就凭自己的技术、经验不会发生事故。这类驾驶员在行车过程中，凭借自己的一点经验和技能，玩弄油门、刹车和转向，在各车道之间来回穿插，蛇形行驶，总是认为不会那么巧就出车祸；超、会车辆时，总是认为对方会给自己让路，挤过去完全有可能；违章装载行驶（超长、超高、超宽、客货混装等）和违章操作（下陡坡熄火滑行等）时，总是认为不会出问题；通过村镇时，总不减速、慢行、预防行人及非机动车横穿公路，即使遇到行人及非机动车横穿公路，也只是猛按喇叭不减速，关键时刻猛打方向、急刹车；通过十字路口总想快速通过，见缝就插或冲闯红灯；在山路等视线死角行驶或转弯时，常常认为对面不会来车，不必减速、鸣号、靠右行，等等。

抱有侥幸心理的驾驶员往往过分高估自己的判断能力和驾驶操作能力，并幻想和希望事情往自己有利的方向发展，不会那么倒霉。其实，事物的发展有其自身的客观规律，是不以人们的意志和愿望为转移的，我们应该严格服从和顺应这种规律。假设买彩票中奖率和车祸的发生率均为十万分之一，心存侥幸心理的人会觉得自己的运气好,这十万分之一的中奖概率可能会落到自己头上,因此吸引越来越多的人去购买彩票;但是到了车祸问题上,有些人觉得这十万分之一的概率实在太小了,根本不可能会碰到自己身上,于是就有成千上万的人敢去冒这个险。带着这种侥幸心理,道路上形形色色的交通违法行为频频出现,交通事故也就不可避免了。

控制措施:

(1)要充分认识侥幸心理的危害性,牢固树立风险意识。虽然事故具有一定的偶然性,凭借一次又一次的侥幸化解了险情,避免了事故,但这毕竟不是必然的结果,要坚信"常在河边走,没有不湿鞋"的道理,只有严格遵守交通安全法律法规和规章制度,才能真正地避免事故发生。

(2)要防微杜渐,避免久积成习。侥幸心理是由惰性心理、趋利心理、急躁心理和从众心理产生的,有很强的自生性和传染性,必须要树立起正确的人生观、价值观和幸福观,从点滴做起,从每个行为做起,防微杜渐,避免久积成习。

(3)在驾驶车辆过程中,要坚决克服"以自我为中心"的思想,避免省时、省力、图方便、怕麻烦的思想和行为,严格遵守交通安全法律法规和规章制度,做到观察判断要"准"、驾驶操作要"稳"、动作反应要"快"。

(三)麻痹心理

麻痹心理又称麻痹思想或思想麻痹,是指人的思想意识松懈,态度冷漠,漫不经心,对外部事物感知的敏感度降低,失去警惕性,行为轻率、随便的一种心理状态。

麻痹思想产生的原因:一是个体长期养成的一种性格特征,经常表现为对人对事态度消极,为人处事松松垮垮、不求甚解、漫不经心,自认为与自己关系不大,不值得关注;二是惰性心理所致,不愿意操心费力,贪方便、怕麻烦、图省事,过分依赖他人,得过且过;三是自负心理所致,盲目自大,过高地估计个人的经验和能力,尤其是安全行车多年的老驾驶员居多;四是侥幸心理所致,是以往成功经验或习惯的强化,以前多次交通违法没问题,继续我行我素,仍抱有撞大运的错误心理,放松了思想警惕;五是急躁或急功近利心理所致,有的驾驶员为了抢时间、赶路程,驾驶车辆急急火火、匆匆忙忙,导致安全意识下降,警惕性放松,尤其是道路拥堵影响了正常行车时或临近下班的回程途中,更是为了抢时间、赶路程或尽快归队下班而心情急躁,忽视道路情况和交通法律法规的存在;六是驾驶员长时间驾车疲劳或经过复杂难行的道路后精力下降或精神放松而导致麻痹大意、警惕性放松等。

麻痹心理一般在以下几种场合和时机中易于产生:

(1)道路和通视条件较好,路上没有复杂的交通情况。

(2)一天的行车任务或大宗的运输任务接近完成,还有最后一点不复杂的收尾工作。

（3）长途行车已安全驶近车场或目的地。

（4）在车场调头、试车、倒车。

（5）由复杂道路进入平坦宽阔道路。

（6）由城市驾驶转入郊外等级公路驾驶。

（7）夜间行车，行驶路线车稀人少，路面宽敞。

（8）在宽阔无情况的道路上进行会车、超车、让车。

（9）在道路行驶中转弯、变道。

（10）通过有栏栅的铁路或经过很少有火车通过的未设栏栅的铁路。

（11）车辆技术状况很好，尤其是制动和转向盘很灵便，操纵得心应手。

控制措施：

（1）道路情况千变万化、瞬息多变，每一秒都是一个新的开始，要牢固树立"居安思危，警钟长鸣"的思想，牢记"安全在于心细，事故出自麻痹"的警言。

（2）要时刻保持警惕，强化自我警示，加强观察判断，时刻将注意力集中于把握外界交通信息的变化上，及时调整驾驶操作动作。

（3）注意力的转移应始终围绕驾驶汽车安全行驶来进行，不能把注意力转向与安全行车无关甚至是妨碍安全行车的事情上，如开车打电话、听音乐、与人谈话等。

（4）应始终如一地集中精力，要把无情况当成有情况，把简单情况当成复杂情况来处理和对待。

（四）急躁心理

急躁心理也称为急躁冒进心理，是指驾驶员在驾驶车辆过程中所表现出来的急于求成、着急不安、心情浮躁，不能沉着冷静地应对外部事物的一种心理状态。

心情急躁多发生于急性格的驾驶员身上，主要表现为在驾驶过程中心浮气躁、精神紧张，精力高度集中在抢时间、赶路程上面，而疏于对道路情况进行全面细致的观察、判断，行为盲动，动作紊乱，急加速、急刹车、急打方向动作频繁，超速行驶、频繁变道、强超抢会、冲闯信号等交通违法行为和险情明显增多。在这种心理状态的作用下，不能心平气和、镇定自如、有条不紊地应对复杂多变的道路交通情况，很容易因交通违法或观察、判断和操作处理不当、不及时而发生交通事故。

急躁心理一般容易发生在以下几种情况下：

（1）任务急、时间紧的情况下。

（2）道路堵塞，车辆蠕动或恶劣道路、天气下车速提不起来时，尤其是在时间延误的情况下。

（3）牵挂事务，急于完成任务后处理事务时。

（4）完成任务返程途中，天色已晚，急于收车下班回家，尤其是接孩子、赶班车时。

（5）身心疲劳，急于完成任务休息时。

（6）途中车辆发生故障或遇到困难时。

（7）当遇到烦心事，心境不佳时。

控制措施：

（1）谨记"欲速则不达"，凡事应沉着冷静，不可心情浮躁、慌慌张张。在日常心平气和、情绪稳定的时候，去想象种种可能的危险情景，深刻认识急躁心理的危害性。

（2）当出现急躁心理时，要自我暗示和提醒，口中反复默念"别着急，别冲动，冲动是魔鬼""谋事在人，成事在天，反正已经晚了，着急也没用"，以此来分散和缓解急躁紧张的心情。

（3）当心情急躁、情绪紧张时，不妨做深呼吸，可有助于纾解压力，消除焦虑与紧张的情绪。

（五）从众心理

从众心理是指个体受到外界人群行为的影响，而在自己的知觉、判断、认识上表现出符合公众舆论或多数人的行为方式。实验表明只有很少的人保持了独立性，没有被从众，所以从众心理是大部分个体普遍存在的心理现象。

从众心理有积极影响和消极影响两个方面。积极影响是可以使人自觉接受社会环境的积极影响，有利于个人养成良好的品德和行为习惯，有利于社会的稳定和良好社会风气的形成。消极影响是盲目从众、随波逐流，它容易使人接受社会环境的消极影响，助长社会生活中的歪风邪气。

盲目从众心理是指个体自身行为受到他人行为的影响，不去用自己的理性和识别能力进行识别、判断而效仿他人行为方式的一种心理。盲目从众有两种情况：一种是自觉从众，心悦诚服、心甘情愿与大家一起违章；另一种是被迫从众，表面上跟着走，心理反感。

在机动车辆驾驶方面，从众心理多为盲目从众，具有共同违反交通安全法律法规的特点，带有盲目侥幸的危险。从众心理较易发生在意志薄弱、理性思维较差、自控能力不强、安全意识淡薄、行为较为随意的驾驶员身上，女性比男性偏多，主要表现在以下方面：

（1）通过没有电子监控和交警执勤的路口时，看到其他车辆冲闯信号也跟着冲闯信号。

（2）当遇前方路口或行进道路发生交通阻塞时，看到其他车辆向前挤，只要有缝隙也跟着向前挤，形成了越挤越阻、越阻越挤互不相让的局面，直到道路彻底被堵死为止,而很少有人遵守《中华人民共和国道路交通安全法实施条例》第五十三条的规定。

（3）当遇到行人或非机动车正在横过公路时,看到前车飞驰而过却不减速让行,也紧跟其后飞驰而过。

（4）在雪、雾天气,明知安全风险很大,但看到其他车辆快速行驶,也忍不住跟着快速甚至高速行驶。

（5）在暴雨天气,遇前方道路积水较深不太敢通过时,看到其他车辆通过,即使有的车辆一进水就熄火停下,也会跟着通过。

（6）在行驶过程中看到其他车辆超速行驶,一辆接一辆超越,也会随着其他车辆超速行驶,等等。

控制措施:

（1）要充分认识盲目从众心理对于安全行车的危害性,经常反思自己的驾驶行为是否存在盲目从众现象,并时常用事故案例警示自己。

（2）强化理性认识和判断,培养锻炼意志力,加强自我控制,凡事自己要有主见,要"择其善者而从之,其不善者而改之",不能人云亦云、感情用事。

（3）强化法制和纪律观念,严格遵守交通安全法律法规,坚决消除"法不责众"的思想意识。

（六）自负心理

自负心理也称骄傲自满心理,就是过高地估计个人的能力,盲目自大,骄傲自满,目中无人,常用自己的长处比别人的短处,缺乏自知之明的一种心理状态。

自负本来并不一定是不好的心理类型。适度的自负会催生自信,坚定自己的信念,激发自己的斗志。但是脱离实际、过分膨胀的自负心理必然导致总是自视过高,难以平等待人,更难以接受别人的观点、改变自己的态度。在工作和生活中,如果更多地从自己的利益出发,不顾及法律法规、社会公德和他人的需求及感受,就会导致社会秩序和人际关系的不和谐。

人生不可能一帆风顺,工作和生活也充满变数,一旦在工作和生活中出现事与愿违或遇到挫折,自负心理强的人就会感到失落、郁闷、痛苦,甚至悲观、失望、自暴自弃,出现行为失常。而这种挫折的心理如果任其发展下去,就会引发对现实的不满,并迁怒于他人。

自负、骄傲自满是重大交通事故肇事者的一种普遍心理特征。自负心理较强的驾驶员自恃驾驶技术高、经验丰富,没有发生过事故或较大事故,往往不愿意接受或参加单位开展的安全培训教育、安全提醒警示等安全活动,更不愿意接受别人甚至基层领导的批评与训导;行车过程中放松警觉、注意力不集中,经常做出有碍安全行车的动作,如不按规章行驶,玩油门、弄方向、耍刹车、强超抢会、开英雄车、超速行驶、酒后开车。这种现象多出现在一些驾驶技能较好、经验较为丰富的老驾驶员身上。

自负心理产生的主要原因：

（1）经历方面。有些人家庭背景较好，生活一帆风顺，从小就受到父母的宠爱、夸赞、表扬，学习较好，很少受到批评，逐渐形成了自信、自强的性格特点。工作后凭借自己的自信和坚定，工作较为出色，有较高的知识、经验和技能，经常得到领导和同事们的表扬和称赞，逐步由自信、自强发展成刚愎自用、固执己见、自高自大、我行我素的性格特点。这类驾驶员在车辆驾驶方面原本小心谨慎，自觉遵守交通安全法律法规，但是随着驾驶经历的增长、驾驶技能的提高、驾驶经验的丰富和优异安全业绩的取得，自认为见多识广、经验丰富、技能超群，认为自己什么样的车辆没有开过、什么样的任务没有执行过、什么样的天气环境和艰难险路没有跑过，从而安全意识逐步下降，麻痹思想越来越重，自负心理越来越强，以至于发生交通事故时后悔莫及。

（2）认识方面。如果说自卑者夸大了自己的短处，缩小了自己的长处，那么自负者则是缩小了自己的短处，夸大了自己的长处。自负者缺乏自知之明，将自己的长处看得十分突出，对自己的能力和知识评价过高，而对别人的知识和能力不屑一顾，自然就产生自负心理。这类驾驶员不愿吸取别人的经验教训，当别人遇到问题或发生事故时常表现为幸灾乐祸，嘲笑别人技不如人，以此来炫耀自己。

（3）情感方面。自负心理较强的人自尊心特别强，为了保护自尊心，在与人交往受到挫折时往往会产生两种自我保护心理：一种是自卑，通过与外界隔绝，避免受伤害；另一种是自负，通过自我放大，获得心理上的满足。

控制措施：

（1）接受批评是根治自负心理的最佳办法。自负者的致命弱点是不愿意改变自己的态度或接受别人的观点。接受批评并不是让自己完全服从于他人，只是要求自己能够接受别人的正确观点，通过接受别人的批评，改变过去固执己见、唯我独尊的形象。

（2）调节自我评价水平是根治自负心理的有效办法。自负者常常夸大自己的长处而缩小自己的短处，缺乏自知之明。所以，全面认识自我，既要知道自己的优点和长处，又要看到自己的缺点和不足，不可"一叶障目，不见泰山"。针对这一点，可以多阅读名人的谦虚事迹，从中得到启发，摆脱过于独立地评价自我的缺点。同时应当以更长远的眼光看待问题，把自己放在群体中考察。

（3）充分认识自负心理对于安全驾驶车辆的危害性，决不能仗着"艺高人胆大"而放任自己的行为，驾车过程中要时刻警示自己，道路交通状况瞬息万变，没有百分之百的安全，应谨慎驾驶，严格遵守道路交通安全法律法规和集团公司及本单位的安全管理规章制度。

(七)消极心理

消极心理是指个体因受自身或外在因素影响,不能满足自身愿望或要求,进而造成对工作或生活的信心缺失、态度消沉、冷落麻木、不思进取、应付凑合、牢骚抱怨的一种心理状态。

一般情况下,大多数人都有可能在某个时期或某个特定情景下出现一些暂时性的消极情绪,比如对工作或领导不满时,遇到困难而无助时,受到打击、责怪和抱怨想不开时等。如果这些暂时性的消极情绪得不到有效解决而不断受到强化和积累,就会逐渐变成一种相对稳定的消极心理,此时其心理和行为就会与周围其他人有明显的、相对稳定的差异,对事物产生一些反常的、特殊的或者过于亢奋、过于消沉的行为反应,严重影响到正常的工作和生活。

有消极心理的驾驶员在工作中常常表现出对待安全检查和安全培训教育等安全活动极不情愿,消极对待甚至牢骚满腹,存在腻烦、抵触心理;对待领导和同事们的提醒、提示、劝告和批评,觉得无所谓,我行我素;当发生事故或因工作及安全问题受到批评时,麻木不仁或愤愤不平,态度不端正,不愿整改自己的问题;在车辆驾驶过程中情绪低沉,消极被动,马虎凑合,得过且过,容易造成观察、判断、处理失误失时,交通违法现象增多等现象,有时还可能迁怒于他人,与之争道抢行,超速行驶;当发生事故或违章时怨天怨地,强调客观,归责于他人。

消极心理或情绪产生的主要原因:

(1)缺乏目标。在工作或生活中受到重大挫折以后,缺乏人生的方向、目标和生活的价值意义,没有动力,没有激情,没有信心,犹如水上浮萍,东飘西荡,不知何去何从,抱着"当一天和尚撞一天钟"的消极悲观心理。

(2)忧虑不安。社会上一些不良的思想观念通过各种方式和渠道渗透到员工队伍中,腐蚀员工的思想,导致了员工对自身前途的担忧与不安,使他们在心灵上产生了一种对工作消极被动的情绪。

(3)恐惧害怕。这种恐惧、害怕来自对过去失败的"伤害"的记忆,如由于知识、经验、技能或工作疏忽等原因,未能如期完成工作或工作失败并产生了一定的负面影响后,没有得到应有的同情和理解,受到打击、责备、抱怨、耻笑、处罚等,以至于造成内心胆怯、懦弱、心灰意冷,从而产生了消极心理,忧虑退缩,裹足不前。

(4)心理失衡。一是腐败问题和分配不公现象导致员工心理失衡。社会上腐败问题的蔓延和个别单位在分配等方面实施暗箱操作、透明度差,使员工心理失衡并产生不满情绪。二是相互攀比、斤斤计较的自私自利心理导致个别心胸狭窄的员工心理失衡。社会分配完全公平公正只是一种理想状态,由于种种原因不可能做到完全公平合理。但个别心胸狭窄的人在工作任务分配和报酬、公共资源分配上过于斤斤计较、相互攀比,当达不到自己的期望值时就会产生不满情绪和消极心理。

(5)积极性被挫伤。由于某些领导干部工作方式不当或不公挫伤了员工的积极性。如有些领导干部工作方式简单粗暴,说话做事不注意,只是一味地要求员工完成工作,但对员工的一些合理要求以及具体问题不是耐心地做深入细致的思想工作,而是简单地用行政命令,对有的员工造成一定的心理压力,影响了员工的积极性。

控制措施:

(1)充分认识消极心理的危害性,加强素质修养。心理是命运的控制塔,消极心理是失败、疾病与痛苦的源流,而积极的心理是成功、健康、快乐的保证!心理状态决定成败,无论环境好坏,都应抱着积极的心态,莫让沮丧取代热忱。一个人的人生可以体现出很高的价值,也可以变得一无是处,看你自己怎么选择。而且消极心理直接影响到驾驶员的安全行车,应本着对自己的生命安全与家庭幸福负责和对他人的生命安全与家庭幸福负责的态度,努力克服消极情绪,做好安全驾驶工作。

(2)寻找适当时机加强与领导及同事的交流沟通,"话是开心的钥匙",只有通过沟通交流,才能打开心扉,消除误解,争取合理的需求。

(3)通过合理的渠道向上反映问题,表达需求。要相信正义,邪不压正,积极抵制不正之风,传递正能量。

(4)加强学习,提高认识,在学习中寻找快乐和在学习中寻求解决问题的方法。

(八)凑兴心理

凑兴心理也称凑趣心理,是个体为获得心理上的满足和温暖而趋于融入社会群体之中的一种心理状态。

凑兴是人在社会群体中产生的一种人际关系反映,从凑兴中获得温馨、快乐的满足,释放心理上的精神压力和剩余精力,并给予同伴友爱和继续说闹的力量,对于增进群体成员之间的感情和团结起着积极作用。但是,凑兴心理却是造成驾驶员产生不安全行为而引发交通事故的一个重要因素,由于凑兴说笑甚至说闹引发的交通事故屡见不鲜,主要表现在:车辆驾驶过程中,某些驾驶员在凑兴心理的驱使下,往往会自觉或不自觉地加入到车上乘员之间的交流、说笑中,从而严重影响驾驶员观察、判断和操作处理的精力,造成忘乎所以、注意力不集中,放松了安全警惕性,疏忽了对复杂多变道路交通情况的观察、判断和处理,从而导致了交通事故的发生。同时,凑兴心理还常常会导致个别驾驶员的不理智行为,如驾车比速度比超车,争相超车,互不相让,在开玩笑的过程中导致了事故的发生。另外,凑兴还表现在相互敬烟上,你给我一支,我给你一支,相互谦敬,特别是相互点烟的危害性更大,更容易使驾驶员分心走神甚至带动方向而使车辆跑偏。

凑兴心理一般易发生于性格外向、活泼开朗的驾驶员,尤其是年轻驾驶员身上。一般在下列情况下易发生凑兴行为:

(1) 车上乘员说笑时,驾驶员会自觉或不自觉地跟着凑热闹。

(2) 当驾驶员感觉疲劳有瞌睡之意时,常会主动寻找机会开玩笑。这时若乘员过分地与驾驶员说笑,就会导致驾驶员注意力的转移。

(3) 两辆以上结伴行驶、性能接近的车辆,若驾驶员年轻、精力旺盛、活泼开朗、兴趣相投,就容易比速度比超车,争相超车,互不相让,相互助兴等。

控制措施:

(1) 驾驶员要充分认识到凑兴行为的危害性,时刻保持清醒理智的头脑,竭力控制住凑兴心理和行为,养成良好的驾驶行为习惯。

(2) 当车上乘员说笑玩闹时,应强化驾驶操作注意力的集中,以此来分散对乘员说笑玩闹的注意。

(3) 当驾驶疲劳时,应尽快停车休息,尽量不要通过说笑来缓解疲劳。如果试图通过说笑缓解疲劳时,应把握住分寸,适可而止,不要影响到安全驾驶,必要时可提醒乘车人不要过分说笑,更不能又说又闹。

(九) 好奇心理

好奇心理是人们对未知事物积极探求的一种心理倾向,是人们认识事物、探求事物本质和发展规律的基本动力。当个体遇到新奇事物或处在新的外界条件下时,就会产生注意、操作、提问等心理倾向。

好奇心理是由兴趣驱使的,能使人对感兴趣的事物充满探索的欲望,而兴趣是人的心理特征之一。好奇心理是人类认识事物、探求事物本质和发展规律的基本动力,人类的一切发明创造都是在需要、动机、兴趣驱使下开始的,它对于人的学习、求知起着重要作用。但是好奇心理也有它消极的一面,它会转移人正在从事工作的注意力,分散人的精力,从而影响人的行为动作,产生行为差错,甚至会导致事故的发生。

好奇心理一般由外界刺激、求知欲、爱好兴趣、探索和问题发起。而驾驶员的好奇心主要由外界刺激引起。大千世界,无奇不有,车辆驾驶是一个流动的职业,新奇事物随处可遇,道路上发生的交通事故、千奇百怪的商业宣传、各种各样的民间事件等,尤其是行驶在一个新的环境中,沿途的风景名胜、美丽的街道风景、高高耸立的高楼大厦等,都可能引起驾驶员产生好奇心理。在车辆驾驶过程中,如果不恰当地将好奇心理付诸好奇行动,就会分散驾驶员的注意力,影响其进行正常的观察、判断和处理,从而导致事故的发生。

控制措施：

（1）好奇心每个人都有，关键是如何认识和处理好好奇心理，使它朝着有利于工作、生活的方向发展。

（2）机动车驾驶工作是一项高安全风险的职业，驾驶车辆时必须时刻保持高度的警惕性，有效地控制好奇心，确保集中精力、谨慎驾驶。

（3）好奇心理的控制主要依靠自己的意志和自控力。当驾驶过程中遇到新奇事物或处在新的道路环境中时，可深呼吸振奋精神，将注意力集中在对道路情况的观察、判断上，或做一些不妨碍驾驶的动作来分散好奇注意力。

（十）逞能心理

逞能心理也称逞强好胜心理，是指一个人为显示自己的能力或尽快完成某项工作，明知道是冲动冒险，却还是不顾后果拼命继续去做的一种心理状态。

逞能是一种个人英雄主义的表现，也是典型的侥幸冒险行为，明知道超出了自己的能力或违反了客观规律，却仍然拼命冒险为之，使自己处于濒临失败或危险的境地，稍有不慎便会酿成严重的后果，是道路交通事故发生的祸根。

逞能心理是一个人的个性所致，多发生在年轻人或没有吸取过教训、处事鲁莽的人身上。在车辆驾驶过程中，主要表现为个别驾驶员冒险做出别人不敢做、超出自己的驾驶经验与技能或违反交通安全法律法规的行为。如：在雨、雪、雾、霾等极端恶劣天气下，明知道自己的驾驶经验和技能不行，却逞能冒险上路甚至长途行驶，别人害怕路滑、能见度低不敢开快而自己却不顾后果超速行驶；途径险路、险桥或路面塌陷、损坏的路段时，别人不敢驾车通过而自己却冒险为之；夜间会车时，对方不变光自己也不变光，在视线不清、未看清道路状况的情况下盲目快速通过；在行驶过程中，尤其是在高速公路上行驶时，如果没有电子监控，会拼命地超速行驶，左右强行穿插；当长途行车感觉疲劳时，强打精神继续高速赶路等，以至于发生事故。

控制措施：

（1）自觉加强学习和接受交通安全教育，深刻认识安全行车对于个人、家庭、单位和社会和谐幸福的重要意义，充分认识逞能心理的危害性，加强个人修养，牢固树立"生命最为宝贵，安全高于一切"的理念，培养自己良好的驾驶行为习惯。

（2）在日常闲暇之时和萌发逞强好胜心理的时候，要多想一想家人的期盼、单位的重托、自己的前程、家庭的幸福和逞强好胜的后果，以此来克制逞强好胜心理，不要因一时的冲动而造成不归的悲惨后果。切记：生命的旅途没有往返车票，世上的每一朵鲜花不可能重开；生命是一世的，工作是一时的！

（十一）情绪异常

情绪是人对客观事物态度的体验，反映人对客观事物与人的需要的关系，它具有独特的主观体验和外部表现，并且总是伴有植物性神经系统的生理反应。

现代心理学研究表明,人的心理活动受个性心理和心理活动过程中的心理环境的影响,而心理活动对行为活动具有指向、引导和调节作用。如果将人的行为活动与个性心理和心理活动过程的环境用一个数学公式表示的话,那么这个公式就是:人的行为等于个性心理特征与心理环境特征乘积的函数,其中心理环境特征就是人心理活动过程的心理环境,也称心理状态。而情绪是人心理活动环境最为重要的因素,对人的心理活动和行为活动产生重要的影响,积极情绪能激励人的行为活动,消极情绪会抑制人的行为活动,异常情绪可能会导致行为活动失败或事故发生。

情绪异常是一种非常复杂的现象,目前学术界还没有给出一个相对确切的定义。一般来讲,情绪异常是指人在特殊时间内或特定情况下所表现出的情绪与通常情况下有明显不同的情绪状态,如烦闷、沮丧、惆怅、悲观、悲哀、伤心、激动、紧张、恐惧、消沉、焦躁、愤怒、生气或过于高兴等。在异常情绪状态下,人的心理活动受到严重影响,往往会伴随产生不正常的生理变化和行为反应,很多时候不容易自我约束控制,就如同车辆驾驶环境一样,在恶劣的天气、道路环境条件下车辆往往不受驾驶员的操作控制。当驾驶员情绪发生异常变化时,心理活动环境也会发生异常变化,必然会导致驾驶员行为活动的变化。这种变化会直接影响驾驶员观察、判断和操作处理的准确性,从而导致道路交通事故的发生。这也是具有安全行驶几十万、上百万千米驾驶经验的老驾驶员为什么还会发生低级错误事故的原因。

(1)当驾驶员因某事过于兴奋、高兴时,中枢神经处于兴奋状态,情绪就会激动、高涨,其身心受此情绪的影响,就会表现得轻率、好动、异想天开、忘乎所以,疏于对道路交通情况的观察、判断和处理,从而导致失误或失时现象的发生,引发交通事故。

(2)当驾驶员因某事生气、愤怒或焦躁不安时,中枢神经也处于兴奋状态,情绪自然也会激动、高涨,但驾驶员却会因此而表现得胆大、冲动、鲁莽、不理智、心中愤愤不平、注意力不集中,从而严重影响其对道路交通情况的观察、判断和处理,有时甚至会自觉或不自觉地拿车撒气,故意冲闯信号、超速行驶、强行超会和争道抢行等。

(3)当驾驶员因某事心情悲伤、沮丧、惆怅时,中枢神经处于压抑状态,情绪就会低落,驾驶员会因此而反应迟钝、两眼呆滞、动作呆板、知觉敏感度和安全意识下降,极易造成疏忽大意,甚至会视而不见,有时会眼睁睁地看着事故发生而不采取任何措施。

(4)当驾驶员因某事心烦意乱、心事重重、愁闷烦躁或者情绪低落、萎靡不振时,中枢神经也处于相对压抑状态,同时大脑围绕某事反复无序低频率回旋,导致驾驶员的精力、注意力、反应能力和安全意识下降,行动措施迟缓,极易造成失察或观察、判断和操作处理失误、失时等不安全现象。

情绪不是自发的,它由各种刺激引起,表现为喜、怒、哀、乐、爱、恶、惧、欲等心理状态。社会就像万花筒,生活就像一条坑坑洼洼、磕磕绊绊的路,人的一生难免会发生各种各样的生活事件,对人产生刺激而使情绪发生不同变化。根据我国有关精神卫生研究机构的研究分析,列出了可能导致人发生情绪变化的生活事件名称,见表2-1。

表2-1　生活事件名称

序号	生活事件名称	序号	生活事件名称	序号	生活事件名称
1	恋爱或订婚	17	离婚	33	购房、装修、搬迁
2	恋爱失败、破裂	18	子女失学(就业)失败	34	扣发奖金或罚款
3	结婚	19	子女管教困难,学习不好	35	突出的个人成就
4	自己(爱人)怀孕	20	子女长期离家	36	晋升、提级
5	自己(爱人)流产	21	子女入学、入托	37	对现职工作不满意
6	家庭增添新成员	22	中、高考失败	38	与上级关系紧张
7	与爱人父母不和	23	子女待业、无业	39	与同事、邻居不和
8	夫妻感情不好	24	子女择业、就业	40	生活规律发生重大改变(饮食、睡眠规律改变)
9	夫妻分居(因不和)	25	子女第一次远走他乡或异国	41	好友重病或重伤
10	夫妻两地分居(工作需要)	26	父母不和	42	好友死亡
11	性生活不满意或独身	27	家庭经济困难	43	被人误会、错怪、诬告、议论
12	配偶一方有外遇	28	欠债暂时无偿还能力	44	介入民事法律纠纷
13	夫妻重归于好	29	家庭成员重病、重伤	45	子女或亲人被拘留、受审
14	超指标生育	30	家庭成员死亡	46	失窃、财产损失
15	本人(爱人)做绝育手术	31	本人重病、重伤	47	意外惊吓、发生事故、自然灾害
16	配偶死亡	32	住房紧张,子女结婚无房	48	重大庆典或节日

同时,研究人员通过调查分析对比发现,车祸组驾驶员的生活事件明显多于非事故对比组驾驶员的生活事件(见表 2-2),说明生活事件对驾驶员情绪的影响导致了道路交通事故的高发。

表 2-2　车祸组与对照组的生活事件比较

调查对象	人际关系问题	失去亲人	工作问题	经济问题	其他问题
车祸组	36%	10%	31%	16%	58%
对照组	6%	6%	5%	7%	16%

控制措施:

(1)首先要充分认识情绪异常对安全行车的危害性,强化安全行车意识,加强情绪调控,树立积极乐观和宽容豁达的良好心态,努力做到车不带故障上路、人不带情绪开车,确保行车安全。

(2)情绪是人对客观事物态度的体验,情绪的调整控制主要依靠个体自己。人生不可能是一帆风顺的,不如意的事情总是十之八九,不管遇到何种让自己难过的事情,凡事都要看开点、看远点、看淡点,心胸要豁达些、大度些,相信"任何事情的发生必有利于我"且"办法总比困难多"。无论遇到什么事情,都要学会换个角度去思考,就会感到快乐。

(3)在工作和日常生活中遇到不顺心的事情时,要学会控制自己的情绪,保持大脑理智,做到喜不能得意忘形,顺不要过分高兴,逆不要丧失信心,烦不能意乱如麻,躁不能心浮气盛,怒不可暴跳如雷,哀不能悲痛欲绝,惧不能惊慌失措,经常检查自己、反省自己,将情绪控制在上车之前,确保驾驶车辆时情绪和精神状态良好。

(4)当自己情绪不好、心情不快时,要积极调整自己的情绪。情绪的调整控制方法有多种,如:

① 注意力转移法。

转移注意力可以通过改变注意的焦点来达到目的。当情绪不好时,可以做一些自己平时感兴趣的事,参与一些自己感兴趣的活动。通过游戏、打球、下棋、听音乐、看电影、读报纸等正当而有意义的活动,使自己从消极情绪中解脱出来。

转移注意力还可以通过改变环境来达到目的。当情绪不理想时,到室外走一走,到野外转一转,可以使人精神振奋,忘却烦恼。如果把自己困在屋里,不仅不利于消除不良情绪,而且可能会加重不良情绪。

② 合理发泄法。

合理发泄情绪是指在适当的场合用适当的方式来排解心中的不良情绪。发泄可以防止不良情绪对人体的危害。

a. 哭——适当地哭一场。

从科学的观点看,哭是自我心理保护的一种措施,它可以释放不良情绪产生的能量,调节机体的平衡。哭是解除紧张、烦恼、痛苦的好方法。许多人哭一场后,痛苦、悲伤的心情就会减少许多。

b. 喊——痛快地喊一回。

当受到不良情绪困扰时,不妨痛痛快快地喊一回。通过急促、强烈、无拘无束的喊叫,将内心的积郁发泄出来,也是一种方法。

c. 诉——向亲朋好友倾诉衷肠。

向朋友诉说是一种良好的宣泄方法。把不愉快的事情隐藏在心中,会增加心理负担。找人倾诉烦恼、诉说衷肠,不仅可以使自己的心情感到舒畅,而且还能得到别人的安慰、开导以及解决问题的方法。请记住培根的名言:"把快乐告诉一个朋友,将得到两个快乐;把忧愁向一个朋友述说,则只剩下半个忧愁。"

d. 动——进行剧烈的运动。

当一个人情绪低落时,往往不爱动,越不动注意力就越不易转移,情绪就越低落,容易形成恶性循环。因此,可以通过跑步、打球等体育活动改变不良情绪。

发泄的方法不同于放纵自己的感情,不同于任性和胡闹。如果不分时间、场合、地点随意发泄,既不能调控好不良的情绪,还会造成不良的后果。

③ 深呼吸法。

深呼吸法是通过慢而深的呼吸方式来消除紧张、降低兴奋水平,使人的波动情绪逐渐稳定下来的方法。具体方法是站直或坐直,微闭双眼,排除杂念,尽力用鼻子吸气,轻轻屏住呼吸,慢数一、二、三,再缓慢地用口呼气,同时数一、二、三,把气吐尽为止,重复3次以上。

④ 自我暗示法。

当你被不良情绪所压抑的时候,可以通过自我默语暗示方法,调整和放松心理上的紧张状态,使不良情绪得到缓解。比如,当你生气发怒时,可以用言词暗示自己"不要生气,生气是拿别人的错误惩罚自己""不要发怒,发怒会把事情办坏";当你陷入忧愁时,提醒自己"忧愁没有用,于事无益,还是面对现实,想想办法吧",等等。

⑤ 自我鼓励法。

自我鼓励法就是用生活中的哲理或某些明智的思想来安慰自己,鼓励自己同痛苦和逆境进行斗争。自我鼓励是人们精神活动的动力源泉之一,一个人在痛苦、打击和逆境面前只要能够有效地进行自我鼓励,就会感到力量,就能在痛苦中振作起来。

(5)具有兴奋型特性的驾驶员平时要注意克服急躁轻率的弱点,培养遇事谨慎、认真的性格。驾驶车辆前禁食有刺激性的食品,以免加剧急躁情绪。在感到自己格外烦躁、坐立不安时,禁忌驾驶车辆,或服用适量的镇静剂后再驾车。行车遇到不顺心的事时,要提醒自己控制情绪。当感到自己要生气发怒时,可进行积极的情感暗示,如自言自语"我性格暴躁,现在不要生气""我现在不发怒,我现在有耐心"等,以此平息心中的怒气。当感到怨不可言、心血上涌、处理情况不顺畅时,应及时停车休息片刻或下车溜达一会儿,待心情平静后再继续行车或处理情况。必要时,可在驾驶室面板处写上醒目的诚言,如"遇怒莫急""细致耐心"等,以提醒告诫自己。

（6）具有活泼型特性的驾驶员平时应注意锻炼和培养自己坚定顽强的意志,努力克服轻浮好胜的特性。驾驶车辆前要有片刻的沉静,将整个行车准备工作仔细地考虑检查一遍,检查疏忽遗忘了什么,提醒自己行车应注意什么,保持清醒的头脑进入驾驶室。行车中要注意集中精力,禁忌思想开小差,努力保持情绪稳定和精力旺盛。当长时间开车感到烦躁时,应适当停车调剂活动一下,待精力又能集中到驾驶上再继续行车。当周围的环境有较大变化时,要常想想自己的弱点,引咎自责,自我告诫,禁忌"心血来潮""出风头",以保持情绪的稳定,谨慎地驾驶车辆。

（7）具有抑制型特性的驾驶员要注意克服本身固执的弱点。行车前多想点愉快的事情,心情开朗地进入驾驶室。驾驶车辆时要注意抬头远望,禁忌固执情绪的增长,遇事要勇敢果断一点。遇到为难的问题,可以采用自问自答的方法来活跃思维。当一种意念在心中产生时,首先应想到自己固执的弱点,再仔细衡量意念是否得当。尤其在行车中自己非要去干一件事时,更要注意控制情绪,可紧握转向盘,甚至可高声呼喊几声,以转移和发泄自己的情绪,然后停车休息片刻,待情绪平息后再驾车。

（十二）注意力不集中

注意是人的一种心理活动,是心理活动对一定对象的指向和集中。注意具有指向性和集中性两个基本特征,注意的基本功能是对人自身及其周围环境中的各种信息进行选择,使人保持对事物具有更加清晰的认识,从而做出更准确的反应和进行更可控有序的行为。注意又分无意注意和有意注意。无意注意是指事先没有预定的目的,由外界刺激引起的消极、被动的注意,不需要做意志的努力。而有意注意则是指事先有预定目的,它的维持必须以一定的意志努力为前提,这是人的高级水平的注意。驾驶员对道路交通信息的观察选择是为了选择路线、避免交通冲突的有意注意。

注意力是指人的心理活动指向和集中于某种事物的能力,是观察力、记忆力、想象力、思维力的准备状态,是人做出准确反应和可控有序行为的基础与前提。汽车驾驶是一种高风险的行为活动,驾驶员所面对的是高速行驶的汽车和瞬息万变、错综复杂的道路交通环境,车辆每一秒的安全行进都来自驾驶员通过注意对道路交通信息进行选择、判断的结果,瞬间的走神、注意力不集中,便会导致交通事故的发生,酿成车毁人亡甚至群死群伤的人间悲剧。

注意力可以分配和转移。所谓注意力不集中,是指人的注意力被动分配或转移而不能持久稳定地集中在某件事情上,主要表现为好动、坐不住,或无精打采、心不在焉,或想入非非、易走神,或粗心马虎、丢三落四,或一心多用、有始无终,或做事质量低、效率不高等现象。在驾驶过程中则主要表现为驾驶员麻痹大意、心不在焉、东张西望、粗心马虎、无精打采、眼睛呆滞、瞌睡、走神等现象,对应该觉察注意到的道路信息却没有觉察注意到或觉察错误、失时。在造成交通事故发生的原因中,有不少事故是由于肇事时驾驶员注意力不集中、一时疏忽大意引起的。由于没有注意到引发事故发生的道路险情,而没有采取相应的险情消除控制措施,从而导致了事故的发生。事实上,一名具有多年安全驾驶经验的驾驶员,只要其驾驶过程中精力充沛、头脑冷静、注意力集中,所有的驾驶操作行为基本上都是可控的,即便是交通违法也是在可控状态下的有意行为,绝不可能胡来,更不可能拿自己或他人的生命开玩笑,之所以这类驾驶员发生事故,多数是由于注意力不集中而造成的。

注意力不集中是由多方面原因造成的,主要有:

(1)生理原因。大脑先天性发育不良,神经系统兴奋和抑制过程发展不平衡,故而造成自制能力差,注意力集中困难。

(2)病理原因。因疾病或创伤等原因,造成脑组织受损、脑内神经递质代谢异常或听觉、视觉障碍等,从而影响了注意的品质(注意广度、注意稳定性、注意分配和注意转移)。

(3)个性心理原因。意志力不强、自控能力差、易受外界感染和自由散漫、无拘无束、丢三落四、不负责任的个性心理特点,容易产生注意力不集中的现象。

(4)身心状态原因。因患疾病、创伤、疲劳等造成的暂时性或阶段性身体状况不佳,或者因生活事件造成的心情不佳、情绪异常等,或者体内缺乏一些必需的微量元素,容易导致注意力分散、无精打采、走神等现象。

(5)环境原因。驾驶途中新奇的事物或环境以及车上乘员的说笑,使驾驶员的注意力被吸引,从而影响驾驶注意力。

(6)不良习惯动作原因。痴迷贪恋某种娱乐玩耍活动,在驾驶过程中往往会自觉或不自觉地回味某个环节,驾驶车辆时接拨电话、整理服饰、涂抹口红、大音量的音响等也会分散注意力。

控制措施:

(1)要充分认识到注意力不集中对于安全驾驶车辆的危害性,牢固树立高度的责任感,培养坚强的意志力,强化自我控制力,努力控制心态、情绪和不良行为习惯对注意力的影响,在行车途中抛开一切烦心愁事,不去想与驾驶无关的事,将注意力集中在驾驶上。

（2）养成良好的生活和工作习惯,摒弃不良习惯爱好,按时休息睡眠,保持充足旺盛的精力,杜绝疲劳驾驶。

（3）培养、塑造良好的心理素质,不管在什么条件下都能排除干扰、精力集中,禁止"走神"。必须意识到在行驶中万一"走了神"的危险性,有意识地克制自己,控制心理活动,做到"一闪而过",迅速恢复正常状态,确保安全。

（4）汽车驾驶员不应把外界喧闹的声音、繁华的景象作为心理活动的对象,而应注意正在操纵的车辆,从中挑选出应该注意的现象和声音,作为自己心理活动的指向对象。

（5）驾驶员还应表现出能抑制与当时操纵汽车无关的甚至有害的注意和记忆、思想,即对其他一切事物"视而不见""听而不闻"。

（6）当驾驶过程中不能有效控制走神、注意力不集中现象时,应尽快停车休息,调整自己的精力、心态或情绪。

（十三）事故倾向性个性心理

个性心理是具有不同生理素质基础的人,在不尽相同的社会环境中形成的比较稳定的、带有个体倾向性的总的精神面貌,简称个性或人格,着重强调的是一个人区别于他人的差异性。

个性心理是一个人的整体结构,它是由个性倾向性、个性自我调节和个性心理特征组成。个性倾向性是推动人进行活动的动力系统,它由需要、动机、兴趣、信念、理想、世界观、价值观等组成。个性自我调节的核心是自我意识,它包含认知、情感、意志三种成分。个性心理特征由人的气质、性格和能力（含智力）组成。个性是一个极其复杂的、多层次的、内容众多庞大的概念和实质,既包含生理学的概念和内容,也包含社会学的概念和内容。

个性的形成既离不开人的遗传,也离不开后天环境和个人生活实践,是二者共同作用的结果。其中先天生理素质是个性心理形成、发展的前提和基础,后天社会环境是个性心理特征形成、发展的决定性因素,教育和实践活动对其形成、发展起主导作用。

个性是一个人的特性,每个人都不相同,其品质也互有差异。在人的个性品质中,最重要和最关键的是个性心理。如在一场势均力敌的体育竞技较量中,优胜者的关键因素莫过于稳定的心理素质。个性品质在生物学、生理学上的要求是强健的体质,敏捷的速度和灵敏的反应,强大的抗挫折耐力和承受力,应对各种环境的快速适应力以及强大、均衡、稳定、灵活的兴奋性与抑制性的快速转换能力;在社会学上的要求是坚强的意志、高尚的人格、纯真的情操、合群的个性性格;在汽车驾驶上的要求是理智、灵敏的思维判断,敏捷、果断的动作反应,较强的自我约束控制力,良好的快速适应和抗干扰力,均衡、稳定、较强、灵活的兴奋性与抑制性的快速转换能力,积极的态度,坚强的意志,高尚的职业道德,合群的性格等。

人的行为活动受心理活动的调控和支配,而不同个性心理的人对事物的认识、感受、情感和态度不同,从而使得不同个性心理的人在某种环境及情况下的行为不可能一样。同时,心理活动又受心理活动过程的心理环境的影响。由于不同个性心理的人对外部信息的敏感程度和感受程度不同,受到某种特定事件影响后的情绪状态也会不一样,从而使得心理活动过程的心理环境不一样,在不同心理环境影响下的某种行为也不一样。因此,在 20 世纪三四十年代,心理学家经过大量事故分析研究,提出了事故频发倾向理论,即:从事同一种职业或工种的人发生事故的概率是不相同的,事故往往发生在某些少数人身上。尽管现代心理学界一直对事故频发倾向理论存在着争议,但对于该学说有研究者发现是有条件的理论,事故频发倾向理论适用于人本型的工种(即由人直接运用手或脚操作使用设备工具的工种,在这类工种中,人起到主要作用,如机动车驾驶员、检修工、搬运工等),而不适用系统型工种(即按照设计程序组织、控制或辅助、监控设备或系统运行的工种,在这类工种中,人只起到辅助作用,如海上钻井平台正常钻进作业、铁路调度、自动化控制作业等)。有关资料表明,在我国机动车驾驶人群体中,存在 6%~8% 的事故倾向性驾驶员,其发生的事故占机动车驾驶员群体事故的 30% 以上。

Venables 采用英国心理学家艾森克编制的人格问卷(EPQ),对事故驾驶员和安全驾驶员进行测试,发现两组人群的神经质分量表 N 得分差异显著:

(1)事故驾驶员组倾向于高神经质,情绪不稳定。

(2)事故驾驶员组在内、外向分量表 E 上的得分趋向于两极,即极端内向和极端外向。

Krasks 等人的研究也证实,事故率与外倾型性格之间存在显著意义的相关。内倾型驾驶员在安全驾驶方面占有优势。

事故倾向性个性心理是指个别容易发生事故的、较为稳定的、个人的内在倾向心理。具有事故倾向性的驾驶员,在个性心理方面一般表现为:

(1)自我、任性、偏执、偏激或自我控制能力差、缺乏耐性;

(2)性情急躁、脾气暴躁,反应强烈,行事鲁莽、不冷静、易冲动;

(3)内心感受深、敏感性强、受外界影响大、易受情绪感染支配、情绪不稳定、起伏波动很大、易走神、注意力不集中;

(4)焦虑、压抑、烦闷、悲观消沉、愁眉苦脸;

(5)胆小怯懦、遇事紧张、承受能力差;

(6)胆大妄为、轻率浮躁、盲动冒险;

（7）意志薄弱、易受打击和挫折；

（8）患得患失、犹豫不决、优柔寡断、没有主见；

（9）粗心马虎、顾此失彼或责任感弱、不负责任、敷衍应付、做事不认真、归责于人；

（10）对人经常表现出敌对攻击的态度；

（11）反应迟钝、呆板、木讷，行动迟缓；

（12）记忆不牢，容易遗忘，惧怕陌生、复杂的环境；

（13）感性认识强、理性思维差，不善于归纳总结。

防控措施：

（1）加强重视度，充分认识事故倾向性个性心理对安全行车的危害性，查找、分析并正视自己存在的事故倾向性个性心理，端正态度，强化修养，培养塑造良好的性格，弥补先天性气质的不足。

（2）调整好自己的心态，控制好自己的情绪，支配好自己的行为，凡事理智对待，不以物喜，不以己悲，达观大度，超然脱俗，坦然面对，知足常乐。

（3）树立信心、坚定目标、抵制诱惑、权衡利弊、改变习惯、磨炼意志，努力培养和提高意志力，强化行为控制，努力克服敏感、多疑的不良心理和自我、任性、偏执、偏激、冲动的不良习惯。

（4）强化责任意识，克服马虎凑合、敷衍应付心理，积极对待每一件事，努力培养严谨认真、一丝不苟的工作作风。

（5）加强学习领会，积极观察分析，不断总结积累经验知识，提高自强、自信、自立能力，做到遇事冷静、主动思维、有胆有识、果断抉择，努力克服患得患失、犹豫不决、优柔寡断的不良行为习惯。

第二节　车辆危害因素识别与控制

统计资料表明，由于车辆本身因素所造成的交通事故，主要是由于车辆本身特点、技术状况不良、安全装置失效等原因造成的，包括刹车制动失灵或不符合安全行驶要求，转向失灵或失效，轮胎光滑、脱出或爆裂，照明、信号装置故障等。

一、车辆本身特点的不安全因素识别

道路运输车辆本身结构、行驶特点等与其他机动车存在很大差异，如果驾驶员不了解这些差异、不注意这些差异和特殊性给行驶安全带来的风险，交通事故便有可能发生。

（一）不安全因素

1. 结构风险

（1）车体庞大，车身较大、较宽、较高，满载总质量大，致使车辆转弯、倒车、停车、超车等占用多车道，重心高，容易侧翻。

（2）车身存在视觉盲区，驾驶员看不到盲区内的行人、其他机动车等。

2. 行驶特点风险

（1）小客车与大货车、大客车的设计车速及限制行驶车速不同，存在绝对速度差，迫使其他车辆频繁变更车道、超车，风险也随之加大。

（2）大型车辆内外轮差大，转弯时易碰撞、剐擦内侧车辆、行人等。

（3）大型车辆加速性能差，加速慢，易被后车追尾。

（4）大型车辆惯性大，制动距离长，当前方有紧急情况时不能及时减速停车，易导致事故发生。

（二）控制措施

（1）熟练掌握本车的行驶特点，注意克服车辆本身特点带来的不良影响，养成合适、正确的驾驶操作动作。

（2）严格按照规定速度及指定车道、线路行驶，并保持安全车距。变道、转弯、调头、路边停驶时提前发出灯光信号，仔细观察，做出准确判断后再操作。

二、异常技术状况危害因素识别

（一）制动系统异常

汽车制动性是汽车安全性能的主要方面，直接关系到行驶安全。制动的正常效能，应能够使行驶的汽车按照驾驶员的需要减速或停车。这种效能是通过制动系统各装置的正常作用相互协调实现的，当其中某一环节出现问题不能正常作用时，便会对行车安全构成不同程度的威胁。其中的主要威胁是制动失效、制动距离过长、制动跑偏和侧滑。

1. 制动失效

汽车行驶中，连续踩下制动踏板而不能减速或停车，即为制动失效。造成制动失效的原因，气刹车与油刹车大体一致，具体如下：

（1）无气压或气压低（无油或油量不足）。空压机不泵气，储气罐无气或充气量少，气管接头及阀类漏气；无刹车油或油量不足，油管接头漏油等。上述情况造成气压不正常（或油量不正常），就不能使制动蹄张开压向制动鼓，或压力减小，不能发生有效制动。

（2）管路堵塞。异物或气泡充塞于管路中，使压缩空气或刹车油流动受阻，不能充入或足量充入制动分泵中，致使制动蹄不能张开或张开度不够，不能发生有效的制动。

（3）制动分泵膜片破裂。正常情况下，压缩空气传至制动气室，气压推动膜片克服膜片弹簧预紧力使分泵推杆推出，使相连接的制动凸轮摇臂摆转，旋动凸轮使制动蹄张开，压向制动鼓。如果膜片破裂，就不能使推杆产生推力，不能张开制动蹄。同样，油刹车总泵、分泵皮碗破裂或踩翻，就不能把制动液输送到制动分泵，不能形成或足够形成张开制动蹄的力。

（4）机械传动连接脱开、卡滞。制动传动的机械连接无论哪部分脱开，都会使制动作用力不能传递到使制动蹄片张开的最终环节。制动踏板横销蹿出，拉杆松脱，驾驶员踩下踏板，也不能对总泵实施动作；总泵推杆卡滞，驾驶员踩不下踏板，总泵不能动作，总泵是控制储气罐与制动分泵通断的，通路打不开，压缩空气不能进入分泵，也就不能使推杆推出来张开制动蹄。

由于以上原因造成突然出现制动失灵、失效现象，对行车安全构成极大危险，应采取相应的应急控制措施：

（1）严格执行单位车辆检查和维护保养制度，加强检查和整改，及时消除隐患，严禁带病行驶。

（2）一旦发生问题应谨慎冷静，迅速采用抢挂低速挡、手刹制动等应急措施，必要时采取非常措施，在尽量降低损失和确保人身安全的情况下撞击障碍物。

2. 制动距离过长

车辆行驶时，在一定行驶速度下制动，制动距离超过规定值，即为制动距离过长。造成制动距离过长的主要因素是制动力不足、制动踏板自由行程过大、制动蹄片与制动鼓间隙过大、制动摩擦偶件的摩擦系数下降。

（1）制动力不足。制动力的大小与制动蹄片和制动鼓之间的正压力及摩擦系数成正比。正压力减小，摩擦系数降低，都会使制动力不足。制动蹄片与制动鼓之间的正压力取决于制动分泵对制动蹄的推动力，推动力愈大，蹄片对制动鼓的正压力愈大，制动力愈大。

（2）制动踏板自由行程过大。过大的踏板自由行程会使驾驶员踩踏板时对制动总泵的给定作用减小，充入制动分泵的气量或刹车油量减少，从而造成制动蹄片对制动鼓的正压力减小，使制动力不足。

（3）制动摩擦系数下降。当以同样大的正压力使制动蹄片与制动鼓达到一定的贴紧程度时，若二者的摩擦系数低，也不能产生足够的制动力。制动蹄片或制动鼓沾有油污、受热、浸水而使性能衰退，都会使摩擦系数下降而造成制动力不足。

控制措施：

（1）严格执行《中国石化机动车辆交通安全管理规定》，及时整改，消除隐患。

（2）当感觉到制动效能下降时应及时进厂检修。制动系统部件发生老化或磨

损过大时,必须立即更换或维修,决不能凑合使用,更不能在制动劣化的情况下超载运行。

3. 制动跑偏

在制动时汽车不能按直线方向减速停车,而是制动偏向一边,即为制动跑偏。这种制动是对原来运动轨迹的偏离,往往造成撞车、掉入沟内甚至翻车的危险。制动跑偏主要是因为左右制动力不等以及悬架导向杆系与转向拉杆导向杆系的不协调运动所致。制动系统主要是由制动总泵与制动助力器、前盘式制动分泵、后鼓式制动分泵及相关管路组成的。如果制动系统内有水分和空气,或制动总泵、制动助力器、制动分泵磨损,都会造成制动失灵而跑偏。由于同一车桥左、右车轮的制动蹄片与制动鼓间隙不等,制动气室推杆行程差别太大,个别车轮制动蹄摩擦片表面有油污、气室漏气、膜片破裂,制动鼓磨损严重,个别车轮轮胎气压不足等原因,致使同一车桥左、右两侧的车轮制动力矩差别太大,在汽车高速行驶中紧急制动时,造成无法控制的跑偏现象。

控制措施:严格执行《中国石化机动车辆交通安全管理规定》,加强检查和整改,及时消除隐患,严禁带病行驶。发现制动跑偏时,应当谨慎、冷静处理,及时降低行驶车速,尽量避免使用紧急制动,归场后尽快到修理厂进行检修,确保车辆性能完好。

4. 制动侧滑

因制动或其他原因,汽车向侧面发生滑动或甩动,即为侧滑。在制动时,随着制动踏板力的增加,从轮胎留在路面上的印痕可以看出转动到滑动是渐变的。开始时印痕形状与轮胎花纹基本一致,这时的轮胎仍在滚动。之后花纹逐渐模糊但仍可看出,说明车轮已不是纯滚动而是发生了一定滑动。当轮胎印痕成为一条墨印时,表明车轮已完全被抱死,不能滚动而只是滑动了。实践表明,制动过程中只有车轮尚未被抱死才能承受侧向力。可见,制动时汽车发生侧滑,车轮被完全抱死是直接原因。

控制措施:严格执行《中国石化机动车辆交通安全管理规定》,加强检查和整改,及时消除隐患,严禁带病行驶。发生制动侧滑时应立即松开制动踏板,同时迅速向侧滑一侧打方向,但打方向时要顾及道路条件,以免发生其他意外。归场后应立即进厂检修,及时消除车辆隐患。

(二) 转向系统异常

1. 方向失控

汽车行驶中,往往由于横、直拉杆球销脱落,转向杆断裂,方向机臂脱落等原因突然出现转向失效,此时应以尽量减轻损伤为原则,采取以下应急措施:

(1) 若汽车仍能保持直线行驶状态,且前方道路情况也允许保持直线行驶无恙,此时切勿惊慌失措、随意紧急制动,而应轻踩制动踏板,轻拉驻车制动操纵杆,使汽车前轮胎受力不会剧烈变化而偏离直线状态,使汽车缓慢平稳地停下来。

(2)当汽车已偏离直线行驶方向,事故已经无可避免时,应果断地连续踩制动踏板,使汽车尽快减速停车,起码可以缩短停车距离,减轻撞车力度。

控制措施:勤检查制动系统,防止偏刹出现,提前自测,及早发现方向失控的前兆,降低车速。

2. 方向沉重

操纵转向盘沉重、费力、不灵活,或者转向后不能迅速回正方向,即为方向沉重。方向沉重不仅会对汽车行驶方向产生一定的影响,而且容易造成驾驶员疲劳,影响安全行车。造成方向沉重的原因主要有:传动机构中各球头销装配过紧、润滑不良;转向节主销磨损变形、与衬套配合过紧、主销衬套油道堵塞缺油;转向节推力轴承缺油或损坏;前轮前束与前轮外倾配合不当,主销后倾或内倾过大;前钢板弹簧翘度、尺寸不符合要求,钢板中心螺栓折断或钢板弹簧安装错误;轮胎气压不足或前轮轴承装配过紧;横、纵拉杆弯曲,前桥或车架弯曲、扭转变形;转向液压助力系统出现故障等。

控制措施:严格执行《中国石化机动车辆交通安全管理规定》,加强检查和整改,做好途中车辆检查,及时消除隐患,严禁带病行驶。

3. 方向打摆

汽车行驶中出现左右摆振,不能保持正常的行驶轨迹,控制困难,即为方向打摆。方向打摆往往是由行驶中前轮"摆状"引起的。当车辆行驶达到某一高速时出现转向盘发抖或摆振的原因有:垫补轮胎或轮辋修补造成前轮总成动平衡被破坏;传动轴总成有零件松动,传动轴总成动平衡被破坏;减震器失效;钢板弹簧刚度不一致;转向系机件磨损松旷、配合件松旷、间隙过大、有关机件变形、前轮定位不正确及车轮不平衡等。

控制措施:

(1)严格执行《中国石化机动车辆交通安全管理规定》,加强检查和整改,及时消除隐患,严禁带病行驶。

(2)如果行驶中突然出现方向打摆现象,应当立即停车检查转向系统机件有无损坏。

4. 行驶跑偏

行驶跑偏是汽车直线行驶中自动偏向一边的现象。其形成原因主要是:轮胎不一致,前钢板弹簧左右弹力不等,一侧车轮轴承过紧,制动器抱滞,转向节臂、转向节、后轴管弯曲变形和前轮定位失常。车轮跑偏一般有三种征兆:一是轮胎气压不足;二是车轮出现异常磨损;三是四轮定位的数据有所变化。如果汽车在行驶中出现以上三种情况,就应该立即停车,仔细检查,避免出现车轮跑偏的现象。还可以通过听声音和自身感受来判断是前轮还是后轮出现跑偏征兆。一般情况下,后轮跑偏的前兆不是很明显,在行驶中注意听后轮钢圈的声音,如果出现间隔的磨损声,就应该立刻检查。前轮跑偏的征兆相对容易感知,一般是左轮或右轮出现不同程度的倾斜,同时出现比较大的噪音,此时应该立刻下车检查前轮。

控制措施:

(1)严格执行《中国石化机动车辆交通安全管理规定》,加强检查和整改,及时消除隐患,严禁带病行驶;车装载必须合理,货物分布均匀。

(2)若行驶中突然出现行驶跑偏,应立即停车检查。

(三)传动系统异常

传动系统包括变速箱、传动轴、减速器和半轴等重要部件。传动效能对行车安全的影响,主要是传动轴的方向节、中间支撑等传动轴各连接和支承部位松动脱落,造成传动轴脱节,车辆突然失去动力,在一些危险情况下使操作受到影响,并造成驾驶员惊慌而出错,而传动轴触地会造成翻车或失控。

控制措施:加强车辆日常检查维护;及时检查变速箱、减速器油质和油位,根据情况更换或者添加,并保证其处于密封状态,防止其出现漏油现象;传动轴也要及时加注润滑油;检查防尘套是否损坏并及时更换;检查万向节是否松动并注意更换。

(四)行驶系统异常

汽车行驶系统一般由车轮、车架、车桥和悬架组成,直接与路面接触的部件是车轮。轮胎与行车安全有很大关系,其异常主要是轮胎变形或发热、表面磨损严重、前轮不平衡、气压不足或不均匀、行驶中车轮脱离。

1. 轮胎故障

(1)轮胎爆破。轮胎爆破易引起车辆急剧跑偏,甚至失控。特别是前轮爆破时,更容易使车辆失控而造成事故。其原因有:

① 在炎热天气行驶时间过长,胎内温度增加,气压过高,易于爆胎,特别是轮胎有硬伤更易爆胎。

② 锋利的石头、折断的树枝或其他硬物划伤引起。

③ 超载严重。

④ 使用质量差的翻新轮胎等。

(2)轮胎过分变形或发热。主要由超载造成,易使刹车性能变差,甚至可造成行驶或刹车时轮胎爆裂。同时,使轮胎寿命下降。

(3)表面磨损严重。轮胎表面磨损严重,其花纹变得平而光滑,对路面的附着能力变差,会延长制动距离,在冰雪湿滑的路面上更易侧滑。

（4）前轮不平衡。行车时会发生摆动现象，车速越高越明显，使操控性能降低。其主要原因是补胎和轮胎安装方法不当。

（5）气压不足或不均匀。轮胎气压不足或几个轮胎的气压不均匀，使汽车行驶中的滚动阻力增大、车辆跑偏等，影响车辆的操纵性和稳定性。

（6）行驶中车轮脱离。行驶中车轮自动脱离非常危险，会导致车辆瞬间急剧跑偏、车辆失控而造成事故。其原因有轮毂轴承锁紧（锁止）螺母脱落、轮毂螺栓折断或转向节主销孔处和转向节轴折断等。

控制措施：

（1）应尽量避免高速行驶中使用紧急制动。

（2）集中精力合理选择行驶路面，从而有效躲避坚硬障碍物。

（3）长途行驶过程中定时检查轮胎状况，清除轮胎之间或轮胎花纹间夹杂的坚硬物，同时检查轮胎气压是否正常。

（4）货车装载必须合理，货物分布均匀，不超载运输。

（5）尽量避免高速行车时急转弯。

（6）在车辆保养时，确保轮胎拆装换位方法得当。

（7）出车前必须检查轮胎的气压状况和左右轮胎间气压的一致性。

（8）到期校验轮胎的平衡度。

（9）保养过程中认真检查轮毂轴承锁紧（锁止）螺母、轮毂螺栓及转向节轴的状况。

（10）严格执行车辆检查和维护保养制度，加强检查和整改，及时消除隐患，严禁带病行驶。

2. 车架损伤

车架发生弯曲、变形、铆钉松动和断裂现象，会造成车辆抖振、跑偏，使汽车无法正常工作，不仅使操控性能变差，还易导致驾驶员疲劳。

控制措施：

（1）严格执行单位车辆检查和维护保养制度，加强检查和整改，及时消除隐患，严禁带病行驶。

（2）当行车过程中车辆出现抖振、跑偏、操纵性能变差时，应降低车速行驶，并停车检修。途中驾驶员不能整改时，应就近修理，或向车队汇报，请求援助。

（五）灯光、仪表、喇叭异常

汽车照明装置是夜间行车不可缺少的安全保证条件。灯光不亮，光束不对，灯线漏电、短路等，都会影响正常行车，甚至使驾驶员看不清前方路面，容易发生事故。

汽车前照灯是汽车夜间行驶的主要设备，如果前照灯亮度、光束角度不正确，将影响夜间行车安全。因此，前照灯灯泡烧毁、污损、照射角度不正常，都是很危险

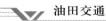

的,必须及时维修。一般车辆在使用3~4年后其大灯亮度就会变差,达不到要求,一方面是因为灯泡灯丝烧灼影响了灯泡发光的强度,另一方面是因为大灯反光板镀层老化、脱落或者反光板上有水雾,影响了大灯的聚光能力。

1. 前照灯不亮、微弱或光束调整不当

(1) 前照灯不亮,夜晚行车无法看清道路交通情况,易造成盲目行车,也严重影响对方对本车的观察与判断。

(2) 灯光微弱,造成夜间行车视线不良,看物体模糊不清,特别是对观察远处物体和会车影响很大,驾驶员眼睛容易疲劳,易出现急躁、畏惧情绪,长距离行车很不安全。

(3) 不能变光,处于近光状态时会影响驾驶员观察远处的道路交通情况,驾驶员易出现视觉疲劳和急躁、畏惧情绪;处于远光状态时会影响正常会车,造成对方驾驶员眩目、观察不清。

(4) 光束调整不当,会造成光束偏移路面,看不清前方道路,或向外斜射远方,使对面会车驾驶员眩目、观察不清。

(5) 因雾灯的黄色光线比白光的穿透能力强,前雾灯不亮或微弱时,在雾、雨、雪天气中或在灰尘过大时行驶,会影响观察视线,易使驾驶员视觉疲劳,导致观察不清而发生事故。

控制措施:

(1) 严格执行《中国石化机动车辆交通安全管理规定》,加强检查和整改,及时消除隐患,严禁带病行驶。

(2) 夜晚行车前照灯不亮时,应立即下车检修。无法排除故障时,应及时与车队联系请求援助,禁止摸黑行驶。

(3) 行驶中车辆灯光变暗时,应停车检查发电机等部件工作是否正常、风扇皮带是否松旷,并及时调整检修。

(4) 当发现前照灯工作不正常,临时不能解决,但对安全行车影响不大时,必须降低车速行驶。

2. 信号灯不亮或微弱

(1) 转向灯不亮或灯光微弱,不能发出指示信号或指示信号微弱不易被观察清楚,使其他车辆和行人不能辨别或不易看清本车的行动意图,易造成事故。

(2) 小灯(轮廓灯)不亮或灯光微弱,影响其他车辆和行人的观察、判断,易造成碰撞或刮擦事故。

(3) 刹车灯不亮或灯光微弱,不能给后车发出刹车信号或因信号微弱没被后车看清而不能及时采取措施,导致追尾碰撞。

(4) 倒车灯不亮或灯光微弱,不能发出倒车信号或因信号微弱未被观察清楚

而导致事故,而且也不同程度地影响夜晚的倒车视线。

(5)危险状态信号灯不亮或灯光微弱,在遇危险和紧急情况下时不能发出信号或信号微弱不易被其他车辆和行人发现,易造成事故。

控制措施:

(1)严格执行《中国石化机动车辆交通安全管理规定》,加强检查和整改,及时消除隐患,严禁带病行驶。

(2)行车中发现信号灯不亮时,应立即选择合适地点停车检修,不能带病行驶。

(3)行车中发现信号灯故障无法维修时,应降低车速,注意观察、判断,谨慎驾驶。

3. 仪表灯不亮或灯光微弱

仪表失效也会影响驾驶员对车辆工作状况的观察,不能及时发现车辆故障,也常常会引发机械事故和交通事故。

控制措施:严格执行《中国石化机动车辆交通安全管理规定》,加强检查和整改,及时消除隐患,严禁带病行驶。

4. 喇叭有问题

汽车喇叭失效,不能及时提醒道路上的车辆、行人避让和注意,沟通信息不足,从而导致一些不必要的事故发生;喇叭过于尖锐刺耳,有可能会惊吓行人或牲畜,从而引发事故。

控制措施:

(1)加强车辆检查和整改,确保行车过程中喇叭完好有效。当出现故障时,要及时维修,不能盲目自信地开"哑巴"车。

(2)喇叭音量调整要适当,一般声级为 $90\sim105$ dB。

(3)驾驶员应按规定文明使用喇叭。机动车在非禁止鸣喇叭的区域和路段使用喇叭时,音量必须控制在 105 dB 以内,每次按鸣不准超过 0.5 s,连续按鸣不准超过 3 次。

(六)后视镜、挡风玻璃、雨刮器异常

雨天后视镜、挡风玻璃容易沾水,影响驾驶员视线。所以,后视镜和挡风玻璃最好用洗洁精擦一下,这样可以防止玻璃起雾,确保行驶中驾驶员能够清楚地观察到前(后)方车辆运动情况,便于做出反应。

劣质的挡风玻璃或一般玻璃硬而脆,抗震、抗压性差,易被异物弄碎,残片如钢刀,一旦破碎危害极大。同时,易使驾驶员视觉疲劳。

雨刮器损坏或磨损、老化严重,当在雨、雪等天气中行驶时,无法清除挡风玻璃上的雨、雪和尘埃等,或清除效果不好,遮蔽或影响驾驶员的观察视线而引发事故,

并易使驾驶员视觉疲劳。

控制措施：

（1）严格执行单位车辆检查和维护保养制度，及时消除雨刮器损坏或磨损、老化严重的隐患。

（2）雨天行车过程中，当雨刮器出现故障时，应及时停车检修，不得盲目继续行驶。

三、油田特种专业工程车辆危害因素识别

（一）危险货物运输车辆危害因素识别

1. 危险货物运输车辆危害因素

运输危险货物的车辆安全技术状况好与否，将直接关系到危险货物运输的安全性。出车前必须对车辆的安全技术状况进行认真检查，确保各机构部件完整无缺，所配工具设施齐全、良好，档案齐全。车况达到"四不漏"（不漏油、不漏水、不漏气、不漏电）、"四净"（油净、水净、空气净、车辆净），发现故障应排除后才可投入运行。要特别注意检查容器的安全性能，逐个部位检查液位计、压力表、阀门、温度表、紧急切断阀、导静电装置等安全装置是否安全可靠，杜绝跑、冒、滴、漏，故障未处置好不得承运。要保持驾驶室干净，不得有产生火花的用具，危险品标志灯、标志牌要完好。

控制措施：

（1）运输瓶装压缩气体和液化气体的厢式货车，必须要安装通风装置和固定装置。

（2）运输易燃易爆物品的专用车一律配装符合规定的导静电橡胶拖地带装置。

（3）运输水平放置瓶装压缩气体和液化气体的专用车，其车厢宽度内部尺寸达不到钢瓶长度尺寸的，要更换符合运输要求的车辆。

（4）运输氧化剂和有机过氧化物必须用厢式控温专用车。

（5）对运输危险货物罐式专用车的经营范围一律实行危险货物实名制。

（6）使用期限已满7年（以行驶证登记日期为准）的罐式专用车，其罐体容积、充装介质与核定载重量不相匹配的，都要退出危险货运行列。

2. 运输环节危害因素

汽车运输、装卸危险货物的具体操作可参考《汽车运输、装卸危险货物作业规程》执行。

（1）出车准备环节风险。

① 出车前未认真检查四周有无人员和其他障碍物就盲目发动车辆出车，结果

导致车辆周围路过、休息或检查的人员被车辆碰剐、碾压,造成人员伤害。

② 在拉运易燃易爆物品车辆的停车场内抽烟、在车场内使用非防爆工具修车或因雷击而造成车辆罐体发生爆炸等,若此时车场内压有重车,后果更加严重。

③ 上车顶检查、清扫积雪时因扶梯、踏步损坏或车顶湿滑、人员失去平衡而发生滑倒、摔伤,多见于雨雪天气。

控制措施:出车前应绕车检查一周,查看有无异常,起步应注意观察前后,出厂严格控制车速;不得携带火种进入易燃易爆车辆停车场,不得在易燃易爆车辆停车场内抽烟、接打手机、梳头、穿脱衣服等;提高警惕,不穿高跟鞋上罐,车辆的支架、扶梯等附属设施牢固可靠。

(2) 行驶途中风险。

① 拉运易燃易爆货物时,司乘人员在车内抽烟、行车时未放下静电拖地带、遭遇雷击、夏季高温天气未采取降温措施、车顶违规载物等,或因交通事故导致罐、槽发生泄漏,以及车辆电路老化等其他因素引发车辆火灾及爆炸。

控制措施:行车途中专注驾驶,不得在驾驶室内抽烟,应盖好罐盖,随时保持静电拖地带可靠接地,夏季气温超过 40 ℃时要采取罐体降温措施,不得随意中途停车,不得随意搭载人员,驾驶室或车厢不得混装其他易燃易爆物品。

② 拉运腐蚀性货物时,因交通事故或设施损坏,罐、槽发生泄漏,导致人员发生化学灼伤。

控制措施:行车途中专注驾驶,罐、槽必须保持密闭,不得中途随意停车。发生事故时正确处理,避免事态扩大。

③ 拉运毒性、带窒息性的压缩气体或能产生毒性、窒息性蒸气的液体时,因交通事故或设施损坏,罐、槽发生泄漏,引发人员中毒、窒息。

控制措施:行车途中专注驾驶,罐、槽必须保持密闭,不得中途随意停车。发生事故时正确处理,避免事态扩大。

④ 中途停车修车时,进入车底不打掩木,车辆又未拉住手刹,发生溜滑造成碾压,或起步时未认真检查周围情况,导致周围人员被车辆碰剐、碾压,造成人员伤害。

控制措施:进入车底修车时,车辆应熄火、拉紧手刹,同时打好掩木。起步应注意观察前后。

(3) 归厂停车环节风险。

① 停车时未能仔细查看停车位及周围有无人员和其他障碍物,造成人员、车辆伤害。

控制措施:归厂严格控制车速,停车注意观察,归厂后严格执行车辆“两交一定”,检查车辆是否盖好罐盖、静电拖地带是否放下、各项设施是否归位后方可离开。

② 在拉运易燃易爆物品车辆的停车场内抽烟、在车场内使用非防爆工具修车或因雷击造成车辆罐体发生爆炸等,若此时车场内压有重车,后果更加严重。

控制措施:不得携带火种进入易燃易爆车辆停车场,不得在易燃易爆车辆停车场内抽烟、接打手机、梳头、穿脱衣服等。重车不得在车场内压车过夜,若确实不得已,必须上报单位同意,并采取有效的安全保障措施。

(二)汽车起重机危害因素识别

1. 行驶过程中的危害因素

(1)行驶时靠道路边沿过近,易因塌陷造成倾翻事故。

(2)在道路上行驶时吊车的大小钩未按规定放置与固定,易造成事故。

(3)驾驶室外载人,易造成人身伤害事故。

(4)吊车的支腿未全部收回、扒杆未全部缩回并搁置在扒杆支架上,移动车辆易造成事故。

(5)吊车被牵引,与拖拉机手配合不一致或使用不符合标准的牵引索具,易造成事故。

控制措施:行驶前吊车的支腿必须全部收回、扒杆全部缩回并搁置在扒杆支架上;在道路上行驶时,大小钩必须悬挂在正确的位置;行驶中避免靠近道路边沿;驾驶室以外严禁载人;拖拉吊车时,要与拖拉机手相互配合,选用符合标准的索具。

2. 吊车就位时的危害因素

(1)未仔细观察施工现场周围有无高、低压输电线路等危险物、障碍物,易造成事故。

(2)吊车未支撑在水平、坚硬的地面上或未采取加强支撑措施,车辆倾斜,易造成事故。

(3)未根据被吊物件的质量、大小、形状选择适当的摆放位置,易造成事故。

(4)支撑动作完成后,未检查力矩限制器、千斤水平仪的工况,易造成事故。

控制措施:吊车进入现场就位前应仔细观察施工现场周围有无高、低压输电线路等危险物、障碍物;应根据被吊物件的质量、大小、形状选择适当的吊车摆放位置;吊车支撑措施有效,吊机工作面必须始终保持水平;支撑动作完成后,必须检查力矩限制器、千斤水平仪的工况。

(三)其他特种专用工程车辆危害因素识别

石油企业特种专业工程车辆的作业特点是:野外连续作业,环境恶劣;流动性大,施工现场点多、面广、线长;施工作业过程不确定因素多、工程复杂、工序环节交织;多工种联合作业,人员交叉、配合、协作频繁;驾驶员劳动强度大、作业危险性大。

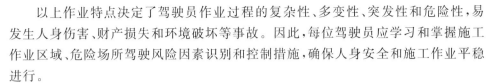

　　以上作业特点决定了驾驶员作业过程的复杂性、多变性、突发性和危险性,易发生人身伤害、财产损失和环境破坏等事故。因此,每位驾驶员应学习和掌握施工作业区域、危险场所驾驶风险因素识别和控制措施,确保人身安全和施工作业平稳进行。

　　1. 进入作业区域路况复杂

　　车辆进出施工区域路况复杂,基本上都是泥土路面,弯路比较多且路面比较窄,路边泥土比较松散,遇到路面湿滑时容易侧滑;公路与井场路结合处一般比较陡,雨、雪天气易发生侧滑。

　　控制措施:遇到复杂路况应及时停车,驾驶员步行探明路况,确认安全后再通过;湿滑路面要低挡低速通过,防止侧滑;对湿滑路面进行防滑处理。

　　2. 进入作业井场范围狭小

　　现场施工井场施工区域比较狭小,井架绷绳比较多,还有架设的电源线,给车辆停放带来危险,会造成车辆碰挂地锚、绷绳、电力线路、井口等而发生事故。

　　控制措施:驾驶员应首先探明施工区域布置状况,确认停车的安全位置和行车路线后,在专人指挥下,控制车速,缓慢行驶至施工区域,必要时先清理井场。

　　3. 恶劣天气进入井场

　　石油行业的一个特点就是连续性生产,不受天气的影响,在雨、雪、雾、大风等恶劣天气下车辆在井场有可能发生碰挂地锚、绷绳、电力线路、井口等情况而发生事故。

　　控制措施:驾驶员首先探明路况,确认行车的安全路线后,在专人指挥下,控制车速,缓慢行驶至施工区域。

　　4. 夜间进入井场视线差

　　车辆夜间进行施工时,由于施工区域的照明问题,驾驶员的视线不好,造成进出井场困难和井场停车困难,车辆在井场可能发生碰剐地锚、绷绳、电力线路、井口等情况而发生事故。

　　控制措施:驾驶员应首先探明施工区域布置状况,保证车辆灯光照明良好,确认行车的安全路线后,在专人指挥下,控制车速,缓慢行驶至施工区域。

　　5. 井场突发意外事件

　　车辆在井场施工区域内施工时,发生井喷失控、井场发生火灾等意外事件,极易造成车辆和驾驶员的伤害。

　　控制措施:车辆停放在进出井场比较方便的上风口位置,出现突发事件可以迅速驶离危险区域;车辆安装防火帽,防止可燃气体泄漏而发生火灾;发生井喷时如果车辆不能驶离井场,应及时熄火、关闭电源,人员撤离井场到安全位置。

第三节 道路环境危害因素识别与控制

在机动车辆驾驶过程中,道路及环境因素对驾驶员的观察、判断、操作处理和机动车辆的安全技术性能产生重要影响,若驾驶员不注意道路环境状况,往往就会发生道路交通事故。所以,道路环境危害因素的识别就显得尤为重要。本节主要分析在不同的道路条件、气候环境、季节与时节以及不同的交通参与者的条件下风险因素的识别和消减控制措施。

一、道路条件危害因素识别

道路指供各种车辆(无轨)和行人等通行的工程设施。道路包含众多种类,性质、功能等均有不同,因此无法用统一标准对所有道路进行等级划分。为此,各国现行做法一般都是先划分道路种类,后针对各类道路的技术标准划分等级。我国按照道路使用特点,将道路分为城市道路、公路、厂矿道路、林区道路和乡村道路。除对公路和城市道路有准确的等级划分标准外,对林区道路、厂矿道路和乡村道路一般不再划分等级。结合油田生产、生活的需要,本节将重点讲解高速公路、市区道路、城乡接合部道路、油区现场附近道路、特殊路段路口及天气影响下道路条件危害因素识别。

(一) 高速公路

高速公路由于道路好、车速快,路景单调乏味,刺激较少,时间一长驾驶员就会产生困倦的感觉,导致驾驶员反应速度及操作处理的准确度明显下降;车速快,视野窄,可视范围小,较近距离物体的动态很难引起驾驶员的注意,遇到紧急情况往往措手不及,酿成车祸。高速公路事故多为以下 4 种:

(1)追尾事故。前车遇险情突然刹车、减速,后车跟车近,在高速行驶时来不及减速而发生追尾碰撞,并可能导致失火、爆炸。

(2)剐碰事故。与中心隔离护栏或路边护栏剐碰,在路面平地翻车。

(3)超车事故。在超车时驾驶员未能正确使用灯光信号以及没有很好地确认车前和车后的情况就变更车道而发生剐擦。

(4)侧滑事故。因天气不良,路面较滑,在转向和刹车时发生侧滑而发生事故。

控制措施:

(1)要严格遵守交通法规,按照限速规定行驶。

(2)为了防止汽车在高速公路上发生故障,妨碍交通安全畅通,在进入高速公路前要对汽车的燃料、润滑油、冷却液、转向器、制动器、灯光、轮胎等部件以及汽车的装载和固定情况进行仔细检查,使车况处于最佳状态。

（3）车辆进入高速公路后应使车速达到 50 km/h 以上。通过匝道进入高速公路的汽车须在加速车道提高车速,并在不妨碍主车道上其他车辆行驶的情况下驶入主车道。

（4）在正常情况下汽车应在主车道上行驶,只有当前方有障碍物或需要超越前车时方可变换到超车道上行驶,通过障碍物或超越前车后应驶回主车道。不准车辆在超车道长时间行驶或骑、压车道分界线行驶。

（5）为了减轻碰撞时的人员伤亡,配有安全带的汽车前排司乘人员应系好安全带。货运汽车除驾驶室外,其他部位一律不得载人。客车行车中乘客不许在汽车中站立。

（6）在高速公路行驶时,不允许随意停车。为了防止追尾或侧滑的危险,当汽车发生故障时,不得采取紧急制动,而应立即打开右转向灯,将车停放在右侧紧急停车带或右侧路肩,停车后无关人员应迅速撤至护栏外侧。当故障排除后重新行驶时,应及时将车速提高到 50 km/h 以上,然后在不影响其他车辆行驶的情况下驶入主车道。当车辆因故障或事故无法离开主车道时,须开启车辆危险报警闪光灯,夜间还应开启示宽灯和尾灯,并在车后 100 m 外设置故障警告标志。同时,应利用路旁的紧急电话或其他通信设备通知有关管理机构,不得随意拦截车辆。

（7）当交通受阻时,要按顺序停车,等待有关人员处理,不得在路肩上行驶,以免影响救护车、公安交通和管理巡逻车通行。

（8）在高速公路上汽车不许调头、倒车和穿越中央分隔带,不许进行试车,也不许在匝道上超车和停车。

（9）当遇大风、雨、雾或路面积雪、结冰时,要注意可变交通标志与临时交通标志,遵守管理部门采取的限速和封闭车道的管制措施。

（二）市区道路

在城镇街道上行驶,特别是在繁华闹市区的街道上行驶,有以下 5 个主要特点:一是车辆多,有正常行驶的、转向调头的、停车上下车或购物的等,特别是出租车横冲直撞、见乘客急刹车、急停靠、急调头,私家车的新手技术不佳、缺乏经验、遇情况惊慌失措等,极易造成事故。二是行人多,这些行人习惯于边走边聊边停下来买东西,往往对公路上的情况不大注意,有时乱跑,或横穿公路,或故意不避让,或三五成群说说笑笑、打打闹闹,当发现车辆临近或听到喇叭声后往往躲闪不及而发生事故。三是自行车、电动车和其他非机动车多,尤其是上下班高峰时更是拥挤不堪。怕上班(学)迟到的或急于回家、接孩子的,慌慌张张,见缝就钻;技术不熟、载物载人或酒后骑车的,摇摇晃晃、东跌西撞;有的三两并行,相互攀谈或嬉闹;有的截头猛拐、争道抢行、突然横穿等。特别严重的是,有些骑车人头脑中缺乏"危险"

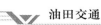

信号和交通安全意识,给安全行车造成很大威胁,稍有疏忽便会酿成交通事故。四是商贩和摆摊设点的多,摊位侵占路面,行人和自行车、电动车等挤占车道,使道路拥挤,交通混乱,易导致剐碰事故发生。五是信息量多,各种标牌、横幅、广告、宣传铺天盖地,音乐声、哭喊声、叫卖声嘈杂刺耳,对驾驶员的视觉、听觉有强烈干扰,使其烦躁、疲乏、注意力分散,影响驾驶员的安全行驶。

在市区道路中,十字路口来往的车辆一般比较多,而路口旁边的商铺或树立的广告牌容易影响驾驶员的视线;有的驾驶员在绿灯即将变为红灯之际,加足油门强行,这些都为安全行车埋下了隐患,十字路口也是交通事故的高发路段。因此,驾驶员一定要做到:机动车通过交叉路口时,应当按照交通信号灯、交通标志、交通标线或者交通警察的指挥通过;通过没有交通信号灯、交通标志、交通标线或者交通警察指挥的交叉路口时,应当减速慢行,并让行人和优先通行的车辆先行;机动车遇前方交叉路口交通阻塞时,应当依次停在路口以外等候,不得进入路口;前方机动车停车排队等候或者缓慢行驶时,应当依次排队,不得从前方车辆两侧穿插或者超越行驶,不得在人行横道、网状线区域内停车等候;在车道减少的路口、路段,遇前方机动车停车排队等候或者缓慢行驶时,应当每车道一辆依次交替驶入车道减少后的路口、路段。

在市区道路中,还存在混合交通道路这种容易忽略的路段。混合交通道路的特点:一是车辆相互干扰大,平均车速低,车辆类型、档次、速度不同,呈现"挤、钻、抢"的现象,大型车互不相让,小型车、摩托车等见缝就钻,争道抢行,时有堵塞的现象发生,有时一堵少则半小时,多则几个小时;二是交通肇事比例大,因各种车辆速度不同,相互干扰,互不相让,驾驶员稍有疏忽大意或操作技术不佳,处理情况不及时、不得当,都容易发生事故;三是不同类型的车辆有不同的行驶特点,驾驶员和其他交通参与者的安全意识、对交通法律法规知识的掌握与理解以及行为各不相同,参差不齐,都会影响安全行车。

控制措施:

(1) 开展"四不四让"(不违反信号,不争道抢行,不乱停乱放,不随意变道;车辆让行人,转弯让直行,右转让左转,超车让对行)活动,倡导文明行车,规范安全驾驶行为,狠抓交通违法,严禁酒后开车、疲劳驾驶、超速行驶和争道抢行等交通违法行为。

(2) 车辆行驶中,要排除干扰,克服麻痹思想和侥幸急躁心理,集中精力,沉着冷静,加强观察判断,严格控制车速,中速谨慎驾驶,妥善处理路面情况,密切注意行人和车辆动态,与之保持必要的安全距离,防止行人、非机动车横穿和剐碰事故的发生;严禁超速行驶、疲劳驾驶、强超抢会和争道抢行。要不断摸索混合交通中各种交通元素的运动规律,总结、积累经验与教训,提高安全行车技能。

（3）注意观察交通指挥信号和交通标志，严格遵守交通安全法律法规，谨慎驾驶。

（4）开关车门、起步停车、变道转弯应密切注意车马行人，正确使用灯光信号。

（5）加强车辆安全检查，认真整改故障隐患，确保安全行车。

（三）城乡接合部道路

城乡接合部是道路交通事故的多发地带，具有以下 8 个方面的特点：

（1）一般情况下路面相对较差，道路病害较多，交通安全设施较少，交通管制力量相对薄弱。

（2）道路交通情况复杂。

（3）低速汽车、三轮汽车、摩托车、拖拉机、电动车、人力车和畜力车较多，安全性能较差。

（4）各种车型混在一起行驶，速度差异大，超车的情况多，造成的不安全因素多。

（5）酒后开车、骑车、行走的现象多，特别是晚上更为严重，给驾驶员行车造成的险情多。

（6）夜晚路灯少、照明差、行车视线不良。

（7）车辆驶出交通流量大、时有堵塞的城区道路，进入交通流量相对小的城乡接合部，行车速度加快。

（8）在道路交通状况良好的城外公路上行驶的车辆，因驾驶员的行车定势，速度减不下来，也极易发生事故。

控制措施：

（1）行车中要适当加大与行人、非机动车的安全横距，注意防范他们突然侵占机动车道和突然横穿公路。发现行人、非机动车横穿公路时应立即减速，直至停车避让，决不能心存侥幸盲目与其抢行。

（2）正常行驶和超越机动车或躲避障碍时，要仔细观察判断其他机动车的动向，与其保持适当的安全距离，谨防其突然调头、拐弯和争道抢行。

（3）行车中如果发现无号牌车辆、有酒后驾驶嫌疑的车辆和有醉酒嫌疑的行人，要立即减速慢行，认真观察判断其行为动向，找准时机，谨慎迅速超越或通过，不得贸然行驶。

（4）夜晚通过城乡接合路段时更要小心谨慎，决不能麻痹大意，必须将车速控制在采取紧急制动措施足以保证安全的速度。

（四）特殊路段路口

1. 山区路

山区环境条件艰苦，山区路一般具有坡长而陡、路窄弯急、视线不良，甚至山高路险、傍山临崖,险情多、路况差等特点。加之冰雪路、泥泞路、便道和忽雾、忽风、忽雪天气的影响,车辆事故诱发因素多,事故发生的概率大,且易发生群死群伤的重特大道路交通事故。

存在的风险:一是驾驶员易产生恐惧、紧张心理;二是视线受限(视盲区)路段多,导致观察不到、不清;三是刹车频繁、时间长,易导致刹车效能减退甚至失效,特别是下长陡坡时,更易导致刹车效能减退和失效;四是拐急弯时,离心力易将车辆甩出公路;五是操作处理动作要求准而快,易产生操作处理失误或失时;六是路窄弯急、坡长而陡、视线不良,超会车困难;七是因山区路的特点,驾驶员精力消耗多,劳动强度大,易使其身心疲劳;八是发生事故后果严重。

控制措施:

(1)要注意车道。绝大多数山地山高路险、沟深弯道多、坡长路窄,气候恶劣、能见度低。车辆应尽量在公路中间行驶。超车时,应选择在路面较宽地带鸣笛,视汽车动力迅速超车;会车时,应慢速、平稳、安全通过;弯道急弯时,应提前鸣笛,稍靠右安全通过,切忌在弯道超车、会车太靠边行驶,确保行车安全。

(2)要注意乘载。在山区特殊的地形条件下,严禁车辆超载、偏载,人员不准站立在车中,以免发生危险。山区行车时,货物装载要做到均衡、平稳、牢固,不得超高、超宽、超重;人员不准向车外抛物品。载货车除驾驶室外,其余任何部位不准坐人,驾驶室不得超员。

(3)要注意车速。山区行车不比在平原地区驾驶,弯道多,路面不坚实情况多,此时一定要稳住油门,保持发动机在中等负荷下行驶,严禁长时间、全负荷运转,避免"开锅"和"粘缸"等现象。同时,要视路况不同及时变换挡位,充分利用发动机本身进行制动控制。

(4)要注意路标。山地公路标志较少,要随时注意交通标志,特别是警示标志。忽视一个警示标志即意味着几秒钟内可能遇到危险。

(5)要注意制动。下坡时严禁空挡滑行,更不得紧急制动,以免制动跑偏,滑坡坠崖。行车过程中需减速时,要稳压制动,利用汽车行驶阻力和发动机的牵阻作用降低车速,然后换入低速挡,待车速降低后再分几次踩制动踏板降低车速或停车。

(6)要注意方向。山地行车要始终握住转向盘。在会车或超车时,因为路面太窄,转向盘的转动角度不要太大,以免造成汽车坠崖。遇横向风暴时转向盘容易摆动,要放慢车速,经过峡谷口和急弯时要特别注意。

(7)要注意转弯。转弯时要放慢车速,并注意弯道边缘是否光滑、车轮行经的地方是否坚实。陡坡处转弯要提前换入能够提供足够动力的低速挡,避免转弯中换挡或制动,尽量少使用制动,尤其不要在悬崖处使用紧急制动,以免造成侧滑,发生坠车。行车中还要缓放油门,紧握转向盘,转向时不要窜轮、不要松手。

（8）要注意车辆停靠。需要停车时,要选择路基坚硬、路面宽平、安全可靠的地方停车,并放好停车标志。在雨、雪、雾天气切忌将车辆停放在公路侧边悬崖下。夜间临时停车必须开示宽灯、尾灯,并放好警示牌。

2. 沙漠戈壁路

沙漠路一般荒漠空旷、视野开阔,长时间行驶易造成视觉疲劳,产生瞌睡、精力分散的情况;前车过后,卷起的飞沙会影响驾驶员的视线;表层沙粒附着系数小,行车阻力大,驱动轮易打滑,刹车效能变差;急转弯时前轮受阻打横,滚动阻力突然增大,使驱动轮空转,造成陷车;路边不规则,靠边行驶易掉进沟内;安全标志及指示标志少甚至没有,易跑错路等。

控制措施:

（1）做好出车前的安全检查,以免途中车辆出现故障。

（2）行车前做好充分的物资准备,要带上木板、圆木、垫木、千斤顶、指南针、麻绳和足够的冷却水,冬季要带上保暖用具。要将轮胎气压较标准气压调低4.9 kPa,以免轮胎爆破。

（3）在沙漠行车应先停车仔细查看道路和沙粒结构情况及含水量多少,必要时应将后置备胎拆下,防止后轮下陷时备胎拖地增大阻力。起步时应尽可能一次成功,油门要适当加大。起步后保持直线中速或低速行驶,握紧转向盘,不可急转弯。如需转弯,半径要大,转向盘要慢转,防止前轮受阻打横,突然增大阻力而使驱动轮空转,造成陷车。

（4）在沙漠中行车,当前进困难或后轮发生空转时,可将车辆后退一段再前进,切勿盲目加速硬冲蛮干,以免后轮越陷越深导致机件损坏。一般载重汽车后轮陷入沙地10 cm以上就很难前进,必须铲除沙土或垫以树枝、木料、石块、柴草等物,然后再通过。

（5）行驶中要选好挡位,一气驶过,不要停车,尽量不要换挡或少换挡,必须换挡时动作要敏捷,保证车辆有足够的行驶惯性。必要时可越级换挡,防止因换挡动作迟缓而停车。

（6）沙漠中行车要随时注意天气变化。夜间注意放水,采取保暖措施;白天要防止发动机过热,采取适当的降温措施。遇到暴风时,要立即停车躲避,防止车辆被吹翻或被沙石击坏。风沙过后要查看车辆有无损坏后再行车,以确保安全。

3. 湿地路

湿地一般比较空旷、视野开阔,长时间行驶易造成行驶疲劳;地面看起来干燥硬实,下面松软,附着力小,易陷车;摩擦系数小,刹车性能差;交通安全标志少,易跑错路等。

控制措施：

（1）注意行车前的休息，保证充沛旺盛的精力。途中注意调节精力，克服视觉疲劳、精力分散，禁止疲劳驾驶。

（2）加强观察与判断，选择干燥硬实的路面，必须停车查看，不可盲目通过。

（3）起步时油门要适当加大，尽量一次成功。

（4）行车中保持中低速行驶，尽量减少换挡和刹车，匀速行进。踩踏油门不可过猛、方向不可过急，避免急刹车和急打方向。

（5）一旦车辆陷入湿地沼泽，不可试图反复硬冲硬上。要下车查看情况，采取挖、垫等措施，必要时打电话求援。

4. 渡口、码头

渡口、码头搭设的上下渡口和渡船的跳板一般为活动式的，宽度较窄，没有太多的余留，上下渡口和渡船时要求行驶方向要准、车辆要稳。车辆上下时跳板往往上下起伏，造成一定落差，若猛踩制动或猛打猛拐，易造成起伏和摇晃更大，导致驾驶员紧张、惊慌，稍有不慎便会掉下跳板或发生碰撞事故。

控制措施：

（1）选择驾驶经验丰富、技术过硬的驾驶员执行有过渡线路的运输任务。

（2）服从渡口管理人员的指挥，按指挥顺序依次过渡。

（3）上船前除驾驶员外，其他人员均应下车。

（4）车辆上跳板之前应调正车身，摆正前后车轮，正对跳板中央位置，握稳方向，稳踩油门，低速缓慢开车上船，中途禁止换挡。

（5）车轮全部上船后，再转向、驶入指定位置停稳，停车后拉紧驻车制动，发动机熄火，车轮打好掩木。

（6）上船或在船上移动时，避免猛踩制动或猛打猛拐。

（7）上下渡船时应低速行驶，拉开车距。

5. 窄路、窄桥和隧道

通过隧道、涵洞时，一方面由于驾驶员思想麻痹，易忽视隧道和涵洞的净空高度，致使车上的人或货物撞在隧道和涵洞顶或壁上；另一方面由于光线不好，给驾驶员观察判断造成影响，会车时易发生碰撞。通过窄路、窄桥时，由于驾驶员错误判断前方同向或逆向车辆的距离和速度，易发生占道抢行、剐碰。

控制措施：

（1）进入隧道前应注意交通标志特别是限速标志，并严格遵守。汽车从洞外路段驶入隧道内路段，人眼的暗适应时间大约为 7～8 s，驾驶员视力下降，因而必须调整车速。

（2）通过一般道路的单车道隧道，应随时观察前方有无来车，开启前后车灯，一般不宜鸣笛。通过高速公路上的隧道,也应开灯行驶,目的是标明车辆的位置,防止追尾事故;与前车保持距离,防止撞车事故。

（3）通过一般道路的双车道隧道,应靠右以正常速度行驶,重车爬坡时应根据汽车动力提前变换挡位,潮湿路面应慎用制动。在高速公路隧道中行驶时,不得在洞内变换车道。

（4）由于各级公路的隧道宽与洞外路面宽相比,全幅都较窄,特别是路肩的宽度是以最小基本宽度为设计基准的。所以,隧道内严禁随意停车,以免造成交通阻塞。

（5）汽车在隧道内抛锚,应立即通知道口有关人员帮忙,设法将车辆拖出隧道,不得在洞内检修。

（6）在驶进狭窄路段或窄桥时,应估计双方离桥的距离和速度,让距桥近的高速行驶的车先过桥,距桥远的低速车应主动礼让,不能占道强行。在较窄的路面或路边有障碍的情况下,应提前选择会车路段或停车路段,单车通过。己车离交会路段比对方车远,应加速行驶;距离近,应减速等候来车;距离估计相同时,要互相礼让,以保证两车在已选好的路段交会。窄路上会车要减速靠右。在窄路上会车时,一定要靠右行驶,主动给会车创造条件,如果路面土质松软,注意不要因让路而翻车。同时,会车时要降低车速,并做好随时停车避让的准备。

（五）天气影响下几种道路情况

1. 泛油路面

气温升高,路面变软,达到一定温度路表泛起一层油膜,甚至变为流动的液体。泛起的油成了"润滑剂",使轮胎与地面间的摩擦系数减小,制动距离延长,同时会产生侧滑;轮胎花纹的沟槽内会被路表面泛出的渣油填满,形成光面轮胎,丧失"抓地咬合"能力,造成轮胎摩擦力降低。

控制措施:

（1）掌握泛油路面特点,行车中严禁超速行驶、强超抢会,避免急打方向和紧急刹车,特别要避免二者同时操作。

（2）初雨或初雪时一定要降低车速,不得高速滑行,尽量利用发动机牵制作用降低车速,切忌急打方向和紧急刹车。

（3）加大与车辆和路边的距离,尽量避免超车。

2. 冰雪路面

冰雪路面附着力小、摩擦力小,急打方向会突然改变行车方向,由于车辆惯性,容易造成侧滑;猛踩油门会使发动机的动力突然增加,驱动轮扭力突然增大,容易引起驱动轮打滑;猛丢油门会使发动机动力突然减小,容易造成车辆失控,发生意外;猛踩刹车会使制动力突然增大,车轮与地面之间的摩擦力突然变化,容易引起侧翻、甩尾、翻车;没有与前车保持足够的安全距离,因为冰雪路面摩擦力小、制动距离增长,会导致追尾事故的发生;遇到自行车和摩托车未引起足够重视,因自行车和摩托车的稳定性差,容易发生碰撞事故。

控制措施:

(1) 超车、会车和改变行驶路线时,应提前缓慢降低车速和缓慢转动转向盘。

(2) 行车中应缓慢踩、抬油门踏板,使车速缓慢过渡,不可急加速、急减速;不得空挡行驶,禁止急刹车、急打方向;减速或刹车时应尽量抢挂低速挡,充分利用发动机的牵制力。

(3) 在冰雪路面行车时应适当增大与前车的距离;遇到自行车、摩托车,应仔细观察自行车和摩托车的动向,并与其保持较大的安全距离。

(4) 注意冰雪覆盖路面的厚度,加强观察判断,注意可能存在的道路病害和路障,不可盲目行驶。

3. 泥泞路面

乡村、田野和生产施工的土基道路的特点:一是道路本身具有路面较窄、路况较差等特点;二是被雨水浸泡后,具有土质松软、泥水混合、路面附着力小、摩擦系数小、行驶阻力大、操控能力差等特点;三是被车辆碾压后,车辙深浅不一。在此种泥泞路上行驶,车辆易打滑、空转、侧滑、横滑、碰撞车辆底盘或者陷入泥中,稍有疏忽或操作不当,就会造成与其他车辆、行人或路边的树木、建筑相撞,或掉入沟内、造成翻车等。

修路施工、损坏失修和因土方工程撒落沉积泥土的道路,下雨浸泡后便形成黏稠的糊状路面,其特点:一是路面十分浮滑;二是路面附着系数很小、车辆行驶阻力大、操控性能差;三是修路施工的路面和道路损坏失修的路面坑洼不平、道路病害多。在此类路面上行驶时,车辆易打滑、空转或横滑等。因摩擦系数小,刹车距离增大,刹车效能降低甚至失灵。若操作不当,如急刹车、急打方向或猛加油等,就会发生侧滑、横滑或调头,造成与其他车辆、行人或路边树木、建筑相撞,或剐擦底盘、掉入沟内、造成翻车等。

控制措施:

(1) 行至泥泞路段时,应加强观察判断,选择安全路线,必要时下车询问和查看,切勿盲目通过。

(2) 行车路线应选择泥泞程度小、比较坚实的地方或沿前车车辙低速行驶,尽量不要使用紧急制动。

(3) 要把握控制好转向盘,动作要稳、准,不可过急过猛,尽量使车辆保持直线行驶,换挡要敏捷迅速,时机应比一般道路提前。发生侧滑时应立即抬起油门,向侧滑一侧转动方向,消除侧滑,控制车辆。

（4）车轮打滑不能前进时,可挂倒挡退出;如果倒车无效,应挖去泥浆或设法支起车轮铺垫,必要时应卸下部分或全部货物。

（5）通过泥泞坡道时,应提前做好防滑准备,以稳定的低速上坡。较平坦的泥泞路段可用中速冲坡,下坡路段应挂低速挡,利用发动机的牵阻力控制好车速,缓慢通行。

4. 水淹路面

洪水的侵袭或雨季连降暴雨,道路有可能被水淹没、漫水,地势高低不同淹没的程度不同。其危害特点:一是被水淹后常和附近的河流、水塘等连成一片,难以弄清道路的曲直、边缘和有无道路病害,稍有不慎就会掉进去;二是在水淹路上行驶的汽车会遭受水流的冲击,流速越大车承受的冲击力就越大,使操控能力变差;三是道路被水浸泡,路面变得浮滑,加之水的浮力,又使车辆重力减轻、附着力下降、附着系数减小,使车辆行驶极不平稳,操控性能变差;四是在水淹路上行驶,刹车性能明显下降;五是水淹没排气管后,水会顺排气管呛进,造成发动机熄火,损坏发动机和车辆。

控制措施:

（1）进入水淹路前,应仔细观察和打探水情、路况,选择安全路线,做好思想准备,谨慎驾驶,安全通过。

（2）涉水途中应集中精力,加强观察判断,使用低速挡、稳住油门缓慢行驶,中途不得换挡、停车。

（3）车队行驶时,应待前车上岸后方可涉水,以防前车因故停车迫使后车也停在水中。行驶中严禁急刹车、猛打方向。当车轮打滑、空转不能行进时,应立即停车,不得猛加油或猛抬离合器,应果断组织人力或利用其他车辆牵引驶出。

二、油区周边道路危害因素识别

一般油区生产路的路面较差,路肩较窄、不坚实。有的道路或路段路面病害较多,路边侵蚀、掏空而塌陷,交通安全设施较少,一旦因超会车辆或躲避道路病害驶上路肩,可能会掉入沟内,甚至翻车;有可能因突然急刹车或急打方向,导致车辆侧滑、甩尾、调头、方向失控等,造成事故;在洒落有原油的路面上刹车或急打方向,会发生严重侧滑,导致车辆失控而发生事故。

（一）搓板路面

因搓板路面上出现的横向高低不平的条状埂坎,车辆通过搓板路时存在以下风险:一是车身上下振动,导致转向盘振动,车速越快振动越剧烈,尤其是通过波峰时,转向操纵易出现失控现象;二是易造成驾驶员判断失误,驾驶员的视线随车辆起伏而跳动,使其观察判断障碍物的形状、大小与位置出现失误,车辆一旦从错误的方位通过,容易造成事故;三是因车身上下振动,使钢板弹簧和轮胎负荷加大,可能造成钢板弹簧折断和轮胎爆裂等。

控制措施:

(1)车辆在搓板路面上行驶时,驾驶员上身应稍贴后靠背坐稳,两手适当用力紧握转向盘,防止身体随车跳动而失去对汽车的控制。

(2)稳住加速踏板,利用中高速挡低速通过。

(3)合理选择路面,尽量避免凹凸大的路面。

(4)在通过搓板路段后,应检查车辆轮胎及悬挂系统有无松动、钢板弹簧有无损伤。

(二)啃边路面

啃边路面是指路面边缘发生沥青层碎裂、脱落。车辆通过啃边路面时存在以下风险:

(1)路面变窄,车辆超会时都想向中间挤,易造成占道而刮碰车辆,或车轮轧在碎裂、脱落处,导致车辆剧烈跳动,方向偏转、失控,掉入沟内或发生碰撞。

(2)车轮轧在碎裂、脱落处,会使车辆侧斜行驶而发生侧滑,严重时会滑离行驶路线,滑向路肩的边缘。如果是在雨天,路边又低又滑,极易导致轮胎侧滑,驶不上路面而造成侧向翻车。

控制措施:

(1)集中精力,加强观察判断,中速行车,谨慎驾驶,选择合适的地点超、会车辆,与路面边缘留出必要的安全距离。

(2)当啃边路面不足以双向行驶时应做到先慢、先让、先停,尤其在雨雪天气行驶时,必须在路中间低速行驶,不可贸然靠边会车、让车或超车。

(3)严禁在啃边路面高速行车。

(三)翻浆路面

翻浆路面的特点是龟裂、松软、潮湿、冒泥,并有众多高低不平的土丘坑洼和波浪变形,有较深的车辙,且路面富有一定的弹性。在翻浆路面上行驶,除具有泥泞路的特点(路面附着系数很小,行驶时易打滑、空转或横滑,摩擦系数小,刹车距离增大,刹车效能降低甚至失灵)外,行驶阻力更大,车轮容易下陷,车辆颠簸起伏,方向不好控制。有的老旧车辙更易误车,往往需要另选新路等。

控制措施:

(1)采取泥泞道路行驶的风险消减措施。

(2)汽车通过时,尽可能选择新路,不宜顺旧车辙行驶。通过较短的翻浆路时,可根据情况加速冲过;通过较长的翻浆路时,应详细勘查行驶路线,为避免车轮下陷,应保持中速行驶,不可勉强频繁起步前进或后退。

（四）乡村道路

乡村道路一般较窄,路肩窄而不实,超会车辆或躲避道路病害而驶上路肩时可能会掉入沟内,甚至翻车;道路病害较多,因观察不清,造成突然急刹车或急打方向,导致车辆侧滑、甩尾、调头、方向失控等,可能与路边树木、建筑或过往车辆、行人相撞等;交通安全设施少,交通参与者安全意识差,横穿公路、截头猛拐现象多,易与行人、非机动车发生事故;道路设计承载能力小,承载有限,使行驶受阻或被查扣;在路上打场晒粮的多,也易引发事故;无牌无证驾驶的多,技术差、经验少、安全意识淡薄、不遵守法律法规,容易发生事故;农忙时,车辆装载的农作物超宽、超高、超长,摇摇晃晃,欲歪欲翻,跑在中间不让路等。

控制措施:

（1）加强安全行车知识、法律法规和事故案例的学习,强化自身的风险意识和安全意识,严格遵守交通法律法规。

（2）集中精力,加强观察判断,中低速行车,谨慎驾驶,禁止超速行驶。预防车马行人突然横穿或其他突发情况。发现情况应提前减速,采取措施。

（3）通过凹凸路和有障碍物路面时,应减速行驶,加强观察判断,灵活运用转向,选择安全可靠的路线谨慎通过。避免紧急制动和转向过急、过大。

（4）通过窄、曲道路时,要正确估计弯道角度和路面宽度。在窄路转弯时,应使汽车尽可能沿道路外侧行驶,同时还要防止剐碰路旁树木及障碍物。除特殊情况外,尽可能在道路中间行驶。如遇车马行人,应减速鸣号,随时做好停车准备。严禁急躁、强超抢会。

（5）通过乡村集市路段应集中精力,注意观察判断,随时应对突发情况。

（6）注意车辆受限道路,不可盲目行驶。

三、气候条件危害因素识别

（一）雪天

下雪天出车前挡风玻璃和车窗上会覆盖一层冰雪,如果清除不净,将会影响观察视线。清除时如果用温度较高的热水,会因温差过大,造成玻璃破裂。下雪会使能见度降低,影响驾驶员观察与判断。雪天行驶途中,雪白的雪花会造成耀眼,也会影响驾驶员观察,特别是雪后逆光行驶,在阳光照射下非常刺眼,造成视敏度下降,导致观察判断不够而发生事故。气温低时,将形成冰雪路面;气温高时,冰雪融化形成泥水路面,其风险分析见"冰雪路"和"泥泞路"。

控制措施:

（1）清除挡风玻璃和车窗上的雪时,禁忌用温度较高的热水,避免玻璃破裂。

（2）行车中雪花耀眼,眼睛不适,影响观察判断时,应戴上防护眼镜。

（3）降低车速，注意观察判断，谨慎驾驶。

（4）在冰雪路和泥泞路上行驶时，按照冰雪路和泥泞路风险削减措施控制。

（二）雨天

阴雨天光线透过率减少，能见度降低，特别是大雨、暴雨来临和下雨时能见度更差，直接影响驾驶员的行进观察；雨天路面湿滑、积水，车辆容易发生横滑和侧滑；久雨天气行车条件变差，长时间下雨会引起路基坍塌与疏松，行车时稍有不慎，汽车会陷入路基，严重时会造成翻车事故；刚下雨时许多人低头急跑，不顾其他情况，骑自行车的人也会埋头猛蹬，不注意来往车辆，驾驶员稍有疏忽便会发生事故；行人、骑车人身穿雨衣及防寒服等，听觉、视觉都受影响，也是行车隐患；下雨会将制动鼓浸湿，使汽车制动距离加长，有时可造成制动器失灵而发生事故；货车驾驶员担心下雨天受淋，易超速行驶而造成事故。

控制措施：

（1）雨天行车要控制车速，加强观察判断，注意道路条件的变化。油门、刹车、转向要轻，尽量避免急刹车、急打方向，防止车辆侧滑、跑偏。

（2）久雨天气行车不要靠路基过近。

（3）大雨、暴雨来临时，或者车辆驶过积水时，要注意行人与非机动车、摩托车驾驶员的动向，随时做好防范措施，防止其乱跑乱躲。

（4）暴风雨天气行车要注意横风和路边被风刮断或被雷电击断的树木。能见度特低时应停车暂时躲避。

（5）途中涉水时，应下车查看情况，确认安全后谨慎通过。

（6）雷雨中若临时停车，不得把车停在坡道、山脚、河边以及大树下，以防意外。能见度较低时行车或停车，须开示宽灯和危险报警闪光灯。

（三）雾天

雾天能见度低，驾驶员视线受到影响，无法正常地观察、判断路面交通情况。大雾时将会严重影响驾驶员观察判断，极易发生碰撞或追尾事故，甚至会发生连锁追尾事故。在高速公路上行驶时更加危险，后果更加严重。浓雾天气路面湿滑，车辆附着系数减小，易出现车辆侧滑、跑偏现象；车辆制动时，制动距离增大；行人横过马路时，由于能见度低，看不清车辆远近，判断不出车辆速度，会因突然横穿马路而发生交通事故。

控制措施：

（1）行驶中加强观察判断，应根据雾的浓度和视线距离情况决定车辆行驶速度。将车速降低至采取紧急制动措施能够控制在视距之内的速度，与前车保持足以采取紧急制动措施的安全距离，尽量避免紧急制动，严禁开盲目车、冒险车。

（2）浓雾天应尽量控制车辆外出，严格控制长途车。

（3）雾天行驶时，无论是白天还是夜晚，都要打开防雾灯、示宽灯和危险报警闪光灯，但不能开远光灯。

（4）勤短声鸣笛，以警告行人和车辆。如对方车辆鸣笛，应及时鸣笛回应对方。

（5）雾天跟车行驶时两车距离不能过近，以免前车紧急制动发生追尾。

（6）两车交会时，应提高警惕，开、闭灯光示意，并以路旁右侧电杆、树木或道路沿石做标志，缓行通过。尽量避免超车。

（7）雾天行驶不要随意停车，如果能见度太低或长时间行驶导致视觉和身体疲劳需停车时，应选择安全路段和位置，靠边停车，打开示宽灯和危险报警闪光灯以警示其他车辆。

（四）风沙天气

风沙天气能见度急剧下降，光线透过率降低，使驾驶员视野变窄、视距缩短，常常给驾驶员造成严重的视觉障碍，直接影响驾驶员的观察，造成观察不够、判断和操作失误而导致事故发生。路上行人、骑车人受风沙侵扰，行路时匆匆忙忙、低头遮面，不注意对道路交通情况的观察；自行车、摩托车等受风沙影响左摇右摆，操控和平衡能力变差。如果驾驶员关注不到、采取措施不及时或不到位，会造成刮碰事故。沙尘暴天气易造成道路周围建筑、设施和行驶车辆上的物品突然被吹落，地面垃圾被刮起，漫天飘扬，驾驶员为躲避吹落或飘扬物将会急打方向、紧急制动，如果车速快，会造成车辆失控，发生碰撞或翻车事故。

控制措施：

（1）行驶中要降低车速，认真观察判断，根据视距大小决定行车速度，将车速控制在采取紧急制动措施足以保证安全的速度。沙尘暴严重，不能确保安全时，必须停止行驶。

（2）无论行驶还是停车，都应开启小灯、示宽灯、防雾灯和危险报警闪光灯，以便其他车辆能及时发现。

（3）会车时应开、闭灯光示意，根据道路情况鸣笛警示车马行人。如果听到对方车辆鸣笛，应鸣笛回应。

（4）在沙尘暴中行驶时，应时刻注意空中被沙尘暴卷起的物品，随时做好应急预防措施准备。同时，谨防前车为躲避突然吹落或飘扬在车前的物品而急打方向、急刹车给己车造成的险情。

（5）沙尘暴天气遇到自行车、摩托车时应加大安全距离，减速慢行，谨慎通过。

（五）高温天气

在炎热高温的天气下行车，容易使驾驶员心情烦躁、视力下降、精力分散，甚至出现中暑现象，影响其观察、判断和处理能力，使失误、失时现象增多而引发事故。

高温高速状况下行车,易造成轮胎突然爆裂,制动轮毂、蹄片发热,制动效能下降,特别是大型车辆满载、超载状态下下长坡时,制动效能会大幅度下降甚至失效。同时,一些劣质沥青路面变软,甚至形成泛油路面,使车辆制动性能下降,制动距离延长,易造成交通事故。天气炎热时,一些妇女怕晒,爱打遮阳伞,特别是年轻妇女,影响她们对过往车辆的观察。

控制措施:

(1) 驾驶员加强休息,保证充足的睡眠和充沛的精力,克服烦躁心理,降低车速,谨慎驾驶,注意防暑降温,尽量避开中午高温时段行车。当行车中精力不足、注意力分散、有瞌睡预兆时,立即停车休息调整。

(2) 加强对轮胎和制动轮毂、蹄片的检查,注意气压和轮胎、轮毂温度,若温度过高,应停车采取降温、降压措施。

(3) 高温天气行车时,要中速驾驶,尽量减少制动次数和长时间制动,避免紧急制动。

(六) 严寒天气

严寒天气驾驶员穿戴较厚,身体笨拙,手脚不灵便,操纵感觉沉重,操作不够迅速和准确,增加了驾驶员的疲劳强度,易造成驾驶员疲劳开车;天气寒冷,部分驾驶员懒惰思想严重,检查保养车辆不及时,容易开"凑合车";低温条件下制动分泵制动皮碗和轮胎等橡胶制品容易脆裂、折断和收缩,制动装置容易失效,造成交通事故;严寒季节冰雪路多,在冰雪道路上行驶的风险参照冰雪路风险分析;因天气寒冷,路上的行人、骑车人等穿戴遮头蒙面,视线、听力受到影响,特别是在冰雪路滑的情况下易于滑倒、摔倒,对安全行车造成威胁。

控制措施:

(1) 加强车辆安全检查和维护保养,及时消除刹车、转向、灯光等部件的安全隐患,确保性能可靠有效。

(2) 气压制动的车辆应当在收车后放尽储气筒中的水。

(3) 严寒气候下行车,驾驶室挡风玻璃容易出现水雾甚至结霜而影响视线,应及时清除,或喷涂除霜剂。

(4) 在冰雪道路上行驶时,按照冰雪道路风险削减措施控制。

(5) 加强观察判断,密切注意道路上的行人、骑车人的动向,发现情况提前减速慢行。

(七) 逆光行驶

驾驶车辆逆光行驶时,由于未及时放下遮阳板或戴上防护眼镜,致使阳光直射眼睛造成瞬间眩目,看不清道路上的交通状况,从而引发交通事故;长时间逆光行驶,易造成视觉疲劳,使驾驶员的视距、视野受到影响而造成事故;长时间逆光行驶后转入背光行驶时,在暗适应过程中容易发生事故。

控制措施:

(1)驾驶员遇逆光行驶路段时,应当放下遮阳板,有条件的驾驶员戴上防护眼镜。

(2)逆光行驶时应适当降低车速,留出充足的时间处理路面情况。

(3)经过长距离逆光行驶后,驾驶员应停车做短暂的休息,使眼睛缓解强光造成的视疲劳。

(4)行驶中一旦发生暗适应,应当立即减速停车、调整适应。

四、季节、时段的危害因素识别

(一)春夏交替季节

根据二十多年的交通事故统计分析,这一时期是每年道路交通事故发生的次高峰,它具有以下特点:温度宜人,极易困倦、瞌睡;交通流量大,工作任务繁重,易产生疲劳;到处修路修桥,道路不通、难行,路面病害多。这些都给安全行车造成一定的困难和危险。

控制措施:

(1)驾驶员要养成良好的作息习惯,注意加强日常休息,不要因贪图玩耍、娱乐等活动影响正常的休息睡眠,以免影响第二天的安全行车。

(2)驾驶员在行车过程中要注意调节自己的精力,加强观察判断,当精力不足、注意力不集中、有瞌睡感觉时,要加强警惕,及时停车休息调整,不可麻痹大意、勉强侥幸行驶。

(3)行车中遇到修路修桥,道路难走或需要绕道行驶时,不要急躁,要稳住情绪,平心静气,谨慎驾驶。严禁为了赶路程、抢时间而疲劳驾驶、超速行驶、强超抢会。

(二)仲秋凉爽季节

这一时期是每年道路交通事故发生的主高峰,它具有以下特点:这个季节是秋冬季节变换的临界期,从动、植物的生理变化规律角度来看,都需要在这一时期储存能量,调节生理变化,准备越冬;这一季节人的睡眠长期亏欠,精力需要休息恢复调整,易困乏疲倦,导致精力不足、注意力分散;入冬前的这几个月,生产运行节奏加快,工作任务繁重,有时可能会造成驾驶员疲劳开车现象;这一时期正处在农村三秋大忙季节,农民早起晚归,在田地里劳作,疲惫不堪,安全意识更差,不太注意道路上的交通情况;这一时期也是子女开学的时候,考上大学的孩子要远离父母,孩子初次远离父母,不可避免地牵动着父母的心,造成精力分散、注意力不集中等。对驾驶员来讲,就会影响到安全行车。

控制措施：

（1）驾驶员要养成良好的作息习惯，注意加强日常休息，不要因贪图玩耍、娱乐等活动影响正常的休息睡眠，以免影响第二天的安全行车。

（2）驾驶员要及时调整自己的情绪，不要在身体不适或情绪不佳时驾车。

（3）驾驶员在行车过程中要注意调节自己的精力，加强观察判断，当精力不足、注意力不集中、有瞌睡感觉时，要加强警惕，及时停车休息调整，不可麻痹大意、勉强侥幸行驶。

（4）行车中遇到修路修桥，道路难走或需要绕道行驶时，不要急躁，要稳住情绪，平心静气，谨慎驾驶。

（三）节假日期间

节假日期间，职工和学生都放假休息，路上的行人多，同时由于人们的心情处于放松状态，不安全因素多；节日期间尤其是春运期间，道路交通十分繁忙，交通流量和客流量大大增加，行驶在道路上的驾驶员往往出现思想抛锚、精力分散等现象；春节期间，单位工作忙，家里事务多，造成驾驶员身心疲劳，驾驶车辆时容易走神、注意力不集中；节假日期间，因生产工作需要，一些仍要坚守工作岗位执行任务的驾驶员心理上难免受到一些影响，导致思想不集中而引发交通事故；节假日期间工作不像平时那样，单位上也只安排领导值班，监控管理有所放松，造成一些驾驶员思想松懈、麻痹大意、警惕性不高，也容易导致事故发生。

控制措施：

（1）通过参加节前交通安全教育，共同探讨分析节日期间道路交通安全特点，高度重视节日期间道路交通安全工作，充分认识节日期间道路交通安全的复杂性。

（2）驾驶员在行车过程中要排除杂念，集中精力，克服麻痹思想和侥幸急躁心理，加强观察判断，谨慎驾驶，中速行驶，发现情况及时提前减速、鸣笛示意，并随时做好应急预防措施。严禁酒后开车、疲劳驾驶、超速行驶、强超抢会、硬挤硬靠、随意变道等严重交通违法行为。

（3）驾驶员在行车途中要密切关注行人和非机动车辆的动态，谨防酒后上路、突然横穿、乱跑乱窜、截头猛拐等现象。

（4）驾驶员要提前计划并安排好节日期间的家庭事务，有条不紊地实施，避免忙乱而造成心理紧张、休息不好，导致身心疲劳而影响安全驾驶。工作任务繁忙时，应主动征取家庭成员的谅解，避免家庭矛盾。不得因家庭事务在行车途中抢时间、赶路程、超速行驶、强超抢会。

（四）黄昏时段

此时段空间的光亮度由明到暗在逐渐变化，人的适应性也在变化之中，导致驾驶员行车的应变能力降低，交通事故发生率增高；黄昏时分往往正是学生放学和职工下班的时候,城镇道路交通拥挤,行人、自行车多,不安全因素多,造成事故多发;黄昏时分由于光线暗淡、层次感差,是驾驶员最容易产生视觉疲劳的时段;黄昏时段由于开灯效果不明显,个别驾驶员不愿意早开灯,造成其他车辆及行人看不清己方车辆大小和远近而发生事故。

控制措施:

(1)驾驶员外出执行任务时,要科学合理地安排工作进程,提前返回,尽量避开黄昏时段行车。

(2)在此时段行车时,一定要降低车速,保持足够的安全行车距离,注意观察判断车辆、行人动态,克服麻痹大意思想和侥幸急躁心理,加强警惕,发现情况及时减速,鸣笛示意,采取避让措施。不得抢时间、赶路程,禁止急躁冒进、强超抢会和超速行驶。

(3)黄昏时段行车时要早开灯,增强路上车马行人对自己车辆的观察判断,也增强自己观察路面情况的光亮度。

(五)夜间行车

夜间行车,车稀人少,一些车辆往往超速行驶而造成恶性事故;夜间会车时,由于对方车辆不关闭远光灯或使用真空灯、氙气灯,光线太亮,刺眼炫目,造成驾驶员视线模糊而导致事故发生;夜间行车,由于灯光故障,个别驾驶员心存侥幸心理,冒险摸黑行车而造成事故;夏季夜间开车行经村庄和城乡接合部时,由于没有注意到在路边、桥头露宿或乘凉的村民和民工,太靠路边行驶,极有可能造成交通事故;由于白天睡眠不足,夜晚开车易困倦打瞌睡,特别是凌晨一两点后是人最困倦的时间,极易造成重大交通事故。

控制措施:

(1)夜间行驶要降低车速,集中精力。疲劳瞌睡时应立即停车,下车休息调整,不可勉强硬撑,逞强好胜。

(2)夜间超车时及时使用灯光示意,确认安全无误后,与被超车保持足够的安全行车间距,谨慎超越,严禁侥幸盲目和急躁冒进。

(3)夜间会车时要提前减速,适时关闭远光灯,用近光灯会车。若对方不关闭远光灯,应变换灯光示意。同时,由于变换灯光使光线强弱发生变化,也能调节自己的视敏度,提高自己的观察能力。若对方无意变换灯光,光线太强看不清路面情况,形成"人间蒸发"现象,应立即减速,直至停车,严禁侥幸盲目会车。

(4)夜间行车,遇到风、雪、雨、雾天气及弯道、坡路、桥梁、窄路等复杂交通状况时,一定要减速慢行。

(5)夜间行经傍山临崖的山区路时,一定要减速慢行,注意观察。发现路险无把握时,应停车察看。行车中要关注靠山一边的道路情况,稍向靠山一侧行驶。会车时要主动选择有利路面,会车有危险时应及时停车让行。转弯时速度要慢,不可过于靠边,切忌盲目侥幸。

(6)夏季夜间行至村庄、城乡接合部时,要提高警惕,注意观察,减速慢行,行驶和会车时禁止太靠路边,谨防露宿或乘凉的人。

(7)夜间临时停车时应选择合适地点,并且要开小灯、示宽灯和危险报警闪光灯。

(8)执行夜班任务的驾驶员,白天必须保证充足的睡眠。

(六)午饭前后

午饭前,由于一上午紧张的工作,驾驶员的身体和大脑神经已经趋于疲劳,造成反应能力下降、操作动作迟缓;临近下班时,驾驶员往往急于回家吃饭,导致驾驶员抢时间、超速行驶,从而引发交通事故的发生;午餐后人体内大量血液集中于胃、肠等消化器官,脑部供血相对减少,会出现短暂性的困倦感、疲劳感,导致驾驶员精力不足、眼睛无神、打盹瞌睡和反应灵敏度降低等,造成观察不够、判断失误和误操作而发生交通事故。

控制措施:

(1)驾驶员要养成良好的作息习惯,保证日常的休息睡眠。尽量不在午饭后立即执行中、长途任务。

(2)若因工作需要,午饭后确需执行中长途任务时,要降低车速,加强观察判断,注意调节精力,必要时下车小憩调整,克服侥幸心理,不得逞强好胜、盲目蛮干。

(3)午间行车应减速慢行,加强观察判断,不得疲劳驾驶。长途车驾驶员不得抢时间、赶路程,在午间高速行车赶路。

(4)患有低血糖病和易饥饿的驾驶员,车上应常备一些糖果,以便及时补充身体所需。

五、交通参与者危害因素识别

(一)不同行人行为特点的危害因素识别

行人的自由度大,且与车辆的行驶速度差距很大,在捷径心理的支配下,往往会突然闯到机动车前,特别是上下班(学)怕迟到或急于回家及有急事的人,表现得更为突出,极易造成事故发生。结伴而行时,在从众心理支配下,往往互相以对方为依赖,忽视交通安全而导致事故发生。

多数行人对汽车的性能不甚了解,过分大胆、错误地认为汽车是由人掌握的,不会撞人,不敢撞人,听到喇叭声或看到车辆临近也不避让。他们不知道汽车制动也有非安全区,也会失控而导致事故发生。

多数行人横穿公路时,只注意右方车辆情况而忽视了左方车辆情况,往往是自已闯到机动车前而造成事故发生。

有的行人心不在焉、注意力分散或思想高度集中在其他事情上,边走边低头沉思,对过往车辆的行驶声、喇叭声和复杂的交通环境听而不闻、视而不见。

有的行人对过往车辆过于敏感,发现汽车驶来,精神紧张、举棋不定、乱躲乱避,使驾驶员难以判断和采取措施;有的顾此失彼,往往只顾躲第一辆车而忽视了后面还有第二辆车,或只顾躲前车而忽视了后面还有拖车,或不注意双向来往车辆而使自己置于两车流相会的夹缝中;还有个别行人欲行欲止、欲止欲行,犹豫不决,或已行至中间或大半公路,一听到喇叭声或看到车辆,突然后退或调头,造成驾驶员措手不及等。

有时行人为避风沙、灰尘、泥水等,在车辆临近时突然从道路的一边跑向另一边;或在下雨天怕被雨淋,从路这边的遮雨处突然跑向对面的避雨处;或突然下大雨,行人不看车辆,急忙低头遮面,四处躲避,从而导致事故发生。

有时行人将东西掉在路上,不顾来往车辆和危险,突然回头或窜入路中去捡,很容易发生"跳出事故"。

冬天行人穿大衣或戴棉帽、雨天行人穿雨衣或撑伞、烈日下妇女撑伞行走,都会妨碍其视线或视力,不易觉察来往车辆。

聋、哑、盲、残、病等有生理障碍的行人因生理机能的限制,或者因为感知障碍,不能有效获取信息,或者因为意识不清,缺乏自我保护能力,使他们在行走时心理状态和运动趋向复杂多变,也容易导致事故发生。

饮酒过量的行人不能正常控制自己的行为,甚至发酒疯,从而导致事故发生。

控制措施:

(1) 加强对不同行人行为心理和行为特点的学习了解,积累安全行车经验,根据不同行人的动态,采取针对性措施。

(2) 注意日常休息,始终保持充沛旺盛的精力,避免疲劳驾驶。

(3) 行车过程中要排除各种干扰,努力克服麻痹思想和侥幸急躁心理,集中精力,沉着应变,注意观察判断,严格控制车速,密切注意路上行人举止动态,发现异常举动应鸣笛示意、降低车速,并根据情况及时采取其他相应的安全预防措施。

(4) 行驶中要牢固树立以人为本的原则,注意避让行人,让行人先行,不与行人争道抢行。

(5) 行驶中要给行人留出必要的安全横距,防止剐碰、倾倒等意外发生。对行人的行动意图无法确认时,应减速行驶,直至停车。

(6) 行车途中遇行人结伴横过公路时,应停车避让,决不能从人群缝隙中穿行。

(7) 发现行人步伐放慢或停止行进并有回头或张望现象时,应特别注意,其极有可能横穿公路或左转弯。

（8）当遇行人行至道路中间停止不前时，应果断降低车速，仔细观察判断，确认安全后通过。

（9）当行至公交车站、长途车站或停靠点时，应降低车速，注意观察附近乘客和行人的动态。特别是客车停靠路边上下乘客时应特别关注，防止乘客追赶车辆和乘客、行人突然横穿公路。

（10）行经学校门口，遇到学生上学或放学时，应降低车速，密切注意学生的行为举止。当学生边走边聊、打打闹闹时，应降低车速并采取必要的防范措施，防止其突然窜到车前。

（11）在风、雪、雨、雾等恶劣天气行驶时，应密切注意行人动向并减速行驶，防止行人为避风沙、尘土、泥水或怕被雨淋而突然乱跑横穿。

（12）当发现行人物品掉在或被风吹落在道路上时，应立即降低车速直至停车，待确认安全后方可通行。

（13）当遇行人在公路两侧有打招呼举动时，应减速慢行，仔细观察，确认安全后再通行。

（14）当遇到聋、哑、盲、残、病等有生理障碍的行人时，应减速慢行，仔细观察判断，确认安全后再行通过，不可贸然超越或高速通过。

（15）当遇到醉酒行人或精神失常的人时，应减速慢行，直至停车，确认安全后通过。

（16）冬天、雨天和烈日下发现行人的穿戴影响视线和听觉时，应密切关注其行动变化，随时采取措施。

按照行人的年龄、身份不同，大致分为以下几种人：

（1）老年人。

特点分析：① 老年人的现代交通安全意识和知识比较缺乏，没有经验，不注意也不懂如何安全行走和避让车辆；② 由于视力减退，走路时一般都是眼睛朝下，这使得他们的视力范围缩小，不易观察到远方来车；③ 由于听力减退，对鸣笛无反应或反应不敏感；④ 由于智力衰退、行动不便、应变能力较差，易产生下意识的惊慌失措；⑤ 身体好的老年人骑自行车和三轮车也会由于视力、听力、智力和精力、体力减退，导致观察不够不清、应变能力差等现象。同时，老年人往往还有惧怕心理，速度较慢，比较稳妥，一般不在车前车后穿来穿去，如遇到险情往往会下车推行。

控制措施：

① 认真分析总结老年人的行动特点，掌握老年人上路行走的行为变化规律，提高对老年人的观察判断能力，指导安全行车。

② 行车中应集中精力，加强观察判断，发现老年人在路上行走时，要提前减速

慢行,注意观察老年人的动向,不可使用刺耳的喇叭提醒,并与其保持足够的安全横距,必要时停车让行。禁止挤靠老人。

③ 发现老人横过公路时,应提前减速让行,直至停车,决不能与其争道抢行,也不可鸣笛催行。

④ 当老人在路中间停止行走时,应当减速停车,观察老人动态,确认安全后再行通过。

（2）儿童。

特点分析:生性好动、好聚,行走无定律,身体矮小,不易被发现;儿童缺乏安全意识,不懂交通规则,看到疾驶而来的汽车很容易受到强烈刺激而惊慌失措;儿童行走时大多手里拿着玩具,如果玩具掉落或滚到路中间,他会不顾一切地跑去捡;儿童喜欢在车前、车后或在车下玩耍。

控制措施:

① 行车中应集中精力,注意观察,发现儿童在公路上玩耍时应减速慢行,谨慎驾驶,做好随时停车准备,不得侥幸绕行或鸣笛加速通过。

② 当发现儿童横穿公路或回捡玩具时应当立即减速停车,禁止鸣笛抢行。

③ 当发现儿童成群结队在公路上打闹玩耍时,要迅速降低车速,认真观察儿童动态,严禁冒险穿越。

④ 发现儿童骑车时,应立即减速慢行,注意儿童的动向,确认安全后再慢行通过,禁止鸣笛加速通过。

⑤ 在城镇街道或村庄附近起步开车前,应注意观察车辆四周及车底有无儿童玩耍。

⑥ 上学或放学时分,车辆行至小学或幼儿园附近时,应减速慢行,车速不得超过 5 km/h,并注意观察四周儿童动态,谨防其突然横穿。

（3）青壮年。

特点分析:一般对交通安全常识了解较多,感知力强,反应敏捷,灵活善变。但是由于他们担负着繁重紧张的工作、繁重的社会活动和家庭重任,参与道路交通的时间要多于其他人,导致事故发生率占很大比例。青壮年精力旺盛、好胜心强的弊端也必然在交通安全中暴露出来。如有些人忽视交通安全,横过公路时盲目大胆、不怕汽车,与车辆争道抢行,误认为车辆会避让自己,对来往车辆满不在乎,我行我素;有的三五成群,谈笑风生,大摇大摆,不注意来往车辆和避让车辆;有的人不但不避让车辆,还故意挡路,等车辆驶近鸣笛时才懒洋洋地走开;有的人认为车辆不敢撞人,即便是遇到紧急情况,自己身手敏捷,也能避开。青壮年社会交往多,应酬多,酒后开车、骑车、行走的多。部分青壮年骑摩托车、电动车、自行车等时也会凭借他们胆大、敏捷、迅速的特点和侥幸冒险心理,快速行进、争道抢行、截头猛拐,其至违章载物带人,特别是在郊区、农村更为严重,而且车辆破旧、性能老化或失灵。

控制措施:

① 当遇到三五成群的青壮年在道路上行走,影响到车辆通行时,应减速慢行,鸣笛示意,发现其不避让时不可侥幸强行通过。

② 发现有青壮年醉酒骑车、行走或酗酒挡道时,应格外小心谨慎,准确判断其行为动态,做出正确、有效的防范措施。

③ 当夜间行车发现青壮年挡道招手拦车时,应减速慢行,但不要轻易开门下车,以免遇到坏人抢劫。

(4)学生。

特点分析:学生喜欢追逐玩耍和结伴而行,忽视了交通安全;放学时,常常一窝蜂地往外跑,与车辆争道抢行,特别是搭乘学生班车和公共汽车的学生,不顾一切地快跑,争抢车辆和座位;学生骑自行车有时表现出逞强好胜的本性特点,这些都易导致交通事故的发生。

控制措施:

① 在学生上学、放学时,行经学校附近要格外谨慎,严格控制车速,保持中低速行驶,遇到成群结队的学生横穿马路时必须停车让行。

② 遇到成群结队的学生在道路上相互追逐或说笑打闹时,应提前减速慢行,鸣笛示意,观察判断他们的动向,做好随时停车的准备。

③ 遇到骑自行车的学生时,应减速慢行,认真观察判断,确认安全后才能正常行驶。一旦发现骑车学生有追逐打闹、争道抢行、突然猛拐等现象发生,应立即减速,鸣笛示意,并留出足够的安全距离,不可贸然行驶。

(5)妇女。

特点分析:妇女既要从事一定的社会工作,又要承担大量的家务,其心理负担较重、交通安全意识和常识相对较差;妇女的从众心理较强,不太注意通行规则,对汽车的运动特性知道得也相对较少,对来往车辆的速度和距离判断较差;妇女,特别是年轻城镇妇女,爱美、怕晒,头饰、服饰多,爱打遮阳伞,其视线、视野受到一定的影响;带孩子的妇女会把精力转移给孩子,往往忽视自己,如果孩子一跑,她会不顾一切地去追,或者孩子的玩具掉下或滚到路中间时往往也会迅速冲过去捡;妇女骑自行车、电动车等的稳定性不如男人。

控制措施:

① 发现妇女在道路上正常行走或骑车时,应减速慢行,注意观察判断她们的行为举动,确认安全后,留出安全侧距,谨慎行驶。若妇女行走、骑车的速度放慢或停止,并且有回头或张望的现象时,应格外注意,防范其横穿公路或左转弯。

② 发现妇女在道路中间行走时,应当减速慢行,鸣笛示意,观察其动向,待确

认安全后再行通过。

③ 当遇到妇女成群结伴而行时,要提高警惕,减速鸣笛,认真观察其行走动态,谨防其突然进入车行道。

④ 当遇到妇女带小孩在道路上行走或横过公路时,应减速慢行,鸣笛示意,做好预防措施,谨防孩子突然挣脱大人的手独自在公路上乱跑。

⑤ 提高驾驶员个人修养,不要因看见年轻漂亮的妇女就分散注意力,忽视了观察、判断和处理,造成险情。

⑥ 风沙、尘土较大时,防范妇女为躲避风沙、尘土,突然与车辆争道抢行或改变行进方向;雨雪天行车时,防范妇女为躲避水坑、积水、积雪或被车辆溅飞的积水,突然与车辆争道抢行或改变行进方向。

⑦ 行车中发现妇女穿戴影响视线、视野时,应及时鸣笛示意,减速慢行。

⑧ 遇到妇女骑自行车或电动车,特别是带人载物、摇摆不稳或上下坡时,要谨慎驾驶,认真观察判断,超会车时应适当加大安全侧距。必要时,应当迅速降低车速,谨慎驾驶,随时准备停车。

⑨ 当骑车妇女占据机动车道、鸣号仍不避让时,应忍耐随行,伺机通过,切不可贸然超越。

（6）农民。

特点分析:农村人(农民工、进城做生意的小商小贩)的安全意识和交通安全常识普遍较差,具有一定的冒险和侥幸心理,不太注意通行规则和避让车辆。胆大的、具有侥幸和冒险心理的,常出现突然横穿公路、占道不让、争道抢行或突然挡车拦道等现象;胆小的,车辆来临时惊慌、不知所措、乱躲乱避。农村人骑车时常常违规驮物带人,或超宽、超高、超长,摇摇晃晃,时常前轮几乎翘起,掌控不住,上坡时吃力、曲线行驶,下坡时速度控制不住、急速直下,遇情况不易躲避,有时攀扶低速机动车或电动车等。有些赶集、做生意的农村人骑车或走在路上时心不在焉,满脑子考虑的是生意或其他事情,不注意过往车辆,会发生截头猛拐、突然横穿等现象。农村人普遍具有相互打招呼、拉家常的特点,路上碰到熟人后往往相互招呼一下、拉些家常,特别是隔路或回头招呼,不注意过往车辆,有时会突然调头回来、横穿到路的另一边。

控制措施:发现骑车的农村人违章驮物带人时,应减速慢行,鸣笛示意,并时刻与其保持必要的安全距离,做好预防措施。发现其骑车逆行或突然慢行,停车、驻足并有回头或张望现象时,要格外关注,防止其突然横穿公路或左转弯。

（二）不同机动车辆行驶特点的危害因素识别

1. 小型汽车

小型车辆,特别是中高档小型车,动力足、性能好、车速快、机动性强,一旦遇到

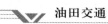

慢车就千方百计地想超越;不愿与车队随行,经常在较慢车队中左右穿插、强行超车,超车后强行驶回原车道,并经常伴随急刹车,很容易造成剐碰事故。个别领导有时因事务繁忙或急事,给驾驶员途中留出的行车时间较短,造成驾驶员为了圆满完成任务,往往在公路上超速行驶、争道抢行,将安全置于脑后,极易发生重大交通事故。随着人们生活水平的提高,私家车数量迅速增多,私家车驾驶员中有不少是新手,经验少、技术差,交通安全意识和交通安全法律法规知识也远不如专业驾驶员,给专业驾驶员安全行车造成很大的风险。

控制措施:

(1) 严格遵守超会车规定,发现速度快、有超车动机特别是有强行超车动机的小型车辆,在条件允许的情况下应及时让行,并与其保持一定的安全距离,注意其超车后强行插回原车道和防止其突然急刹车。

(2) 行车中要密切注意一些小型车的行驶动态,加强分析判断,防止途中行驶的疲劳车,酒后车和安全意识淡薄、驾驶技术差、经验少、违反交通安全法律法规行驶的车辆,以及一些小型私家车辆。

2. 大型客车

大型客车一般车上乘客较多,一旦发生碰撞或翻车事故,后果严重,易造成群死群伤的恶性事故。长途客运车辆、旅游车辆行驶速度比较快,有的车辆长时间占据超车道、小型车道和公路中间,不避让后边来车,给后车超车造成影响;有的长途车或旅游车驾驶员途中赶路,长时间行车不注意休息,造成疲劳驾驶,也极易与其他车辆发生碰撞事故。城市公交车驾驶员常年在本地市区道路上行驶,大多数养成了一种与其他车辆争道抢行、硬挤硬靠的不良驾驶习惯,如果不注意,极易发生剐碰事故。

控制措施:

(1) 行驶中要礼让三先,及时合理避让,不得与大客车争道抢行、硬挤硬靠,不得给其造成险情,并与其保持一定的安全距离,谨防群死群伤恶性事故的发生。同时,不要长时间紧跟其后,以免影响视线。

(2) 要注意大型客车变道、停靠现象,防止给自己造成险情。同时,要密切注意上下车的乘客,预防其乱跑乱窜。

3. 大型载货汽车

大型载货汽车较小型车辆车型大、车辆高、占道宽而长,并对小型车驾驶员的视线产生一定的影响,同时车速慢、机动灵活性差、提速和降速慢、制动距离较长。特别是重载或超载行车时,提速和降速更慢、制动距离更长,遇到前车减速或紧急制动时容易发生追尾。大型载货汽车一般噪音较大,其他车跟随其后鸣笛超车时,大型车驾驶员往往听不清。大型车重载时提速很慢,而大型车所超车辆往往也是大型车,造成大型车超大型车时,一时超不过去,并行时间和距离长,经常侵占对面来车车道而导致事故发生。大型车重载、特别是超载下坡时,制动性能下降,制动距离延长,遇情况紧急制动时往往刹不住车,还可能造成车辆甩尾,导致事故发生。

控制措施:

（1）行驶中遇同向行驶的大型车辆时,应选择合适时机和路段迅速超越,尽量避免长时间跟行大型车辆,但不可强行超越。

（2）当遇同向行驶的大型车辆,条件不允许,无法超越时,应保持足够的安全车距,以免大型车辆突然紧急制动造成险情,或遮挡视线,或车上散落物击破前挡风玻璃。

（3）当发现车后有大型车辆跟随时,应避免紧急制动,防止大型车辆刹不住车。

（4）尽量避免在上下坡时超越大型车辆。

（5）当遇到大型车辆在强行超越其他车辆时应做到及时避让,不能挤靠。

4. 危险货物运输车

危险货物运输车所拉运的危险化学品货物有的易燃、有的易腐蚀、有的具有一定的毒性甚至剧毒,一旦发生事故,将造成严重后果。大型危险化学品运输车车型高大,严重阻碍后车驾驶员视线。

控制措施:要提高对危险化学品运输安全事故的认识,加强防范措施,不得与其争道抢行、硬挤硬靠,不得给其造成险情。同时,不要长时间紧跟其后,以免影响视线。

5. 出租汽车

出租汽车突然制动停车的现象多;不给信号,突然变道的现象多;突然调头的现象多;左右穿插超越车辆的现象多。一些出租车驾驶员为了挣钱,不顾休息,往往长时间连续驾驶,造成疲劳开车,威胁其他车辆的安全行驶,导致事故发生。出租车驾驶员在驾驶车辆正常行驶中,注意力常常转移到路边的乘客上,忽视了对道路情况的观察判断而导致事故发生。

控制措施:行车中牢固树立"安全第一,预防为主"的思想和忧患意识,克服麻痹思想和侥幸急躁心理,集中精力,注意观察判断,发现情况及时采取预防措施。行驶中心态要保持平静,不得与出租车司机赌气,禁止与出租车争道抢行,尽量与出租车保持一定的安全距离,避免长时间跟随出租车辆。

6. 摩托车

摩托车行驶稳定性差,安全防护性能差;头盔的负面效应缩小了驾驶员的视野,并严重影响驾驶员的听觉,戴头盔驾驶时驾驶员呼出的二氧化碳集中在头盔的面罩下,时间长了会影响新鲜空气的吸入,从而减少供氧量,使大脑的灵敏度降低。摩托车驾驶员疲劳强度大,容易造成极度疲劳。

控制措施：

（1）行车中要谨慎驾驶，注意观察，谨防摩托车争道抢行、蛇形行驶、见空就钻、截头猛拐和突然横穿等现象，不得尾随紧逼、与其争道抢行，随时做好预防措施。

（2）因摩托车稳定性差，一些人的驾驶技术较差，防止其突然摔倒与车辆发生碰撞。行驶中遇到摩托车，要适当降低车速，鸣笛示意，注意其行驶路线及动态，与摩托车保持一定的车距和横距，不得逼迫摩托车靠边行驶，防止意外情况的发生。

（3）在风、雪、雨、雾、沙尘暴等恶劣天气情况下，应当适当增大与摩托车的安全间距。

（4）前车扬起沙尘、路面积水对摩托车驾驶员造成危害时，或者突然下雨时，要防止摩托车突然改变路线或横穿公路就近避雨。

7. 电动自行车

除有一些与自行车和摩托车十分相似的特点外，电动自行车还具有一些自身特性。例如：

（1）电动自行车属非机动车，驾驶员无须经过培训和交通管理部门考核发证，通常情况下其道路交通安全意识、交通安全法律法规知识掌握程度等远不如摩托车驾驶员。但其车速较快，远高于自行车，使其制动距离加长，稳定性变差，危险性增大，事故后果加重。当电动自行车前方突然出现险情时，往往停不住车而造成摔倒或碰撞事故，给正常行驶的汽车造成险情。汽车转弯时，会因驾驶员对车后情况观察判断不够，电动自行车突然快速从车后窜出，与其发生事故。

（2）骑电动自行车者多为年轻妇女，她们的驾车技能、平衡能力、心理素质和应变能力相比男子要差，在特殊情况下易发生事故。

控制措施：

（1）认真分析总结电动自行车的安全特性和骑车人的行为特点，结合自行车与摩托车的风险削减控制措施，在行车中加强观察判断，谨慎驾驶，注意防范。

（2）电动自行车属非机动车，应在非机动车道上骑行，但其车速快，驾驶车辆转弯时应加强对车后情况的观察判断，提前开启转弯信号灯，谨防电动自行车突然从车后窜出，造成碰撞事故。

（3）电动自行车因车速快，常常违章侵占机动车道，行车中应注意观察避让，降低车速，鸣笛示意，与其保持足够的安全距离，不可高速靠近、强行通过。

8. 低速汽车、三轮汽车、拖拉机

这些车辆的安全技术性能设计要求相对较低，车辆使用者对车辆的维护保养跟不上，常常带病上路行驶，易因灯光不亮、缺损等影响驾驶员观察判断而导致事故发生，或者因刹车、转向等问题造成事故。这些车辆车速相对较低，其他车辆正

常行驶时常常需要超越它们而形成交会现象。因为这些车辆驾驶员的安全意识、法律法规知识掌握程度较低和车辆安全技术性能较差,在车辆交会过程中易与其发生剐碰事故。

控制措施:

(1)行车中发现低速汽车、三轮汽车、拖拉机超载、装载不当或者车上违法载人时,应高度关注,提前减速鸣笛,确认安全后,保持一定的安全距离,谨慎通过。

(2)行车中发现低速汽车、三轮汽车、拖拉机有超速行驶、强超抢会、占道不让等交通违法行为时,应提前减速鸣笛,做好应急处理准备,与其保持一定的安全距离,谨慎通过。

(3)夜晚和大雾天气行车应加强观察,提高注意力,谨防对方车辆灯光不亮。在冰雪泥泞路面和雨雪天气行车时,谨防其车辆跑偏、侧滑、操控能力下降。超会车辆时,应减速鸣笛,选择时机和路线,加大安全行车距离,谨慎通过。严禁争道抢行、硬挤硬靠,克制侥幸急躁心理。

(三)不同非机动车辆行驶特点的危害因素识别

1. 自行车

自行车轻便灵活,易出现突然拐弯的现象;因自行车具有不稳定性,当路窄、路旁有障碍物时车辆驶近、速度较快,骑车人易紧张、惊慌而歪倒、摔倒;寒冬腊月,骑车人身穿棉衣,头戴棉帽,还有口罩等,影响其听觉、视觉,导致其行动不便;冰雪路滑,骑车人极易摔倒;骑车人并排骑行、搭肩而行,甚至双手撒把骑行,或者一手攀扶机动车、电动车行驶,都非常危险。

控制措施:

(1)行驶中发现路上有人骑自行车时,应注意观察判断他们的动向,做好预防措施,与其保持一定的安全距离。不得挤靠、紧逼、强行超越、与其争道抢行。

(2)行车中应密切注意自行车载物带人情况、稳定情况、车前路况和异常姿态等,特别关注突然慢行、停车并有回头或张望现象的骑车人。发现可能影响安全行车的情况后,应立即减速慢行,鸣笛示意,加大与他们的安全距离,并做好其他预防措施。

(3)车辆转弯或靠边停车时,应注意后方紧跟的自行车,避免转弯或停靠时将自行车突然挡住,造成骑车人措手不及而发生事故。

(4)行车中加强观察判断,谨防自行车突然横穿或突然调头,特别是横穿不成突然调头折回。

(5)街道或村庄两边的大小胡同口和遮挡视线的路口、便道口都应引起注意,提防自行车突然冲出。

(6)发现有人骑自行车从便道口或胡同口进入公路时,要注意其突然横穿公路、左转弯或右转弯半径过大,这些很容易造成驾驶员措手不及,从而导致事故发生。

(7) 汽车上下坡道时,要注意自行车溜坡和上坡曲线行驶。

(8) 三轮车和自行车有许多共同特点,结合自行车加以防范。

2. 残疾人专用车

残疾人对车辆的操控能力差,动作迟缓,一旦遇到险情容易惊慌无措,不能及时迅速地采取措施处理和避让。驾驶员如果不提前采取措施,易造成事故。

控制措施:驾驶员对残疾人应抱有同情心,当遇到残疾人专用车影响行车时,做到先慢、先让、先停,给残疾人提供宽松的交通环境。当遇到残疾人专用车过凹凸不平的道路时应耐心等待,并给予帮助,不能鸣笛催促。

第三章 驾驶安全操作

第一节 基本驾驶安全操作

一、驾驶员自身安全驾驶适应性确认

驾驶适应性是指驾驶员安全、有效地驾驶汽车所必须具备的生理、心理素质的基本特征,包括职业训练前已具备的、天生的、潜在的素质和由后天经验或学习所形成的整体能力。它包括两个方面的含义:一是对于将要成为机动车驾驶员的人,是指将来能够从事驾驶汽车的职业以及安全行车的可能性;二是对于已经成为机动车驾驶员的人,是指能够安全行车的能力。能够安全行车的可能性或能力越大,其驾驶适应性就越好;否则,其驾驶适应性就差,也容易发生行车事故。

人、车、道是构成交通安全的三大要素。国内外交通事故有 85% 是由人造成的,而人的驾驶活动又是受心理支配的。据有关资料表明,驾驶员由于心理因素造成的事故比由驾驶技术造成的事故多得多。例如,开"斗气车"、开"英雄车"、开"冒险车"、开"迷糊车"等。行车中,从环境(车内外)传来的各种信息,被驾驶员的视觉、听觉、触觉等感觉器官感知,通过神经传到大脑中枢,经过大脑的分析、综合、判断和推理,最后做出决定,再由神经传到运动器官,指挥手、脚操纵汽车行驶。当手脚的操作效果与驾驶员的意志产生偏差时,感觉器官又通过神经将这种误差的新信息输送到大脑中枢,这种机能称为反馈。驾驶员就是通过反馈来不断地修正误差,使车辆按照驾驶员的主观意志行驶的。

在行车中,驾驶员违反《中华人民共和国道路交通安全法》及其实施条例、《机动车运行安全技术条件》等交通管理法规有关规定的行为,均属违章、违法。有关资料表明:驾驶员违法、违章驾驶行为造成的交通事故占交通事故总数的 75.5%。由于心理因素造成违章、违法肇事的也不乏其人。造成驾驶员违章、违法的心理状态有侥幸心理、逞强心理、"靠山"心理、逆反心理等。这些易引起事故的不正常心理,极易导致交通事故发生。因此,驾驶员要认真对待并加以克服。

驾驶员应对自身当前的生理状态和心理状态有清晰的感受、了解和认知,必须以谨慎、保守的态度判断自己当前是否适合驾驶车辆,并及时向领导说明、汇报。

二、出车前安全检查

养成出车前检查汽车的习惯,是保护人、车安全的必要措施。因此,应坚持进行出车前的检查维护工作。

(一)出车前汽车外部的日常检查维护内容

(1)检查冷却系统是否缺水或防冻液有无渗漏现象;检查风扇皮带松紧度是否适当,以拇指压下 10~15 mm 为宜。

(2)检查油底壳(曲轴箱)机油,机油液面应在标尺的 1/2 到上限之间。

(3)检查油箱油量,各油管接头是否紧固,有无渗漏。

(4)检查各附件(发动机)是否紧固,离合器、刹车油杯油液是否充足;检查油门、熄火器等的控制与连接情况。

(5)检查灯光、喇叭、指示灯、各仪表是否灵活好用。

(6)检查电瓶是否清洁,电瓶液面高度应高出极板 10~15 mm,电瓶通气孔应畅通,栓头卡子应夹紧。

(7)检查转向系统横直拉杆、球头节及各连接处是否松旷;检查转向机及转向机助力器机油面是否符合规定。

(8)检查刹车总泵、分泵及各管线连接是否严密、刹车拉杆是否灵活,并检查手刹车是否灵活有效。

(9)检查轮胎外表面磨损情况,清除杂物,检查气压、轮胎螺丝、半轴螺丝,大车检查轮胎钢圈压条。

(10)检查传动轴万向节各连接螺丝。

(11)检查整车外观、油漆和腐蚀情况,发现有小的擦伤或锈斑应尽快修补,以免锈蚀扩大。

(12)检查随车工具是否齐全,车用灭火器、安全锤、座椅安全带等安全防护附件是否完好有效。

(二)出车前的证件检查

出车前一定要检查随车证件(驾驶证、机动车行驶证、强制保险标志、准驾证等)是否携带齐全。持路单并按规定路线执行任务。

三、安全起步

(一)起步前的安全观察和思考

安全观察的内容:一是车内,看车门是否关好,乘客是否站稳、坐好;二是车外,看车旁、车下有无人畜或其他障碍物,车前、车后有无过往车辆或行人;三是待汽车发动后,要听发动机声响是否异常,观察仪表的工作状况是否正常;四是观察排出

废气的颜色,判断发动机的运转性能如何。

安全思考的内容:考虑行车的路线及距离、行经的道路情况、装卸货物地点、往返装卸情况、天气情况等。诸如道路是沥青路还是砂土路,哪里有集市、急转、陡坡等复杂情况,今天的天气状况如何,等等。对于这些问题,出车前都要全面考虑、统筹安排,这样才能心中有数,一旦遇紧急情况,不至于心急火燎、手足无措。

(二)安全起步要求

(1)启动发动机,听发动机运转情况,检查各仪表的指示情况。当发动机运转正常、水温达到 40 ℃以上、气制动气压达到标准、车周围和车下无障碍、货物装稳、乘客坐好、车门关好后,驾驶员系好安全带,方可起步。

(2)起步时应先挂挡,后松驻车制动,并通过后视镜查看后方有无来车等情况,再松离合器,适当加油,鸣喇叭,徐徐起步。夜间、浓雾天气及视线不清时,需同时打开前后灯及转向灯。

(3)一般空车在平坦、坚实的道路或场地起步可用二挡,重车可用一挡或加力挡起步。

(4)起步时,松离合器与踩油门的动作配合得当,力求平稳,避免冲撞、跳动、熄火以及车轮滑转等情况发生。

(5)汽车上坡起步,驾驶员应用一只手握驻车制动,另一只手握紧转向盘,一只脚适当加油,另一只脚缓松离合器踏板,待离合器已大部分结合,即可松开驻车制动杆,使车辆徐徐起步。

(6)汽车下坡起步,应慢松离合器,少量加油,同时注意放松驻车制动。在冰雪泥泞道路上起步,如果驱动轮打滑空转,应采取铺撒沙土或清除轮下的冰雪、泥浆等方法。

(7)汽车从慢行车道内起步,要打出向左行驶的信号,以引起后方来车的注意。同时,从后视镜中观察后方来车动态,汽车驶进机动车道后关闭左转向灯。

四、安全超车、会车

(一)超车

(1)超车前需开启左转向灯、鸣喇叭(禁止鸣喇叭的区域、路段除外,夜间改用变换远近光灯),确认安全后,从被超车的左边超越。在超越被超车达到必要的安全距离后,开右转向灯,驶回原车道。

(2)以下情况不许超车:被超车示意左转弯、掉头时;在超车过程中与对面来车有会车可能时;行经交叉路口、人行横道、漫水桥、漫水路时;通过胡同、铁道口、急弯路、窄路、下坡路时;遇恶劣天气,能见度在 30 m 以内时。另外,不准超越正在超车的车辆。

（3）机动车在行驶中遇后车发出超车信号时，在条件许可的情况下，必须靠右让路，并开右转向灯，不准故意不让或加速行驶。

（二）会车

（1）在没有划中心线的道路和窄桥上，需减速靠右通过，并注意非机动车和行人的安全。会车有困难时，有让路条件的一方让对方先行。

（2）在有障碍的路段，有障碍的一方让对方先行。

（3）在狭窄的坡路上，下坡车让上坡车先行。但下坡车已行至中途而上坡车未上坡时，让下坡车先行。

（4）夜间在没有路灯或照明不良的道路上，需在距对面来车150 m以外互闭远光灯，改用近光灯；在窄路、窄桥与非机动车会车时，不准持续使用远光灯。

五、转弯、掉头和倒车

（一）转弯

（1）要根据道路情况掌握好转向轮的转角，转向轮轨迹应圆滑适度，转角不要忽大忽小。

（2）要掌握汽车的稳定性。汽车转向时离心力过大会引起汽车侧滑，甚至造成横向侧翻。所以，在汽车转向时一定要降低车速，避免猛打猛回，并尽量避免转向时制动。若后轮侧翻，则应顺着方向适当转动转向盘，待侧滑停止后再修正方向。

（3）在交叉路口转弯，应在转弯前50～100 m处降低车速，开转向灯，并注意指挥信号和路口交通情况。转弯过程中，注意自行车、畜力车、拖拉机及行人的动态，并遵守让车规则。

（4）在划有机动车分道线的路口转弯时，在距路口50～100 m处发出转弯信号的同时变换行驶路线，小型车右转弯时应驶入大型机动车道内，大型车左转弯应驶入小型机动车道内。

（二）掉头

汽车掉头可以一次顺车掉头或以顺车与倒车相结合的方法掉头。汽车掉头应选在交通流量小的广场、大型路口或平坦宽阔的道路，采用一次顺车掉头方式进行，这种掉头比较迅速、安全，提前发出掉头信号、降低车速。在有交通指挥的路口，要等待信号准许后才可以调头。

当采用顺车与倒车相结合的方法掉头时，先发出信号（开左转向灯）、降低车速、靠道路右侧。接近路边时，边观察车后情况边向左回转转向盘，立即停车，当观察到前后情况允许时，起步前进到道路左侧，并向右回转转向盘。倒车起步时，需观察好前后情况，当汽车接近路边时，迅速向左转回转向盘并立即停车。如果一次不成功,可按上述方法反复进行。

在城市道路行驶中要掉头时,可选择有转盘的路口,遇复杂道路也可选择机关、厂矿门口空地,将车头或车尾驶入上述地点,然后将车辆驶出,也可完成掉头。

要严格遵守《中华人民共和国道路交通管理条例》规定:"机动车在铁道路口、人行横道、弯路、窄路、桥梁、陡坡、隧道或容易发生危险的路段,不准掉头。"

(三)倒车

(1)倒车前必须看清车后到达位置情况,确认没有障碍再倒车。如因车上装载或其他原因,驾驶员看不清车后情况,一定要有人在车下指挥,不可盲目倒车。

(2)倒车时,可打开车门或从后窗观察,除后视外,应兼顾前轮及全车动向。

(3)倒车起步前要按喇叭,以引起他人注意。

(4)铁道口、交叉路口、单行路、弯路、窄路、桥梁、陡坡和繁华路段不准倒车。

六、安全停车和下车

(一)安全停车

(1)在停车场内停放时,要听从管理人员的指挥。停放要整齐,并要保持能驶出的间隔距离。

(2)汽车应停在道路右侧或指定地点。停车前应减速或利用空挡滑行,并以转向灯或手势示意后方来车及附近车辆、行人注意,缓缓地向道路右侧或停车地点停靠,轻踏制动器踏板,使车停止。

(3)车辆在停车场以外的其他地点临时停车需按照相关规定停放。

(4)在街道上停车时要靠右侧停车,车轮距人行道边不得超过 30 cm。顺序停车距离应保持 2 m 以上,不得并排停放。

(5)因故必须在坡道上停车时,要选择安全位置,停好后,要在拉紧制动器的同时挂上一挡或倒挡,并用三角木或石块塞住车轮,以防车辆滑溜。

(6)汽车因故障停在道路中间时,应设法推移至路右侧,以免阻碍交通。

(7)装载易燃或危险物品的车辆,不得在市区或人烟稠密的地方以及靠近其他车辆的地方停车。

(8)冬季中途停车,应注意采取发动机保温、防冻措施;夏季停车,应注意勿使油箱受烈日暴晒。

(二)安全下车

车辆没有停稳前,不准开车门和上下人。待车辆停稳后,注意观察车旁有无车辆、行人及其他障碍,开门时不准妨碍其他车辆和行人通行。下车后,确认锁好车门方可离开。

第二节　主要类型车辆安全操作要求

一、通用车辆安全操作要求

（一）小型车辆

由于小型车辆具有体积小、速度快、转向灵活等特点,因此驾驶时需注意如下几点:

（1）小型车辆总质量轻、惯性小、后备功率大,因而加速性能比大型汽车明显要好,利用发动机牵阻制动效果也比较明显。由于这些原因,行车中须特别注意油门踏板的使用,遵循"轻踏缓抬"的原则,以保持良好的匀速感。

（2）小型车辆转向速比和转向盘的游动间隙都比较小,因而转向特别灵敏,在车速较高的情况下,过多地晃动转向盘就会失去横向稳定,破坏乘坐的舒适性。因此,在行驶中对于方向的修正更要遵循"少打早回"的原则,不得随意转动转向盘。

（3）自觉做到礼貌行车。小型车辆超车机会较多,在前车没有避让的情况下不得冒险挤靠。

（4）所用燃料、润滑油牌号应符合使用说明书的要求。

（二）大型车辆

大型车辆是指以载重车为主体的大型运输车,包括载重车、大客车和汽车列车。由于油田大型车辆的拥有量多,因此大型车辆的事故率较高。大型汽车影响安全驾驶的特点是:

（1）占路幅宽,内轮差大。与小型车辆相比,大型汽车的体积大,行驶时对道路的路幅、弯道的设计以及路基的坚实程度要求较高。另外,对道路上方空中结构物的净空和桥梁的承载量有严格的要求。大型汽车车体厚实,一般不怕小碰小撞,快速行驶在人车混行的道路上对交通弱者是一种威胁,易使其心理胆怯,发生碰撞事故的可能性较大。大型汽车转弯时的内轮差大,大客车更加明显,当前轮形成较大转向角度(35°以上)时,内后轮与内前轮的行驶轨迹差距可达 2 m 以上。所以,转弯时如果忽视了内轮差,往往发生车头过去而车尾碰撞街沿或行人的事故。

（2）重心高,摆动幅度大。汽车的行驶安全要求重心越低越好,载重量的增减对重心的影响越小越好。有些载重车重心较低,行驶的稳定性较好;而有些载重车的重心较高,为躲避险情突然大幅度转向或行至大倾斜道路路面时,发生意外翻车事故的可能性较大。车辆重心高的另一个不足是车体在运动中左右摆动的幅度大,摆幅一般是挂车大于主车、空车大于重车、载重车大于大货车,这就要求驾驶员

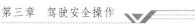

行车时要保持宽裕的横向安全间距,防止车辆刮碰事故的发生。

（3）惯性大,制动非安全区长。大型汽车在动态时具有巨大的惯性力,尽管大型汽车的制动力较大,但与小型汽车相比较,大型汽车的制动非安全区仍大于小型汽车,并常常出现制动跑偏、制动侧滑等现象,因而其制动可靠性不如小型汽车。大型汽车巨大的惯性力还影响汽车的灵活性,使驾驶员难以及时处理情况,常因躲避不及或制动不及造成事故。因此,必须根据道路交通情况,严格控制大型汽车的行驶速度。

（4）驾驶环境差,机动车驾驶员容易疲劳。大型汽车驾驶室防噪音和防震动的措施不够完善,密封性能差,尤其是我国早期生产的载重车,驾驶室内冬天寒风凛冽,夏天热如蒸笼,工作环境恶劣。大型机动车驾驶员常常因操作费力而耗尽体力,容易造成疲劳驾驶,长时间驾驶大型汽车易出现操作动作不规范或失误。有的大客车驾驶员工作期间受乘客的干扰严重,思想容易分散,注意力不集中,也容易发生事故。

（三）乘用汽车

《中华人民共和国道路交通安全法》规定机动车载人不得超过核定的人数,客运机动车不得违反规定载货。同时规定禁止货运机动车载客,货运机动车需要附载作业人员的,应当设置保护作业人员的安全措施。

但大型货运汽车在短途运输时,车厢内可以载押运或装卸人员 1~5 人,并需留有安全乘坐位置。载物高度超过车厢栏板时,货物上不准乘人。货运汽车车厢载人超过 6 人时,车辆和驾驶员须经车辆管理机关核准,方准行驶。机动车除驾驶室和车厢外,其他任何部位都不准载人。

安全装载人员需要做到以下几点:

（1）行车前要告诫乘车人员,不得将头伸到车厢外瞭望或者把手、脚伸到车厢以外,行车中要经常通过后视镜观察,发现有人将头、手或脚伸出车厢外时应及时纠正,以免其被路边的树枝或其他车辆碰伤。

（2）汽车穿过较低的建筑物（隧道、涵洞、横框较低的大门牌楼等）和路边树枝进入安全净空的路段时,要注意不要碰伤车上人员。

（3）驾驶员要尽量避免紧急制动,若使用制动过猛,惯性会使乘客前拥摔倒,站着的乘客就更加危险。

（4）汽车转弯时,离心力会使乘客倾倒,特别是在汽车行驶速度过快、转向盘的回转速度大和汽车转弯半径小的情况下离心力更大,也就容易发生事故。用货车载人时,若高速行驶遇到急转弯,汽车的离心力过大,会将人甩出去。因此,汽车载人要特别注意安全,必须谨慎驾驶,车速不能太快,转弯不可过急,遇情况提前减速,尽量避免猛转向与紧急制动。

（5）对老弱病残孕乘客要安排其在安全部位坐下，并请他人给予照顾。长途货运机动车速度较快，乘坐时间也较长，汽车的震动会使乘客晕车。为了减少乘客晕车，机动车驾驶员要细心驾驶车辆，起步、停车、转弯、制动等都要平稳，并选择较好的路面，车速不可过快。客运机动车还要特别注意车厢内的清洁卫生，保持空气流通。发现有人晕车时，要让其将头伸到车外呕吐，并减速或停车，避免会车、超车、急转弯等。

（6）驾驶员要向乘客宣传严禁携带易燃、易爆等危险品的规定，并坚持认真检查。

（7）严禁在车上吸烟或使用明火。行车中一旦发现火情，应立即停车，在判明风向后，将车着火部位背风停放，组织乘客下车，迅速灭火。

（8）货运汽车载人时，车厢必须坚固，乘车人一般不准站立，需要站立时应安装棚杆，不准坐在车厢栏板上，不准跳车，车未停稳时不准下车。行车前要检查车厢栏板是否关闭牢固。

（9）过险桥、渡河、涉水、过冰河、进加油站等时，应让乘客下车，待车开到安全地带再上车。

（10）客运汽车载人时，要检查车门是否关好，防止汽车转弯时将人员、物品甩出车外。公共汽车载客时，车未停稳不得开启车门；车门未关好，乘客未站稳、扶好，不得起步行车。当乘客上下车时，应通过后视镜观察车内外的情况，谨防车门夹挤乘客；当车门夹挤乘客时，应将车停稳，示意乘客注意，然后开启车门，在乘客抽出被夹部位或东西后，迅速关闭车门，以防乘客甩出车外。

（11）冬季在北方用货运汽车载人行驶容易发生冻伤现象，因此，北方冬季行车除安装一定的保温设备外，还要让乘车人员定时下车活动。

（四）通用车辆驾驶员安全操作要求

1. 启动发动机

（1）在严寒冬季应关好发动机百叶窗保温，预热（冬季）。在露天停放的车辆，对曲轴箱、进气管等进行预热，要有安全防火措施，做到均匀预热，以防过热使机油变质。

（2）启动发动机时，拨动变速杆至空挡位置，严禁踏下离合器（液压式），每次启动不得超过 5～7 s，用稍高于怠速的速度运转，检查各仪表工作是否正常，逐渐提高发动机温度，倾听发动机有无异响。每次启动间隔不得少于 15～20 s，发动机3 次未启动起来，应检查油路/电路，排除故障后再启动。

（3）发动机开始转动后，立即松开启动开关，检查仪表指示情况并细听发动机有无异响，怠速预热（但时间不能过长）。

2. 行驶中的安全注意事项

（1）严格遵守道路交通法规及车辆安全十大禁令与操作规程，禁止酒后和无

照驾车。

（2）驾驶车辆过程中严格遵守手机使用管理规定。

（3）车辆的各类证件不齐全，车辆的制动、转向、灯光有故障，不准出车。

（4）行车中与前车保持规定的距离，防止前车突然紧急制动。

（5）会车做到"礼让三先"——先让、先慢、先停，不强超抢会。

（6）超车时做到"三不超"——前车不让不超，视线不清不超，道路车前有障碍物不超。

（7）转弯时应注意减速鸣笛，靠右行。

（8）停车检修、休息时，必须与高压线、建筑物、人员密集地等区域保持安全距离，预防发生意外。

3. 起步

起步前温度达到 50～60 ℃，制动器压力应在 550 kPa 以上，机油压力一般不低于 0.15～0.2 MPa。起步时应查看周围有无障碍物，鸣喇叭（夜间开灯），一挡起步，低速行驶，汽油车行驶 500 m，柴油车行驶 1 000 m 以上，待润滑正常后逐步提高车速。

4. 行驶中的操作

（1）车辆在执行任务过程中如果发现制动、转向、灯光有故障，应立即停车检查，待故障排除后方能继续行车。

（2）行驶中常检查仪表工作情况，发现工作不正常或有异响，应立即停车检查，保持水温（70～80 ℃）不超过 90 ℃。

（3）合理变换挡位，一律采用两脚离合器换挡，结合要平稳，保证发动机有余力。

（4）上坡前应及时换挡，严禁脱挡。

（5）特种车辆严禁载人载物。

5. 停车"三检查"

（1）在正常公路上行驶 60～100 km 应停车检查，检查车辆的轮胎气压及轮胎螺丝有无松动、油/水量是否充足。

（2）车辆在下坡前应停车检查，检查传动系统的连接有无松动、制动系统有无漏气现象、转向系统性能是否良好。

（3）在坑洼不平、颠簸起伏的道路上行驶时，坚持停车检查，检查车辆的钢板、水箱、发动机以及各固定螺丝是否松动。

6. 做到"三慢"行驶

（1）通过桥梁、隧道、弯道以及转弯时车速要慢。

（2）通过村镇、繁华地区及交叉路口，穿越铁路时车速要慢。

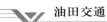

(3) 行驶中气候不良、视线不清、路况不好或行经冰雪泥泞道路时车速要慢。

7. 收车后的检查与要求

(1) 低速驶入规定的车位,拉紧手刹车,停放车辆要整齐。

(2) 清洁全车各部位,进行车辆回场巡回检查。

(3) 关闭搭铁开关,锁好车门。

(4) 冬季收车要做好防冻措施,停车放水,打开水箱盖。在高寒地区要启动发动机运转 1~2 min,放尽余水,挂放水牌,水未放尽时驾驶员不准离开。

8. 注意事项

(1) 各种车辆必须按季节、按质换油,发动机冷却液必须符合规定要求。

(2) 必须严格遵守《中华人民共和国道路交通安全法》。

二、特殊车辆安全操作要求

(一) 特殊车辆的安全运行要求

运送易燃和易爆物品的专用车,应在驾驶室上方安装红色标志灯,并在车身两侧喷有明显的"禁止烟火"字样或标记;车上必须备有消防器材,并且有相应的安全措施;排气管应装在车身前部,车辆尾部应安装接地装置。座位数大于 9 的客车及运送易燃和易爆物品的汽车应装备灭火器。

(二) 超限运输车辆的安全运行要求

"三超"车辆存在的风险因素主要是:未办理"三超"车辆通行证;装载货物固定不牢靠;驾驶员不能有效观察周边环境;车辆制动性能受到制约;车辆行驶过程中不注意观察,造成与其他车辆发生剐蹭。

应按照要求办理"三超"车辆通行证;装载货物固定牢靠;行车前检查车辆的制动性能;驾驶员驾驶车辆时,要注意观察周边的环境特点;车辆行驶过程中注意观察其他车辆。

按《中华人民共和国道路交通安全法》,机动车运载超限物品应经公安机关批准后,按指定的时间、路线、速度行驶,悬挂警示标志并采取必要的安全措施。

(三) 特殊车辆驾驶员安全操作要求

(1) 汽车驾驶员在出车前应认真检查转向、制动、传动、灯光、轮胎气压、油箱与水箱等安全部位是否灵敏、可靠、有效,确认机械性能良好,保持车容车貌整洁,做到病车不上路。

(2) 汽车驾驶员行车必须带齐证件,持路单并按规定路线执行任务。

(3) 汽车驾驶员不准驾驶与证件不相符的车辆;未经单位领导批准,不准驾驶其他单位的车辆。

(4) 汽车驾驶员在行车中须严格遵守交通法规,按标志、标线、信号行驶,做到

礼貌行车。

（5）汽车驾驶员在行车中须集中精力,谨慎驾驶,按规定和顺行车保持安全距离,需超越时应开左转向灯,并确保与被超车保持正常的安全行驶距离,不得强超抢会。

（6）汽车驾驶员在行车中应保持中速行驶,做到不超速行车、不高速赶路。

（7）汽车驾驶员在行车中不准穿高跟鞋和拖鞋、赤背驾驶,不准佩戴或安装任何妨碍安全行车的装饰、物品和食用有碍安全的食品、药物。

（8）汽车驾驶员在行车中应严格遵守手机使用管理规定。

（9）汽车驾驶员应遵守公共秩序和有关管理制度、规定,进入家属区应有准入证,进入油气站时应安装防火帽。

（10）长途行车时应做好中途对车辆各个安全部位的检查,特殊情况下,如行至山区、涉水时应强制检查。

（11）在雨、雾天气及冰雪道路上行驶时,应提前处理出现的情况和障碍物,不得采用紧急制动、急打方向,以防侧滑;在道路狭窄处会车时应停车避让。

（12）载运货物时应按规定装载,不超宽、超重、超高、超长,特殊情况须办理手续,将货物拴牢,并有明显标志,按规定路线行驶;按规定载人,不得超员。

（13）驾驶员夜间行车应保持充沛的精力,会车时应按规定及时关闭远光灯,在视线不清和遇紧急情况时应提前避让。

（14）拖拉损坏的车辆时,被拖拉的车辆安全部件(转向、制动、灯光)必须良好,不得强行拖拉,不准软拖。

（15）途中发现车辆的制动、转向、灯光等安全部位损坏或失灵,应及时修复后方可行驶。

（16）汽车驾驶员临时停车应按规定停放,不得停放在禁停地段。在街道、危险地段和人员稠密地段,离开车辆时应锁好车门,必要时应加防盗设施。

（17）在坡道上停车时,须拉紧手制动,挂好前进挡或倒挡,必要时掩好车轮。

（18）如果车辆有故障,需进行车下作业时,打千斤顶等必须掩好车轮,并有保护设施,不得让不懂车辆机械性能的人在车上操作。

（19）用燃油清洗车辆、喷刷油漆时,须卸下搭铁线,以免引起火灾。

（20）装卸货物时驾驶员不准在车底下检修车辆,装卸长料时应离开驾驶室,装卸完毕要检查车厢是否关好、挂钩是否扣牢。

（21）运载超长超高物资时应在超出部分设明显标志。大拖挂或带拖斗车应在保险杆上刷"大拖挂"或"后有拖斗"字样。

（22）对于超长超大的特种牵引车,除设有明显的安全标志外,前方还应有引路车方可行车。

（23）下坡时严禁空挡滑行。通过道路口、险路、转弯、桥梁和视线不良地段要特别注意瞭望、减速行驶、勤鸣喇叭。过渡上船时车速要慢，听从渡船人员指挥，遵守渡口管理规定。

（24）汽车驾驶员在收车后，应对车辆进行认真的回场检查，按规定位置将车辆停放整齐，冬季应待水放尽后再离开，并按规定上缴证件、车钥匙。

（25）除执行以上规定外，必须严格遵守《中华人民共和国道路交通安全法》。

第三节　油田特种专用工程车辆安全操作要求

一、危险货物运输车辆安全操作要求

危险货物是指具有爆炸、易燃、毒害、感染、腐蚀等危险特性，在生产、经营、运输、储存、使用和处置中容易造成人身伤亡、财产损毁或者环境污染而需要特别防护的物质和物品。GB 12268—2012《危险货物品名表》将危险货物分为 9 类，每一类又分为若干项。危险货物中的第一类为爆炸品；第二类为气体；第三类为易燃液体；第四类为易燃固体、易于自燃的物质、遇水放出易燃气体的物质；第五类为氧化性物质和有机过氧化物；第六类为毒性物质和感染性物质；第七类为放射性物质；第八类为腐蚀性物质；第九类为杂项危险物质和物品，包括危害环境物质。

（一）危险品运输八项注意

凡具有腐蚀性、自燃性、易燃性、毒害性、爆炸性等性质，在运输、装卸和储存保管过程中容易造成人身伤亡和财产损毁而需要特别防护的物品，均属危险品。危险品具有特殊的物理、化学性能，运输中如果防护不当，极易发生事故，并且事故所造成的后果较一般车辆事故更加严重。因此，为确保安全，在危险品运输中应注意以下 8 点：

（1）注意包装。危险品在装运前应根据其性质、运送路程、沿途路况等采用安全的方式包装好，包装必须牢固、严密，在包装上做好清晰、规范、易识别的标志。

（2）注意装卸。危险品装卸现场的道路、灯光、标志、消防设施等必须符合安全装卸的条件。装卸危险品时，汽车应在露天停放，装卸工人应注意自身防护，穿戴好必需的防护用具，严格遵守操作规程，轻装、轻卸，严禁摔碰、撞击、滚翻、重压和倒置，怕潮湿的货物应用篷布遮盖，货物必须堆放整齐、捆扎牢固。不同性质的危险品不能同车混装，如雷管、炸药等切勿同装一车。

（3）注意用车。装运危险品必须选用合适的车辆，爆炸品、一级氧化剂、有机氧化物不得用全挂汽车列车、三轮机动车、摩托车、人力三轮车和自行车装运；爆炸品、一级氧化剂、有机过氧化物、一级易燃品不得用拖拉机装运。除二级固定危险品外,其他危险品不得用自卸汽车装运。

(4)注意防火。危险货物运输忌火,在装卸危险品时应使用不产生火花的工具,车厢内严禁吸烟,车辆不得靠近明火、高温场所和太阳暴晒的地方。装运石油类的油罐车在停驶、装卸时应安装好接地线,行驶时应使接地线触地,以防静电引发火灾。

(5)注意驾驶。装运危险品的车辆,应设置 GB 13392－2005《道路运输危险货物车辆标志》规定的标志灯和标志牌。汽车运行必须严格遵守交通、消防、治安等法规,应控制车速,与前车保持安全距离,遇情况提前减速,避免紧急刹车,严禁违章超车,确保行车安全。

(6)注意漏散。危险品在装运过程中出现漏散现象时,应根据危险品的不同性质进行妥善处理。爆炸品散落时,应将其移至安全处,进行修理或更换包装,对漏、散的爆炸品及时用水浸湿,请当地公安消防人员处理;储存压缩气体或液化气体的罐体出现泄漏时,应将其移至通风场地,向漏气钢瓶浇水降温,液氨漏气时可浸入水中,其他剧毒气体应浸入石灰水中;易燃固体物品散落时,应迅速将散落包装移至安全处所,黄磷散落后应立即浸入水中,金属钠、钾等必须浸入盛有煤油或无水液体石蜡的铁桶中;易燃液体渗漏时,应将渗漏部位朝上,并及时移至安全通风场所修补或更换包装,渗漏物用黄沙、干土盖没后扫净。

(7)注意停放。装载危险品的车辆不得在学校、机关、集市、名胜古迹、风景游览区停放,如果必须在上述地区进行装卸作业或临时停车,应采取安全措施,并征得当地公安部门的同意。停车时要留人看守,闲杂人员不准接近车辆,做到车在人在,确保车辆安全。

(8)注意清厢。危险品卸车后应清扫车上残留物,被危险品污染过的车辆及工具必须进行清洗、消毒。未经彻底清洗、消毒的车辆,严禁装运食用、药用物品与饲料、动植物。

(二)危险品运输安全操作要求

(1)从事危险品运输的驾驶员必须具有高度的责任感和事业心,牢固树立对国家、企业、人民生命财产负责的责任心。

(2)从事危险品运输的驾驶员必须持有公安消防部门核发的在有效期内的"危险品货物运输从业资格证"。

(3)运输化学物品、危险物品,要事先掌握货物的性能和消防、消毒等措施,对包装容器、工具和防护设备要认真检查,严禁危险品漏、散和车辆带病运行。

(4)在危险区域运输、停靠时,不准吸烟和使用明火。

(5)驾驶员要根据承载危险品的特性和车辆各部件的安全技术状况,停车自检自查,发现不安全因素要立即排除。自身无法排除的,要立即向本单位求助,禁止车辆带故障行驶,禁止所承载货物带隐患行驶。

(6)危险货物运输罐式车辆承压罐体应符合 GB 150.1—2011《压力容器 第1部分:通用要求》,危险货物运输罐式车辆金属常压罐体应符合 GB 18564.1—2009《道路运输液体危险货物罐式车辆 第1部分:金属常压罐体技术要求》,危险货物运输罐式车辆非金属常压罐体应符合 GB 18564.2—2008《道路运输液体危险货物罐式车辆 第2部分:非金属常压罐体技术要求》。符合国家安全监管总局工业和信息化部、公安部、交通运输部、国家质检总局《关于明确在用液体危险货物罐车加装紧急切断装置液体介质范围的通知》(安监总管三[2014]135 号)规定的液体危险货物罐式车辆,应安装有符合 QCT 932—2012《道路运输液体危险货物罐式车辆紧急切断阀》要求的紧急切断阀,罐式专用车辆应当在罐体检验合格的有效期内承运危险货物。

(7)凡发现危险品的盛装容器有渗漏、破损等现象,在未经改装和采取其他安全措施之前,易引起氧化分解、自燃或爆炸现象,应立即采取措施自救,向领导、厂方、当地消防部门报告,尽快妥善处理解决。

(8)易燃危险品在炎热的季节应在上午 10 点前、下午 3 点后运输。

(9)严禁将有抵触性能的危险物品混装在一起运输,各种机动车进入危险品库区、场地时应在消声器上装阻火器后方能进入。

(10)装运危险物品的车辆不准停在人员稠密地区、集镇、交通要道和居住区等地,不准将载有危险品的车辆停放在本公司停车场内。如果确实因为装卸不及、停车或过夜修理等,应向领导或负责值班人员报告,采取必要的防护措施。

(11)运输危险物品的车辆应及时进行清洗、消毒处理,在清洗、消毒时应注意危险物品的性质,掌握正确的清洗、消毒方法,防止污染、交叉反应或引起中毒等事故。

(12)凡装运危险物品的车辆,应严格按照公安消防部门指定的路线行驶。

(13)装运危险物品的车辆应配备一定的消防器材、急救药品、黄色三角旗或危险品运输车辆标志等。

(14)危险品运输驾驶员除遵守上述安全操作规程之外,还需遵守汽车驾驶员的安全操作规程。

二、汽车起重机安全操作要求

(1)驾驶员应对起重机的制动器、安全附件、安全保护装置、测量调控装置、吊具和有关附属仪器仪表等进行安全检查,确保完好有效。

(2)在寒冷天气或地区作业时,应先启动汽车起重机预热,待各部件运转灵活后方可起吊。

（3）汽车起重机就位时,应将支撑起重机支腿的地面垫实垫平,将支腿垫板垫好,尽量将支腿全部伸出,支平汽车起重机,防止作业中地基沉陷、支承不稳。汽车起重机前部的第五支腿应在其他支腿完全伸出后再伸出,收腿时应先收第五支腿,再收其他支腿。

（4）起重作业前,应将汽车起重机的实际工况在力矩限制器上如实设置,不可随意夸大。

（5）起重作业前和作业过程中应注意检查力矩限制器上显示的各种数据是否准确,发现异常应及时查明原因并予以排除,不得蛮干。作业时不得擅自强制解除力矩限制器,如需解除,应经现场管理人员同意并谨慎操作。

（6）尽量不要在高压线附近进行作业,特殊情况下应采取临时停电措施,或保持必要的安全距离（见表3-1）;夜间作业应保证足够的照明,否则禁止作业;允许作业的风力一般规定在6级以下;在化工区域作业时应使起重机工作范围与化工设备保持必要的安全距离;在易燃易爆区域作业必须按照规定办理必要手续并对起重机动力装置、电气设备采取可靠的防火防爆措施;风、雪、雨、雾天气不应进行作业;应根据现场地面状态调整增加垫板、垫木等,防止支腿下陷而失去稳定,现场地面条件恶劣时禁止作业。

表 3-1　吊杆、吊具、吊物与高压线的安全距离

输电线路电压/kV	<1	1～20	35～110	154	220	330
最小间距/m	1.5	2	4	5	6	7

（7）在起重作业过程中严格按照操作规程要求操作。

① 起吊前的准备与检查。

a. 吊车作业前应检查主车、吊机各系统工作是否正常,各部仪表、操纵杆、灯光及安全装置是否安全可靠、完好有效。

b. 吊车驶入作业场地后,要了解作业内容,查看吊装物是否超高超宽,并与用车方共同制定吊装方案。

c. 查看作业现场地形,确定吊车的适当摆放位置,注意观察空中有无电线及回转半径内有无障碍物。

d. 作业时须有专人负责指挥起吊,各项指挥信号预先加以规定。

e. 起吊前应检查钢丝绳、绳卡、吊钩、滑轮是否灵活可靠,然后空车试运行。

f. 铺好垫板,支起千斤腿,查看吊车车身是否水平。

g. 在寒冷地区起重机应空负荷运转,待油温升至 30 ℃以上、各部件传动灵活,方可进行起吊。

② 起吊中的操作。

a. 作业中驾驶员听从专人指挥,但任何人发出的危险信号也应听从。

b. 作业时要严格遵守"十不起吊"。"十不起吊"内容如下:吊装重物时无专人指挥不起吊,千斤打不牢、垫木垫不平不起吊,货物超过吊车额定负荷不起吊,吊装货物不是用双绳套、未拴好拉索绳不起吊,货物超过吊装距离、物件埋在地下或冻结在冰中、情况不明的不起吊,吊臂与周围上空的高压线、通信线不足 6 m 不起吊,遇 6 级以上大风不起吊,钻井液罐、循环池等容器清理不干净不起吊,装卸货物人员未离开或车厢上有人不起吊,雨、雪、大雾天气视线不良或夜间无照明不起吊。

c. 驾驶员在看到指挥人员的信号后,必须先回鸣喇叭,然后才能操作。在起吊过程中,吊臂及重物下不准有人员通过或站立。

d. 起吊重物时速度要慢,做到轻吊轻放,起升、回转、伸缩要匀速、平稳并在离地面 10~15 cm 处停住,检查吊物有无漏挂及其他不安全因素,确认各种情况正常后方可继续起吊,起吊中随时注意千斤支腿的变化。

e. 吊长形油罐、水罐、钻井液罐等容器时,必须将余水、余油、钻井液全部放出,然后才能吊运。

f. 当吊车卷扬机液压马达压力低于规定压力时,应立即停止操作,检查液压马达、溢流阀、管线是否渗漏或损坏,待压力恢复正常后方可继续操作。

g. 当吊臂全部伸出,以最大仰角起吊重物时,钢丝绳在卷扬机滚筒上的余量不应少于 3~5 圈。

h. 禁止在吊车正前方起吊重物。吊物摆动未稳定时,不许吊机进行回转操作和继续起吊。

i. 吊物未离地面前吊机不能旋转。禁止斜吊重物和吊与地面未脱离连接的物件。

j. 在环境恶劣、作业难度较大的作业现场,在保证车辆和人员安全的前提下可以进行作业,但必须有专人负责指挥,在没有把握的情况下不得盲目起吊。

③ 完工后的检查与要求。

a. 吊臂收回全缩位置,放入专属位置,固定吊钩。

b. 收回支腿及垫木,排除吊车周围障碍物。

c. 将吊机各操作杆置于不工作位置,摘掉取力器,锁止固定装置。

三、400 型水泥车操作要求

(一) 启动前

(1)检查发动机机油油位。注意:机油尺的"＋"号和"－"号之间相差 5 L 机油。

（2）检查空气过滤器积尘度,清除积尘。

（3）接合电瓶线路开关。

（4）检查照明及信号灯。

（5）检查轮胎气压及钢圈螺母松紧度。

（6）在冬季,发动机启动后将防冻泵内的防冻液喷入少许至制动管路。

（二）发动机启动

（1）汽车在较长时间内停止使用,启动时首先用手油泵泵油。

（2）将变速杆挂到空挡位置,并启用停车制动器(拉死手制动器)。

（3）将点火钥匙插进点火锁内,在停止位置(STOP)时转向器被锁,发动机熄火电磁阀接合;在"0"位置时电路未接通,如果钥匙旋至"0"位置时感到有阻力,可转动转向盘,直到锁止机构松开为止;在"1"位置时电路接通,充电指示灯亮,如果制动系统无足够气压,两个空气信号灯均闪亮;将点火钥匙转至"2"的位置时,发动机启动。

（4）踏下离合器踏板,将点火钥匙转至"2"的位置,如果在 5 s 内未能启动,30 s 后重新启动。若周围环境温度在 0 ℃以上,启动时无须全部踏下加油踏板。

（5）启动后放松钥匙,自动转回至"1"的位置,检查充电指示灯是否还亮,并查看燃油表。注意:反复启动发动机时应将点火钥匙回到"0"位置,然后再重新启动。

（6）待温度上升后,调节发动机怠速,使其转数为 500～600 r/min。怠速调整旋钮向右转,转数升高;反之,转数降低。发动机启动后,无须踏油门踏板,使其温度逐渐上升,这样可以避免在启动时烟雾过多。

（三）冬季发动机启动

（1）添加燃油时注意决不能把带有水的油加到油箱内,否则在－4 ℃时某些管路会结冰,最好加－20 号柴油。

（2）发动机润滑油黏度增加,流量阻力迅速上升,将影响机油泵正常工作,造成发动机启动困难。这就是为什么要求在冬季－10 ℃以下时使用 CD15W/40 机油的理由,这种机油黏度低,便于发动机启动,并能使发动机迅速达到工作温度。

（3）发动机启动操作规范前文已讲述,但是在冬季启动发动机应全部踏下油门踏板。如果第一次未能启动,放回油门踏板,30 s 后,待发动机机油压力降低时再重新启动发动机。

（4）外接启动电源。当电瓶电力不足以启动时,可以接用 24 V 直流外接电源,可利用另一辆车的电瓶作外电源。在外接启动电源前,应先关闭待启动汽车及外接汽车上的电瓶主开关。连接导线之前,先将插座的圆形螺母旋松,翻开插座盖板后,把导线插头插入车体上的插座,再把导线另一端接到外电源上,然后接通外接汽车的电瓶主开关。这样待启动的汽车便接通了外电源,启动便可以进行。待

启动汽车的电瓶开关必须在启动之前才能接通,以免两台汽车电瓶相互放电。

(四)行驶

(1)起步:检查四周无障碍物、车旁及车下无人后,鸣喇叭(夜间开灯光),将手制动阀推到行驶位置,待停车制动指示灯熄灭后用一挡或二挡起步。起步后低速行驶1 km以上,待各部润滑正常后,逐步提高车速。

(2)行驶换挡:根据汽车的负荷情况和道路情况合理变换挡位,正常道路尽可能保持中速行驶。换挡时要平稳、柔和,并依照挡位顺序进行。

(3)行驶途中要集中精力,谨慎驾驶,严格遵守规章制度,时刻注意路面变化,做到提前预防,确保行车安全。经常查看各部位仪表的工作情况,发现异常应及时停车处理。

(4)遇险峻坡道,上坡前及时换用低速挡行驶,下坡途中严禁溜车和发动机熄火滑行。

(5)在雨雪泥泞路面上行驶,不得紧急制动、猛松油门和急打方向。

(6)行驶时车速变化应平稳,避免突然加速、突然减速及频繁刹车,尽量使用部分制动代替全制动、用减油代替部分制动。

(五)工作主机部分

1. 工作前的准备与检查

检查各润滑点和油箱是否按规定加好油液,检查仪表及控制系统连接是否完好,检查高压管线、弯头、油壬及工具是否齐全完好。

2. 施工操作

(1)按施工要求停好车辆,拉紧手制动。

(2)连接上水管线。

(3)连接高压管线。从井口到车依次用榔头打紧、打牢各连接油壬。在连接油壬打榔头时,榔头打击方向不要对着配合人员,并避开打榔头者双腿,以免发生意外伤害。

(4)将变速杆置于空挡位置,启动柴油机,冬季应预热,观察各仪表是否正常。

(5)冷机启动。按下连锁按钮并保持50 s,同时电启动加热开始工作(预热)。

(6)热机启动。按下连锁按钮的同时按下启动按钮(绿色)。注意按启动按钮的时间不得超过10 s。

(7)当柴油机启动后,松开启动按钮,但连锁按钮必须保持5 s。在非常寒冷时,可以保持按下连锁按钮50 s后松开。

(8)启动后不要使柴油机全速运转,空载下以1 300~1 500 r/min的转速运行数分钟,使所有元件得到充分润滑。

(9)接合离合器时,应使柴油机转速降到1 000~1 200 r/min。

（10）注意沃尔沃柴油机绝对不允许在空载、怠速下长时间运转（不得超过 10 min）。

（11）将变速杆置于 1 挡位置，平稳接合离合器，冬季应预热泵。

（12）循环管线试泵。待泵上水良好、管线畅通、设备运转良好后，开始正常施工。

（13）按施工要求合理选择挡位。先在低速下分离离合器，挂上所需挡位，再接合离合器，加大油门。换挡时操作要平稳，注意泵的上水情况及压力变化，不得超负荷运转，绝对禁止因超负荷使发动机熄火。

（14）卸负荷前应将发动机降至怠速，避免发动机由于卸去负荷而使转速急剧上升或造成飞车。

（15）钻井泵的流量和压力要根据井下的情况进行调整。

（16）当管线内有压力时，应小心、缓慢地旋转针型阀。

（17）钻井泵两个排出管路的旋转阀工作时不能同时关闭。

（18）操作人员要严守工作岗位，注意检查钻井泵动力端和液力端、变速箱（传动箱）等部位运转是否正常以及各指示灯、信号、仪表的变化，应随时控制，不得超出额定值。

（19）施工中加强同现场指挥人员的联系，严禁随意停泵。

（20）施工中除必要的工作人员外，其他任何人不得靠近工作区域，以确保安全。

（21）工作过程中若需要短时停泵，应分离离合器。

（22）冬季作业临时停泵时应做间歇循环，防止冻结。

（六）停机完工

（1）钻井泵在停止工作前，首先应抽汲罐内油田净化水。

（2）控制油门，将变速杆置于空挡位置。

（3）打开放空阀，卸压后放尽泵内及管线内积水。

（4）柴油机停机前，怠速运转 10～15 min 后，按下停机按钮停止运转，断开搭铁开关。

（5）拆卸连接管线，清理现场工具。

四、YLC70-265 型酸化压裂车操作要求

（一）发动机启动前的准备及检查

（1）检查台下发动机、转向助力器油缸等部位润滑油油位是否符合标准（1/2～上限之间）；检查发动机水箱水位、风扇皮带松紧度（大拇指按下 10～15 mm 为宜）。

（2）检查电瓶液液面是否符合标准（高于极板 10～15 mm）；检查燃油箱油量是否能满足施工需求。

（3）检查转向、制动、灯光、雨刷等安全装置是否完好有效。

（4）检查各部紧固螺丝是否拧紧、轮胎气压是否符合标准。

（5）检查台上发动机、液力变矩器、链条箱、钻井泵动力端及液力端等部位的润滑油油面是否符合标准；检查柴油机水箱水位、风扇皮带松紧度是否符合要求。

（6）检查钻井泵柱塞连接是否紧固；检查钻井泵凡尔、凡尔弹簧、凡尔座等是否完好；检查钻井泵安全阀是否完好、有效。

（7）检查各部是否有漏油、漏水、漏气等异常现象。

（8）检查传动箱轴承润滑，视需要加润滑脂。

（9）检查管汇、油壬短接、高压活动弯头等附件是否齐全、放好、固牢。

（10）检查消防器材（如灭火器）是否齐全、完好、有效。

（11）清洁全车卫生。

（二）发动机启动

1. 台下发动机的启动

（1）常温启动。

启动前首先查看手制动是否拉紧，将换挡杆置于空挡。接合电源总开关，插入钥匙到钥匙开关"0"位，踩下离合器踏板及油门踏板，顺时针扳动启动开关到"2"位（不停顿越过"1"位）即可启动发动机。一次启动时间不应超过 10 s，再次启动应等待 30～60 s 后再进行。发动机怠速运转时，充电指示灯与油压告警指示灯应熄灭。启动与再次启动发动机应按驾驶规范进行。

（2）检修时的外部启动。

将变速杆置于空挡，插入钥匙到"0"位，按下位于发动机飞轮端的第二启动按钮，发动机一着火就立即松手，使发动机怠速运转或拉动油门拉杆使其按规定转速运转。

（3）低温启动。

火焰加热塞进气预热启动：顺时针扳动启动开关到"1"位，保持 1～2 min，待预热指示灯发亮后将启动开关扳至"2"位，一旦发动机着火就立即松开启动开关，开关自动回到"0"位。如果启动没有成功或排出白色烟雾，则将开关又扳至"1"位预热，第二次预热时间不得超过 3 min，然后再扳到"2"位启动。连续启动时间不得超过 15 s，如果已部分着火，能带动发动机旋转，连续启动时间可延长到 20～25 s。上述操作如果未能使发动机运转，则应等待 2 min 后再重新启动。

（4）启动后的检查。

怠速运转时机油压力不低于 0.15 MPa，正常运转时机油压力为 0.4 MPa；各仪表工作正常，指针指示在正常范围内；左右摇动变速杆，低挡区与高挡区指示灯相应发亮（对八挡变速器）；转向盘的自由行程（在转向盘外缘上测量）不超过

60 mm,原地转动转向盘时手力及手感正常;双针气压表指示高于 0.55 MPa 后气压告警指示灯熄灭,高于 0.81 MPa 后用调压法打开排气;发动机熄火后将制动踏板踩到底停留 3 min,目视气压表不动并且听不到排气声,即认为不漏气。

2. 台上发动机的启动

依次打开操作台供气阀、主电源开关、高压排出管汇通向井口的大旋塞阀,置传动箱于空挡,启动柴油机。利用加热器启动柴油机时,油底壳表面严禁有油存在,以防着火。

发动机启动 30 s 后,检查机油压力,如低于 0.1 MPa,应将发动机停止运转,排除故障;动力端润滑油压应不低于 0.1 MPa,否则应停止运转,排除故障。发动机预热 5 min 后,加速到 1 800 r/min,观察机油压力显示,至少应增加到 0.2 MPa;动力端润滑油压力应低于 0.55 MPa,高于此压力表明滤清器堵塞或管路有故障,应进行排除。检查超压停机装置,如有必要加以调整,通过指针与调整点接触来测试超压保护装置是否灵敏可靠。检查各指示仪表是否正常,然后使柴油机回至怠速。

3. 启动发动机注意事项

禁止大油门启动;禁止启动后猛轰油门;怠速运转不要超过 10 min。

(三)行驶操作

(1)起步:检查四周无障碍物、车旁及车下无人后,鸣喇叭(夜间开灯光),将手制动阀推到行驶位置,待停车制动指示灯熄灭后用一挡或二挡起步。起步后低速行驶 2 km 以上,待各部润滑正常后,逐步提高车速。

(2)行驶换挡:根据汽车的负荷情况和道路情况合理变换挡位,正常路面尽可能保持中速行驶。换挡时要平稳、柔和,并依照挡位顺序进行,不要跳挡,特别是高低挡区转换时不要跳挡,以免影响高低挡同步器寿命。倒挡和爬行挡应在停车后换挡。

(3)行驶途中要集中精力,谨慎驾驶,严格遵守规章制度,时刻注意路面变化情况,做到提前预防,确保行车安全;经常察看各部位仪表的工作情况,发现异常及时停车处理。

(4)遇险峻坡道,上坡前及时换用低速挡行驶,下坡途中严禁溜车和发动机熄火滑行。

(5)在雨雪泥泞路面上行驶时,不得采用紧急制动和猛松油门、急打方向。

(6)行驶中车速变化应平缓,避免突然加速、突然减速及频繁刹车,尽量使用部分制动代替全制动、用减油代替部分制动。

(四)施工前的准备及检查

(1)按施工要求停好车辆,拉紧手制动。

(2)连接上水管线。

（3）连接高压管线。从井口到车依次用榔头打紧、打牢各连接油壬。在连接油壬打榔头时，榔头打击方向不要对着配合人员，并避开打榔头者双腿，以免发生意外伤害。

（4）启动台上发动机预热，检查各仪表指示是否正常。

（5）待发动机水温（55 ℃以上）、油温（40 ℃以上）、油压（0.2 MPa 以上）正常时，方可进行钻井泵试运转操作。

（6）用手按逆时针方向打开高压放空针型阀；将换挡手柄置于三挡，排出钻井泵内的空气，待钻井泵上水良好、管线畅通、设备运转正常后，按给定压力进行试压，试压合格后，等待现场指挥人员施工指令。

（五）施工操作

（1）按施工要求合理选择挡位，换挡操作要迅速、平稳，运行中要随时注意钻井泵上水及压力变化情况，不准超负荷运转。

（2）操作人员要坚守岗位，注意检查液力变矩器、钻井泵动力端与液力端、传动箱等部位的运转是否正常，随时监控各仪表指示变化，发现问题及时处理。

（3）工作中要处理好与现场指挥人员的关系，听从现场指挥，禁止随意停泵。

（4）冬季临时停泵应间歇循环，防止冻泵。

（5）施工完毕，柴油机怠速运转 5 min 后熄火，置传动箱于空挡，打开高压排出管汇通向井口的旋塞阀，打开排水阀，停止柴油机运转，关掉电源开关。

（6）将上水管线、高压管线、高压活动弯头、油壬短节等收回，放置在固定架上，放好、固牢，清点工具及附件，并立即到污水处理站洗净钻井泵内的残液和车上的污物。

（六）施工安全注意事项

（1）高压管汇等工作区内严禁站人。

（2）发现高压管汇接头漏水，必须关闭井口阀门，钻井泵放空后再打紧管汇接头。

（七）回厂后检查

（1）将车按指定位置停好，置变速箱于空挡，拉紧手制动，发动机熄火，关闭电路电源。

（2）检查轮胎气压是否正常，检查各部紧固螺丝是否紧固，是否有漏油、漏水、漏气等异常现象。

（3）排出储气筒内积水。

（4）冬季停车时，要放尽钻井泵内及管汇内的存水；对加软化水的车辆，要等发动机冷却后，放尽发动机冷却系统内的存水。放水时，打开水箱盖，启动发动机运转 1 min，将水放尽，并挂牌登记。水未放尽，人不准离开。

（5）填好随车记录,锁好车门。

五、压风机操作要求

（一）启动前的检查和准备

（1）检查各连接部位的紧固情况及传动皮带的松紧度。

（2）检查压缩机的油位。

（3）打开操纵柜上的所有吹气开关、送气阀和放空阀。

（4）分别将油泵与油泵电动机联轴器、压缩机与发动机联轴器转动数圈。

（二）启动

按下油泵电动机开关,观察压缩机油区是否正常。

（三）施工操作

（1）当压缩机油压正常后,按下主电动机开关,使压缩机运转。

（2）顺次关闭各级放空阀,并调节控制供气管道上的送气阀,使压缩机按工艺要求进行。

（3）在压缩机正常运转后,必须仔细观察各仪表,掌握仪表读数变化,对发生的故障进行认真的分析,弄清原因后正确排除。

（4）检查润滑系统、冷却系统、压缩空气流程的密封情况,不得有渗漏现象。

（四）停机

（1）分别打开送气阀及吹气开关,吹净油水分离器中的污水。断开电源,使机器停止运转。

（2）长期停车时,应将压缩机气路系统中的冷却水全部放尽。

（五）紧急停机

遇下列情况必须立即停机:井口突发井喷等事故,高压管汇严重刺漏,压力超过额定值,严重异响、超温、超速等异常现象,发生意外伤害事故等。

（六）回厂后检查

（1）将车按指定位置停好,置变速箱于空挡,拉紧手制动,发动机熄火,关闭电路电源。

（2）检查轮胎气压是否正常,检查各部紧固螺丝是否紧固,是否有漏油、漏水、漏气等异常现象。

（3）排出储气筒内的积水。

（4）冬季停车时,对加软化水的车辆,要等发动机冷却后,放尽发动机冷却系统内的存水。放水时,打开水箱盖,启动发动机运转 1 min,将水放尽,并挂牌登记。水未放尽,人不准离开。

（5）填好随车记录,锁好车门。

六、平板拖车操作要求

（一）发动机启动前的检查及准备

检查燃料油、润滑油、制动液、液力传动油和冷却水、电瓶液等达到规定要求。按照巡回检查内容做好巡回检查。重点检查灯光、仪表、喇叭、转向、制动、传动及轮胎气压，必须达到规定要求。行车手续及随车工具齐全。

（二）启动发动机

启动发动机时，使用启动机每次不得超过 10～15 s。如果连用 3 次启动机还不能启动发动机，应停止启动，进行检查，待排除有关故障后再行启动。发动机启动后，在稍高于怠速运转的情况下，检查各种仪表应工作正常。倾听发动机在高、中、低速运转时有无异响，机油压力、发电量是否正常，有无漏油、漏水情况，气压是否符合规定。

（三）起步

检视四周无障碍物、车旁及车下无人后，鸣喇叭（夜间开灯光），用一挡或二挡起步，起步要平稳，低速行驶 1 km 以上，待机油温度正常、各部润滑良好后，逐渐提高车速。

（四）行驶中的操作

（1）经常查看仪表工作情况，出现异常情况必须立即停车检查。

（2）行驶中发现有不正常异响、异味及温度高时，立即停车检查。

（3）车辆的制动、转向、灯光及信号装置有故障时，必须及时处理。

（4）行驶中要合理变换挡位，操作要规范，做到柔和、平稳。

（5）遇险峻坡道，上下坡前必须及时换用低速挡行驶，下坡途中使用机械制动或排气制动，严禁溜车和发动机熄火滑行。

（6）在雨雪路面行驶时，不得采用紧急制动和猛松油门、急打方向，必要时加装防滑链。

（7）停车时必须将挡位挂入一挡或倒挡，拉紧驻车制动。在坡道上停车必须打好掩木。

（五）行驶中的安全注意事项

严格遵守交通法规和操作规程。严禁超速驾驶、酒后开车和无证开车。会车时做到"礼让三先"：先慢、先让、先停。超车时做到"三不超"：前车不让不超、视线不清不超、道路及车前有障碍物不超。行驶中与前车应保持 40 m 以上的距离，防止前车突然紧急制动。转弯时，应注意减速、鸣笛、靠右行。

（六）平板拖车驾驶注意事项

（1）出车前，应认真检查拖车连接装置是否完好、可靠，前后指示灯（包括主车

灯)是否良好。

（2）在拉运"三超"货物时，必须由用车单位办理"三超"手续，并悬挂"三超"标志；有专人护送，按照指定时间、路线、时速行驶；通过桥梁、涵洞时，要停车观察桥体、桥面状况及涵洞的高度和宽度，在确有把握时慢慢通过，禁止盲目行驶。

（3）行驶中尽量不要用急刹车，防止大件前冲；拐弯、交叉路口、城镇、狭路和人员稠密处应减速慢行；不要急打方向；不要过于靠路边行驶，以防路基松软掉道。

（4）装载货物时大件要捆绑牢固，平板上严禁载人。

（七）收车后的检查与要求

（1）清洁全车。进行巡回检查及例行保养作业，进行归场检查，对查出的问题进行整改；车辆停放一条线，拉紧驻车制动，填好随车记录，锁好车门。

（2）冬季收车要做好防冻工作。加软化水的车辆，停车后要待发动机冷却后将水放掉。放水时，旋开水箱盖，启动发动机运转 1 min，将水放尽，并挂牌登记。水未放尽，人不准离开。

七、井架车操作要求

（一）工作前的准备

检查液面是否达到规定高度，液面不得低于刻度线下第二条刻线；检查起落扒杆保险绳是否紧固可靠；检查各紧固件是否紧固；将各润滑点加足润滑脂，每立放 10 次加注 1 次润滑脂；检查各油管线是否漏油，如发现漏油，应加以排除；检查各控制手柄、开关应停放在中间位置和不工作位置。汽车发动前应参照汽车使用说明书进行检查。启动油泵前应检查油泵。

（二）立起井架时的操作

井架车到达井场以后，将汽车中心线对准井口，在适当位置停稳。打开液压油箱开关，启动油泵。放下液压支腿，将车找平，松开 4 只横调液缸。打开换向阀，使起升液缸下端进油，顶起扒杆送井架到达工作位置，关闭换向阀。固定井架前后绷绳，收回扒杆，收回液压支腿，关闭液压油箱开关，井架立起工作全部结束。扒杆归位，井架车方可驶离现场。

（三）放倒井架时的操作

井架车到达井场以后，将汽车中心线对准井口，在适当位置停稳。打开液压油箱开关，启动油泵。放下液压支腿，将车找平。打开换向阀，起升扒杆，调整液压支腿对正并靠上井架。松开井架前后绷绳，收回扒杆，放倒井架。收回液压支腿，伸出 4 只横调液缸，将井架夹紧，关闭油箱开关。

上述工作完毕，待井架扒杆完全归位后，仔细检查无问题，便可将井架移至别处。

八、清蜡车操作要求

(一)施工前的检查

检查汽车用油,液压传动系统用液压油,各传动部件用润滑油、润滑脂,燃油系统用燃料油等必须符合规定要求;检查各种仪表必须完好无损;检查各种操纵手柄、电控开关必须符合规定要求,完好无损;检查各类管线、管路接头应紧固可靠,无松动;检查液压传动系统、燃油系统、供风装置、电气系统的各个流程,检查各种阀门和开关,必须完好无损;检查各运转部件附近不得摆放工具、杂物,以防意外。若在上述检查中发现问题应及时解决,确定没有问题后进行准备工作。

(二)施工前的准备

(1)根据施工现场的具体情况选好停车位置停车。

(2)在进行加热洗井或高压洗井作业时,用各自的入井管系把采油井口与加热炉排出管系或高压洗井管系连接起来。

(3)在进行蒸气清蜡作业时,用蒸气接头将工作用胶管与加热炉排出管系连接起来。

(4)用输液胶管把水罐车排出口与三缸柱塞泵吸入口连接起来,并开启罐车排出口阀门。

(5)根据工作介质调整液压传动系统、燃油系统、供风装置、电气系统的各个流程,调整好各种阀门、开关的开启和关闭位置。

(三)施工操作

(1)准备工作完毕后,将汽车变速箱置于空挡位置,启动汽车发动机,使储气筒充气,气压必须达到 0.6 MPa 以上。挂合全功率取力器。

(2)高压洗井操作。在进行完上述工作后,挂合变速箱驱动三缸柱塞泵进行施工。

(3)加热洗井、蒸气清蜡操作。

① 挂合副传动取力器,使副传动系统开始工作,待各系统运转正常后方可进行加热炉点火。在点火前应吹风 1~2 min 并把供风装置风门关到最小位置,转动供油量调节手柄,使燃油压力保持在 1.2 MPa 左右。合上电源总开关,接通点火开关,5~6 s 后接通弱火供油电磁阀开关向加热炉供给燃料油,待加热炉内的燃油被点燃后,立即断开点火开关,调整供风量,使燃油充分燃烧。

② 当罐车内的水即将输完时,应将加热炉熄灭,但设备继续照常工作。待加热炉出水口水温降到 50 ℃ 左右时,汽车司机应将发动机油门缓慢松开,使转速慢慢降下来,将油门松开后踏下汽车离合器,松开全功率取力器,再松开传动取力器,汽车变速器置于空挡位置,最后关闭汽车发动机。

③ 高压洗井或加热洗井施工完毕,先关闭井口阀门,卸去线内压力。

④ 拆卸入井管系,并装夹于管架上。

⑤ 拆卸 4 号输液胶管,放于指定位置。

(四) 使用注意事项

(1) 在使用过程中,燃油系统工作压力应保持在 0.8~2.0 MPa 之间,液压油的温度不超过 65 ℃,风机转速应保持在 2 500 r/min 左右。在使用过程中,应随时注意水罐内的水是否吸完,加热炉排出的压力不得超过 20 MPa、温度不得超过 200 ℃。

(2) 设备工作时的停放位置与井口的距离不得小于 6 m,并观察当时的风向,使加热炉排出的烟气不吹向井口。

(3) 在进行加热洗井工作时,如果油井有天然气,应先把套管内的天然气放出来,降低套管压力,然后把井口管线与加热炉排出管系连接起来。

(4) 管路中阀的开启和关闭应遵守规定。

(5) 加热炉操作注意事项:

① 加热炉点火时,先开点火开关,后开供油开关。一次点火时间不得超过 15 s。为了安全操作,若未能点燃,应查明原因并进行调整,排除后进行第二次点火时,必须先吹风 1~2 min 后再进行点火。

② 温度太低时,先开大燃油量,后加大风量;温度过高时先关小燃油量。

③ 在工作中因风吹灭炉火时,不能停止三缸柱塞泵,只能关闭燃油供给,继续运转,待吹去燃油油雾后重新点火。

④ 当工作结束后发现燃烧室内有火时,只能用风机吹灭,禁止用水浇灭。

⑤ 施工时加热炉内的冷空气容易产生水,有时壳内积水较多,施工后最好放掉壳内的水(放水堵头在加热炉后端下部)。

⑥ 施工后开启气路系统中的两个气阀,将加热炉盘管中的水排干净,以免腐蚀、冻裂盘管。

⑦ 每月应冷水试压一次,压力为 20 MPa。

⑧ 每月用水循环冲洗盘管,同时打开防爆器,用风吹炉体中的炭黑。

⑨ 在加热洗井、蒸气清蜡等工作中,应打开电子除垢仪开关,使除垢仪工作。

⑩ 施工结束后,变速箱挂空挡,电、气路开关处于断开位置。

⑪ 当每次施工结束后,在施工中出现的所有问题均应排除。

(6) 紧急停炉。遇下列情况必须立即停炉:井口突发井喷等事故,管汇严重刺漏,压力超过额定值,严重异响、超温等异常现象,发生意外伤害事故等。

(7) 回厂后检查。

① 将车按指定位置停好,置变速箱于空挡,拉紧手制动,发动机熄火,关闭电

路电源。检查各部位紧固螺丝是否紧固,是否有漏油、漏水、漏气等异常现象。

② 排出锅炉内及水泵、管汇、水箱内的存水。

③ 冬季停车时,对加软化水的车辆,要等发动机冷却后,放尽发动机冷却系统内的存水。放水时,打开水箱盖,启动发动机运转 1 min,将水放尽,并挂牌登记。水未放尽,人不准离开。

④ 填好随车记录,锁好车门。

九、运输罐车操作要求

(一)出车前的检查和准备工作

检查燃料油、润滑油、制动液、液力传动油和冷却水、电瓶液等是否达到规定要求。按照巡回检查内容做好巡回检查。重点检查灯光、仪表、喇叭、转向、制动、传动及轮胎气压,以上内容必须达到规定要求。检查行车手续及随车工具是否齐全。

(二)启动车辆

启动发动机时,使用启动机每次不得超过 10～15 s。如果连用 3 次启动机还不能启动发动机,应停止启动,进行检查,待排除有关故障后再行启动。发动机启动后,在稍高于怠速运转的情况下各种仪表应工作正常。待水温高于 50 ℃时,倾听发动机在高、中、低速下运转应无异响,机油压力、发电量均正常,且无漏油、漏水情况,气压符合规定,才能起步。

(三)起步

检视四周无障碍物、车旁及车下无人后,鸣喇叭(夜间开灯光),用一挡或二挡起步,起步要平稳,低速行驶 2 km 以上,待机油温度正常、各部润滑良好后逐渐提高车速。

(四)行驶中的操作

(1)经常查看仪表工作情况,出现异常情况必须立即停车检查,水冷式发动机水温不得超过 90 ℃,风冷式发动机缸头温度不得超过 150 ℃。行驶中发现有不正常异响、异味及温度高时,立即停车检查。车辆的制动、转向、灯光及信号装置有故障时,必须及时处理。遇险峻坡道,上下坡前必须及时换用低速挡行驶,下坡途中使用机械制动或排气制动,严禁溜车和发动机熄火滑行。在雨雪路面上行驶时,不得紧急制动、猛松油门和急打方向,必要时加装防滑链。

(2)罐车拉运易燃易爆危险品必须办理危险品运输证,安装静电接地带,并加装防火罩。罐内废液必须到指定加水点或污水站排放。

(3)施工前或施工后管线要吊装挂好,管线出口要高于闸阀。

(五)行驶中的安全注意事项

严格遵守交通规则和操作规程;严禁超速驾驶、酒后开车和无证开车;会车时做到"礼让三先"——先慢、先让、先停;做到"三停四查"。

十、抓管机操作要求

(一)出车前的检查与准备

检查发动机机油是否充足;检查传动与工作系统用油是否充足;加足发动机燃油;检查轮胎气压是否充足、轮辋螺母及传动轴螺母是否松动;水箱加足冷却水;各润滑部位加足润滑油或润滑脂。

(二)抓管机的启动

(1)启动前应将变速杆、换向杆及工作分配阀操纵杆均置于空挡位置,拉紧手制动杆,接通电源。然后踏下油门,顺时针转动启动开关至"启动"位置即可启动。

(2)一次转动启动开关的时间不得超过 15 s,在 15 s 内不能启动应立即放开钮把,间隔 60 s 以上再进行第二次启动。若连续三次仍不能启动,应检查原因并排除后再启动。

(3)启动后保持转速在 500～700 r/min 内运转 5～10 min,并注意发动机各仪表指示应在正常范围内。

(4)在冬季低温下启动时,须用 SFK-10 预热快速启动器进行预热。启动发动机前,打开控制器开关,绿色指示灯亮,预热 3～5 min 后红色指示灯闪烁,蜂鸣器发出声音,可以启动发动机。发动机启动进入正常工作状态后,关闭控制器开关。

(三)行驶中的注意事项

行驶中下坡时,严禁柴油机熄火或空挡滑行,以免发生危险。通过凹凸不平的路面时,应减速慢行。转弯时应减速鸣笛,并发出转弯指示信号。

(四)装卸管杆

服从现场指挥人员的指挥。装卸油管,操作时要注意井场油、气、水、电线路。注意与装卸车辆的配合,确保设备和人身安全。转向时注意观察避让现场人员和其他物体。

(五)安全注意事项

驾驶员必须持有设备操作证,熟悉待驾驶抓管机,并按说明书中的规定进行使用、维修、保养。制动气压低于 0.4 MPa 时不得行驶。转弯时必须减速,禁止急拐弯和急刹车。在雨雪天气不得高速行驶。严禁在发动机熄火时下坡、转向,以免液压转向失灵而发生事故。车上所有液压阀未经专业人员许可不能随意调动。主车操作及维修、保养、注意事项详见主车使用说明书。

十一、地锚机操作要求

(一)出车前的检查与准备

检查发动机机油是否充足;检查传动与工作系统用油是否充足;加足发动机燃

油;检查轮胎气压是否充足、轮辋螺母及传动轴螺母是否松动;水箱加足冷却水;各润滑部位加足润滑油或润滑脂。

（二）地锚机的启动

（1）启动前应将变速杆、换向杆及工作分配阀操纵杆均置于空挡位置,拉紧手制动杆,接通电源。然后踏下油门,顺时针转动启动开关至"启动"位置即可启动。

（2）一次转动启动开关的时间不得超过 15 s,在 15 s 内不能启动应立即放开钮把,等待 60 s 以上再进行第二次启动。若连续三次仍不能启动,应检查原因并排除后再启动。

（3）启动后保持转速在 500～700 r/min 内运转 5～10 min,并注意发动机各仪表指示应在正常范围内。

（4）在冬季低温下启动时,须用 SFK-10 预热快速启动器进行预热。启动发动机前,打开控制器开关,绿色指示灯亮,预热 3～5 min 后红色指示灯闪烁,蜂鸣器发出声音,可以启动发动机。发动机启动进入正常工作状态后,关闭控制器开关。

（三）行驶中的注意事项

行驶中下坡时,严禁柴油机熄火或空挡滑行,以免发生危险。通过凹凸不平的路面时,应减速慢行。转弯时应减速鸣笛,并发出转弯指示信号。

（四）下地锚

选择较为平整、坚实的停机面,将主机停在要下地锚处,拉紧手制动。向前扳"门架"手柄至"前倾"位置,同时加大油门,使门架与地面垂直,然后松开手柄至"封闭"位置。向后扳"滑车"手柄至"上升"位置,同时加大油门,使滑车上升到一定高度后,松开手柄至"封闭"位置。将地锚用轴销固定在主轴上。操作"滑车"手柄至"下降"位置。加大油门,待地锚下移到地平面时,操作"地锚"手柄至"钻进"位置,开始下钻地锚。待地锚钻进一定深度（80～100 cm）后,将"滑车"手柄扳至"浮动"位置,此时地锚自行下钻。当滑车上所标红线与门架上红色平面对齐后,立即松开"地锚"手柄至"封闭"位置,然后取下轴销。

（五）取地锚

（1）将主车停稳,拉下手刹,使滑车下降到适当位置,把"万向节取套"分别固定在主轴和地锚上。

（2）先将"滑车"手柄扳至"浮动"位置,然后将"地锚"手柄扳至"取出"位置,加大油门,地锚自行上移。

（3）待滑车上移速度瞬时减慢时,立即将"滑车"手柄扳至"上升"位置,待地锚全部取出后,松开手柄至"封闭"位置,取下地锚。

（六）安全注意事项

驾驶员必须持有设备操作证,熟悉本机,并按说明书中的规定进行使用、维修、

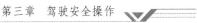

保养。制动气压低于 0.4 MPa 时不得行驶。转弯时必须减速,禁止急拐弯和急刹车。在雨雪天气不得高速行驶。严禁在发动机熄火时下坡、转向,以免液压转向失灵而发生事故。车上所有液压阀未经专业人员许可不能随意调动。主车行走时将门架后收,滑车下落。在门架与地面垂直的情况下,禁止地锚斜钻。加减油门可调节地锚旋转速度及滑车、门架移动速度。主车操作及维修、保养、注意事项详见主车使用说明书。

十二、其他专用工程车辆安全操作要求

(1)车辆进出施工区域路况复杂,基本上都是泥土路面,弯路比较多且路面比较窄,遇到复杂路况应及时停车,驾驶员步行探明路况,确认安全后再通过;遇湿滑路面要低挡低速通过,防止侧滑;对湿滑路面进行防滑处理。

(2)现场施工井场施工区域比较狭小,井架绷绳比较多,还有架设的电源线。驾驶员应先探明施工区域布置状况,确认停车的安全位置和行车路线后,在专人指挥下,控制车速,缓慢行驶至施工区域,必要时先清理井场。

(3)遇到雨、雪、雾、大风等恶劣天气,驾驶员应先探明路况,确认行车的安全路线后,在专人指挥下,控制车速,缓慢行驶至施工区域。

(4)车辆夜间进行施工时,由于施工区域的照明问题,驾驶员的视线不好,造成进出井场困难和井场停车困难。驾驶员应先探明施工区域布置状况,保证车辆灯光照明良好,确认行车的安全路线后,在专人指挥下,控制车速,缓慢行驶至施工区域。

第四章　职业健康预防

第一节　概　述

一、驾驶员职业与健康

我国的职业危害分布于全国 30 多个行业,以化工、石油、石化、煤炭、冶金、建材、有色金属、机械行业职业危害发生率较高。在所有行业中都存在汽车驾驶员这个职业,随着社会的进步,我国机动车和驾驶人保持快速增长趋势。据统计,80% 的驾驶员不同程度地患上了驾驶员职业病,特别是驾驶员在长期驾驶过程中,受到振动、噪声、高温、汽油、一氧化碳以及强制的不良体位等有害因素的影响,可发生多种职业危害,驾驶员日常必须加强职业健康危害的防护,确保个人身心的健康。

二、驾驶员职业病危害因素概述

生产工艺过程、劳动过程和工作环境中产生和(或)存在的,对职业人群的健康、安全和作业能力可能造成不良影响的一切要素或条件,统称为职业病危害因素。按其来源可分为三大类,如下所述。在实际工作场所,往往同时存在多种有害因素,对劳动者的健康可能产生联合影响。

(一)生产工艺过程中产生的有害因素

1. 化学性有害因素

化学性有害因素主要是运输过程中的毒物及粉尘影响。

2. 物理性有害因素

(1)异常气象条件。主要有在高温、低温季节从事运输、装卸及特种车辆现场露天作业;异常气压、大风、大雾。

(2)生产性噪声。驾驶员在驾驶机动车过程中主要接触两种噪声:一是机动车发动机运转、汽车喇叭、所载物体的振动等可产生不同强度的噪声;二是城市噪声。

(3)振动。根据振动作用于人体的部位和传导方式划分为局部振动和全身振动。局部振动常称作手传振动,主要产生于手部紧握转向盘操作的过程中。全身

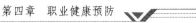

振动是指工作地点或座椅的振动,在交通工具上作业,驾驶员会受全身振动的影响。

3. 生物性有害因素

生物性有害因素是指生产原料和生产环境中存在的对职业人群健康有害的致病微生物、寄生虫、生物传染性病原体等。驾驶员长期行驶于各种环境下,增加了接触各种生物性危害因素的概率。

(二) 劳动过程中的有害因素

(1) 劳动组织和制度不合理,如劳动时间过长、劳动休息制度不健全或不合理等。

(2) 劳动时精神过度紧张,多见于新工人、新装置投产试运行或生产不正常时。

(3) 劳动强度过大或安排不当,如安排的作业与劳动者的生理状况不相适应,生产定额过高,超负荷的加班加点,妇女经期、孕期、哺乳期安排不适宜的工作等。

(4) 个别器官、系统过度疲劳,如长期固定某个姿势造成个别器官与系统的过度紧张,长时间处于不良体位或使用不合理的工具、设备等。

(5) 机动车采用部分不合格部件等对驾驶员的影响。

(三) 工作环境中的有害因素

(1) 自然环境因素,如炎热季节的太阳辐射,长时间头部受照,发生中暑。

(2) 驾驶室通风不良。

(3) 车辆所处作业环境空气污染(如硫化氢),使得处于下风侧的运转车辆岗位的驾驶员受到伤害。

(4) 防护措施缺乏或不完善,如缺乏防尘、防毒、防噪声等措施。

(5) 缺乏安全防护设备和必要的个人防护用品,或者防护设备和个人防护用品不符合要求,无法正常使用。

第二节　驾驶员职业病危害因素辨识

一、作业现场的职业危害

驾驶员在生产、作业场区进行装卸等作业时,有可能产生的职业危害主要是化学中毒。在汽车运货过程中,种种原因可引起化学品泄漏、散落,使汽车驾驶员发生急性中毒,尤其是易挥发、易由皮肤吸收的毒物中毒和刺激性皮炎。

二、驾驶过程中的职业危害

驾驶员在从事驾驶劳动过程中,有可能产生下列职业危害:

1. 噪声

机动车发动机运转、汽车喇叭、所载物体的振动等可产生不同强度的噪声,部分机动车驾驶室内噪声强度超过规定标准,在某些地区环境噪声也非常严重,驾驶员长期在噪声的"轰击"下,易产生听力损伤,导致噪声性耳聋。早期多在开车之后出现听力下降,如果不开车,听力又逐渐恢复。但长期开车,反复接触强噪声,就会造成听力明显损害,且不能完全恢复,导致双侧不可逆性耳聋。

2. 振动

机动车在发动、行驶时都在不停地振动,驾驶员的全身尤其是手脚受到的振动较大,开车时间一长,手部末梢血管和肌肉可产生痉挛,表现为手麻、手痛、手胀、手凉等症状,严重时还可引起手腕及手指关节的骨质增生,甚至关节变形。

强烈的振动和伴随的噪声长期刺激人体,会使神经紊乱,出现恶心、呕吐、失眠和眩晕等症状。女驾驶员还会出现月经失调、痛经、流产、子宫脱垂等病症。

3. 视力疲劳

驾驶员在开车时眼睛时刻都要注视路面的车辆和行人,倘若汽车的挡风玻璃质量粗糙,高低不平或厚薄不一,便可直接影响驾驶员的视力,导致视力疲劳综合征,即在开车过程中出现头晕、视物模糊、两眼胀痛等症状。

4. 不良体位、不良习惯导致的危害

(1)颈椎疾病。驾驶员开车时始终注视着一个方向,容易导致颈部肌肉痉挛,可使颈椎间关节处于一个不正常的位置,发生颈椎微错位,压迫、刺激神经,出现头部、肩部、上肢等处疼痛、发胀,颈部肌肉痉挛等症状。

(2)肩周炎。肩周炎是一种驾驶员最常见的职业病,尤其是40岁以上的驾驶员。驾驶员患肩周炎后由于肩关节疼痛和活动受限,不能灵活、准确地进行驾驶操作,容易发生不安全情况。

(3)前列腺炎。前列腺炎是成年男性的常见病,近几年的统计数据显示,前列腺炎患者中有相当比例为汽车驾驶员,尤其以长途车驾驶员最为多见。由于其工作特点,是易患该病的重点人群,且多不能维持按期、正规、连续的综合治疗,故对此病的预防就显得更加重要。

5. 其他职业危害

长期开车精神紧张,可能会导致血压升高。另外,长期饮食无规律,饮食不当,容易患胃病,如急、慢性胃炎,胃和十二指肠溃疡等;驾驶室安装空调的汽车,若长时间使用空调而不开窗换气,可发生一氧化碳中毒。驾驶员劳动强度大,如缺乏合

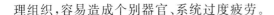

理组织,容易造成个别器官、系统过度疲劳。

三、工作环境中的职业危害

驾驶员在驾驶过程中接触不良环境时,有可能产生下列职业危害:劳动者在野外工作时,可接触高温、低温、高湿、低湿、高压、低压等职业病危害因素,还可能遭受山洪、泥石流、地震、雷击、暴风雪等自然灾害,以及突发意外、食物中毒、水源性疾病、传染性疾病等危害。

比如:夏季日照强、气温高,驾驶员流汗多,精力消耗大,易发生中暑。

第三节 驾驶员职业病危害因素的防控措施

一、生产性毒物的控制措施

(一)工程技术措施

1. 工艺改革

尽可能以无毒、低毒的工艺代替高毒工艺,以无毒、低毒的物料代替高毒物料,这是防毒的根本措施,如使用无苯烯料、无汞仪表、无铅油漆等。

2. 密闭化装卸、运输

设备装卸应实现自动化,避免装卸过程中驾驶员接触有毒物质;机动车装载用油罐、货柜实现密闭化,并加装毒物泄漏报警装置,防止有毒物质泄漏带来的危害。

3. 通风净化

受技术及经济条件限制,仍然存在有毒物质逸散且自然通风不能满足要求时,应设置必要的机械通风排毒与净化装置,使工作场所达到卫生标准。通风排毒主要有全面通风和局部通风两种形式。有害气体的净化方法主要有燃烧法、冷凝法、吸收法和吸附法,目前多采用吸收法和吸附法。

4. 事故处理装置

对有毒物质泄漏可能造成急性职业中毒事故的设备和工作场所,应设置可靠的事故处理装置和应急防护装置,如有酸碱腐蚀性伤害的场所设喷淋装置等。

(二)驾驶员个人防护措施

(1)由于生产工艺、经济和技术等原因,防毒设施无法达到卫生标准要求时,操作人员应佩戴防毒面罩和毒物报警器等个人防护用品。

(2)配备相关设备,改变驾驶员的不良工作习惯,避免出现用口吸汽油(柴油)的做法。

（三）综合管理措施

驾驶员应加强防毒教育及职业卫生知识培训学习,并做好上岗前和在岗期间的定期体检等工作。

二、噪声控制措施

（一）声源控制

消除和控制噪声源的主要措施:应降低声源的声级和改善喇叭的声学特点,由于高音喇叭的噪声对人的听力危害较大,应使用低音喇叭。

加强车辆设备的维护、更新,减少因连接部件磨损造成的噪声。

（二）控制噪声的传播途径

控制噪声传播途径的主要措施有:

（1）隔音。用一定的材料、结构和装置将声源封闭,以控制噪声传播,如采用隔声棉、隔声玻璃、隔声门等。

（2）隔振。防止固体振动产生噪声,如在机器上安装减振装置。

（3）同一车间内的机械设备,在工艺条件允许的情况下,高、低噪声设备应分区布置。

（4）采取消声、隔声、吸声、隔振、阻尼等声学技术措施阻断或屏蔽噪声源向外传播。

表 4-1 列举了常用的噪声控制技术措施适用的场合及降噪效果。

表 4-1　常用的噪声控制技术措施适用的场合及降噪效果举例

现场噪声情况	合理的技术措施	降噪效果/dB(A)
进气、排气噪声	消声器	10～30
机器振动,影响邻居	隔振处理	5～25
机壳或管道振动并辐射噪声	阻尼措施	5～15
车辆的噪声	消声器、声屏障	15～25

（三）驾驶员个体防护

（1）在接受点进行防护,主要是个人防护,这是一种经济而有效的方法。常用的防护用具有耳塞、防声棉、耳罩、头盔等,它们主要是利用隔声原理来阻挡噪声传入人耳,以保护人的听力。

（2）在不妨碍驾驶、安全的情况下,关闭车窗,或在车上播放舒缓的音乐。播放音乐时音量不宜过大,以减少噪声对人体的影响。

（3）避免驾驶员长期驾驶一种车型。

三、振动控制措施

(一) 工艺技术措施

(1) 机动车尽可能选用工艺质量好的减振设备,包括汽车减振器、优质轮胎。

(2) 避免旧车"超期服役",及时更换陈旧、磨损的零部件;对汽车定期维修和保养;按期检查保养减振器,使其始终保持良好的工作状态;正确使用轮胎并定期检测胎压,将胎压保持在合理范围内。

(3) 驾驶员座位应该用弹簧、海绵坐垫制成,最好在座位靠背上装配富有弹性的垫子,以起到分散震动冲击的作用。

(二) 个人防护措施

(1) 保持正确的驾车姿势,驾驶车辆前将驾驶座位调整至适当的位置,驾驶车辆时手握转向盘用力要适度,做到平顺柔和,避免野蛮操作,并正确选择行驶路面。

(2) 开车时应戴松软手套,减少手与机器手柄和转向盘的直接接触,以缓冲振动的作用和刺激。

(3) 当行经道路凹凸不平时,应减速行驶,以减少全身振动。

(4) 另外,要加强饮食营养,增强身体免疫力,定期进行健康体检,发现病症及时治疗。

四、视力疲劳控制措施

(一) 工艺技术措施

由于质量差的挡风玻璃是造成视力疲劳综合征的主要原因,因此,要选用质量上乘的挡风玻璃。

(二) 个人防护措施

(1) 长途行车时要强调适当休息,防止视力过度疲劳。驾驶员在休息时,应抓紧时间擦干净挡风玻璃上的灰尘,在停车后眺望远处或绿色植物,缓解眼部疲劳,或者做做眼保健操。

(2) 有些驾驶员看完电视立即开车,殊不知这样开车对视力的损害非常大。研究发现:在暗光下看电视,荧光屏上强烈的闪烁会引起人体内维生素 A 含量的暂时性下降,使人的视觉迟钝,辨色能力减弱,视力下降。倘若连续看电视 1 h,视力须经过 30 min 才能恢复正常;如果看电视 2~3 h,视力恢复的时间就更长。因此,驾驶员看完电视不宜立即开车。

五、颈椎疾病控制措施

个人防护措施:最好将一个靠枕放在脖子后面,减轻疲劳。另外,预防这种病

症,开车时要保持正确的驾车姿势。在开车空隙经常活动四肢,没事的时候多活动活动脖子,一般连续开车1h需要有意识地活动脖子。车辆等红灯时,头部向左、向右各旋转十余次,可预防颈椎病。

六、肩周炎控制措施

个人防护措施:加强驾驶后的个人肌体锻炼,如做徒手体操,做肩关节3个轴向活动,用健肢带动患肢进行练习;做器械体操,利用体操棒、哑铃、肩关节综合练习器等进行锻炼;做下垂摆动练习,躯体前屈,使肩关节周围肌腱放松,然后做内外、前后、绕臂摆动练习,幅度可逐渐加大,直至手指出现发胀或麻木的感觉为止。

七、急性颈扭伤控制措施

个人防护措施:开车时要保持正确的驾车姿势,要避免突然和强行、过度扭转头颈部,倒车时尽量用反光镜观察车后情况;确需扭头时,首先应适当调整坐姿,使颈部不致过度扭转,连续扭头时间不宜过长;平时开车时应避免急刹车及突然加速,以防头颈部与躯干移动速度不一致而产生颈部肌肉痉挛。

八、前列腺炎控制措施

个人防护措施:应采取相应的预防措施,如持续驾车1h左右应下车适当运动,活动腰髋,伸展四肢;长途驾驶可轮班操作,驾驶员交替休息;平时多饮水,多排尿;注意个人及驾驶室卫生,发现身上有感染灶时尽快治疗。另外,还须注意生活规律,坚持锻炼身体,增强抵抗力和自信心。

九、胃病控制措施

个人防护措施:驾驶员应合理安排车辆行程,做到间隔4~5h用餐一次,定时定量,坚持"衡、软、缓、淡"的饮食习惯。长途运输时必须常备新鲜水果、糕点和饮用水。保持稳定的情绪,减轻生理、心理负担。

十、中暑控制措施

个人防护措施:为预防中暑,驾驶员在出车前和行车途中应避免食用辛辣、油腻的食物,多食用新鲜蔬菜,多饮用清凉饮料,并注意补充盐分。要随车携带水杯和毛巾,并备有人丹、十滴水等防暑药物。保持驾驶室内通风良好,途中注意休息。

十一、其他职业危害控制措施

个人防护措施:不要空腹开车,当驾驶员长时间处于饥饿状态下,体内血糖下

降到一定程度时,就会出现头晕眼花、疲劳乏力、注意力不集中,容易诱发事故。多食富含维生素的食物,特别是维生素 B 和维生素 C。饭后应休息 20～30 min 再开车,以利于消化系统正常工作。

此外,睡眠时间要充足,心情要开朗乐观,定期进行体检,以便早期发现与职业有关的疾病,及时治疗处理。倘若发现禁忌开车的情况,如明显的听觉器官、心血管、神经系统器质性疾病和色盲等疾病患者,均不宜从事机动车驾驶工作。

第五章　车辆驾驶安全防护装置与器材

　　汽车的安全防护装置和防护及应急器材是随着人们对生命、财产安全的逐步重视而产生的。随着汽车数量迅猛增长,汽车对人类的威胁越来越大,各类交通事故居高不下,伤亡人数触目惊心,使得世界各国对汽车安全的关注和重视度越来越高,一些汽车生产制造商为了迎合市场的需求和公司发展以及迫于法律政策的压力,积极投资研发各种汽车安全防护装置和器材,并逐步投入生产应用,同时在其他机动车辆上也得到了广泛应用。汽车安全防护装置和器材的使用,对预防事故发生、防止事故中的人员伤亡起到了重大作用,尤其是汽车安全防护装置,使汽车的安全性能有了极大的提高,避免了大量交通事故的发生和人员伤亡。

第一节　车辆的安全防护装置

　　根据汽车安全防护装置在避免事故发生和人员伤亡过程中所起的作用不同,将其分为主动安全防护装置和被动安全防护装置。

一、主动安全防护装置

　　主动安全防护装置是指防止汽车发生事故或使汽车难以发生事故的安全防护装置或系统。目前主要包括防抱死制动系统(ABS)、电子制动力分配系统(EBD/EBV)、电子差速锁(EDS/EDL)、电控行驶平稳系统(ESP/ESC/DSC/VDC)、紧急制动辅助装置(EBA)、牵引力控制系统(TCS/ASR/TRC/DTC)和汽车轮胎压力实时监视系统(TPMS)等。

(一)防抱死制动系统(ABS)

　　ABS是一种在制动过程中能够自动控制一个或几个车轮在其旋转方向上的滑移程度的主动安全防护系统。它既有普通制动系统的制动功能,又能防止车轮锁死,使汽车在制动状态下仍能转向,具有缩短制动距离、防止产生侧滑和跑偏、增加汽车制动时的稳定性、改善轮胎的磨损状况、使用方便、工作可靠等优点,是目前汽车上最先进、制动效果最佳的制动装置。

1. ABS系统的功能

　　没有安装ABS的汽车在行驶中如果用力踩下制动踏板,车轮转速会急速降低,当制动力超过车轮与地面的摩擦力时,车轮就会被抱死,完全抱死的车轮会使轮胎与地面的摩擦力下降。如果前轮被抱死,驾驶员就无法控制车辆的行驶方向;如果后轮被抱死,就极容易出现侧滑、甩尾现象。

ABS 系统的作用是在汽车紧急制动时能够实时监测车轮的转速,快速调整制动力大小,使车轮不被锁死,既不让轮胎在一个点上与地面摩擦,又能使汽车在制动状态下转向,可以有效地提高轮胎与地面的摩擦力,缩短制动距离,避免车轮抱死造成的方向失控和车轮侧滑,同时也能减少制动消耗,延长制动盘(鼓)、制动摩擦片和轮胎的使用寿命。

实验证明,装有 ABS 的汽车在转弯制动时能准确地按弯道行驶;未装 ABS 的汽车在转弯制动时不能按弯道行驶,而且制动距离较长。装有防抱死制动系统的汽车在干路面上制动时,制动距离可缩短3.9 m,在湿路面上可缩短7.3 m。由此可见,ABS 不仅能缩短汽车的制动距离,而且能增加驾驶员在制动过程中控制转向盘、绕开障碍物的能力,并保证汽车制动时的方向稳定性,特别是在较滑的湿路面上行驶时其优越性尤其明显。

2. 国家相关规定要求

最早的汽车防抱死制动系统是由英国人于 1920 年研制成功的,而我国在这方面的研究始于 20 世纪 80 年代初,东风汽车公司是最早研究防抱死制动系统的厂家。为了规范我国汽车防抱死制动系统技术标准,充分发挥先进科学技术的积极作用,预防道路交通事故的发生,国家在机动车辆制动系统方面不断制定、完善相关标准,1992 年发布实施了《汽车防抱制动系统性能要求和试验方法》(GB 13594 —1992),提出了汽车防抱死制动系统的性能要求。在《汽车制动系统结构、性能和试验方法》(GB 12676—1999)中规定了部分应安装防抱死制动系统的车型,要求"最大总质量大于 12 000 kg 的 M3 类旅游客车和最大总质量超过 16 000 kg、允许挂接 O4 类挂车的 N3 类车辆必须安装符合 GB 13594 中规定的一类防抱制动装置。O4 类挂车必须安装符合 GB 13594 要求的防抱制动装置"。在《机动车运行安全技术条件》(GB 7258—2004)中,增加了"总质量大于 12 000 kg 的长途客车和旅游客车、总质量大于 16 000 kg 且允许挂接总质量大于 10 000 kg 的挂车的货车及总质量大于 10 000 kg 的挂车必须安装符合 GB/T 13594 规定的防抱制动装置"的要求。2012 年新修订颁布的《机动车运行安全技术条件》(GB 7258—2012)修改了应安装防抱死制动装置的机动车类型,要求"车长大于 9 m 的公路客车、旅游客车和未设置乘客站立区的公共汽车,所有专用校车、危险货物运输车和半挂牵引车、总质量大于等于 12 000 kg 的货车和专项作业车及总质量大于 10 000 kg 的挂车应安装符合 GB/T 13594 规定的防抱死制动装置"。

3. ABS 系统的种类和结构组成

ABS 系统可分为机械式和电子式两种。

机械式 ABS 的结构简单,主要是一个机械阀,利用阀体内的一个橡胶气囊对刹车压力的反馈来不断放松、制动,从而达到轮胎不抱死的结果。目前在部分国产皮卡和低档客车上采用这种装置。

电子式 ABS 是由车轮轮速传感器、线束、电子控制单元(ECU,即行车电脑)、液压控制单元(液压调节器、制动压力调节器)和指示灯等构成。其组成结构如图 5-1 所示。

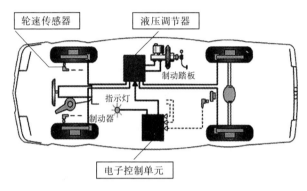

图 5-1　电子式 ABS 组成结构示意图

电子式 ABS 系统的工作原理:汽车在制动过程中,车轮轮速传感器不断地把各个车轮的轮速信号及时输送给 ABS 电子控制单元(ABS ECU)。ABS ECU 根据设定的控制逻辑对 4 个轮速传感器输入的信号进行处理,同时计算汽车的参考车速、各车轮速度和减速度,以确定各车轮的滑移率。如果某个车轮的滑移率超过设定值,ABS ECU 就发出指令控制液压控制单元,使该汽车制动轮缸中的制动压力减小;如果某个车轮的滑移率还没达到设定值,ABS ECU 就控制液压单元,使该车轮的制动压力增大;如果某个车轮的滑移率接近设定值,ABS ECU 就控制液压控制单元,使该车轮制动压力保持一定。这样就使各个车轮的滑移率保持在理想范围之内,使 4 个车轮不完全抱死,从而既保持了每个车轮的最大制动力,又充分利用车轮附着力,有效地克服了紧急制动时车辆跑偏、侧滑和方向失控现象。其工作原理如图 5-2 所示。

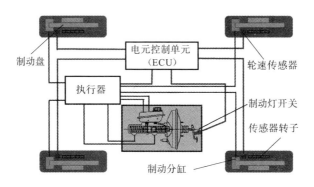

图 5-2　电子式 ABS 工作原理示意图

4. ABS 系统的工作范围

ABS 系统的种类不同,其结构形式和工作过程也不完全相同,但都是通过对趋于抱死车轮的制动压力进行自适应循环调节来防止车轮发生制动抱死的,且在工作范围方面是基本相同的。

（1）ABS 系统只是在汽车的速度超过一定值（假定是 10 km/h）以后,才会对制动过程中趋于抱死的车轮进行防抱死制动压力调节。当汽车速度被制动降低到一定值时,防抱死制动系统就会自动中止防抱死制动压力调节,此后的制动过程和常规制动系统的制动过程相同,车轮仍有可能被制动抱死。

（2）在制动过程中只有当车轮趋于抱死时,防抱死制动系统才会对趋于抱死的车轮进行压力调节,防止该车轮抱死拖滑。如果在制动过程中没有车轮趋于抱死,制动过程与常规制动系统的制动过程完全相同。

（3）ABS 系统都有自诊断功能,能够对系统的工作情况进行监测,一旦发现存在影响系统正常工作的故障,将自动关闭防抱死系统并点亮防抱死制动报警灯,向驾驶员发出报警信号,汽车的制动系统仍然可以像常规制动系统一样进行制动。

5. ABS 系统工作状态的判断

ABS 系统工作状态是否正常,可通过以下内容进行判断:

（1）在汽车以 40 km/h 左右的速度行驶时实施紧急制动,如果车轮不滑移,并感到制动踏板在连续跳动,说明 ABS 系统工作正常。

（2）如果汽车正常行驶时 ABS 警告灯点亮,或紧急制动时 ABS 系统不起作用,则说明 ABS 系统有故障。

（3）如果在启动发动机之前将点火开关旋至 ON 位置,ABS 警告灯不亮,或者将点火开关旋至 ON 位置,ABS 警告灯点亮 3 s 后不熄灭,也表示 ABS 系统有故障。

（二）电子制动力分配系统（EBD /EBV）

电子制动力分配系统（英文缩写为 EBD,德文缩写为 EBV）是能够自动调节前、后轴的制动力分配比例,提高制动效能,并配合 ABS 防抱死制动系统提高制动稳定性的一种主动安全防护系统,一般和 ABS 组合使用,提高 ABS 的功效。

1. EBD 系统的功能

在车辆制动时,车辆 4 个车轮的制动蹄或制动卡钳均会动作,以将车辆停下。由于 4 个轮胎附着地面的条件可能不同或变化,加上减速或转弯时车辆重心的转移,4 个车轮与地面间的抓地力将有所不同,而传统的制动系统会平均地将制动总泵的力量分配至 4 个车轮,使得汽车容易产生打滑、倾斜等现象,甚至会导致车辆侧翻。

EBD 的功能就是在汽车制动的瞬间,电子控制单元根据车轮轮速传感器发出的 4 个车轮的转速信息高速计算出各车轮的转速及滑移率,判断出前后轮载荷的变化和车轮的抱死情况,并按照设定的程序在运动中调节各车轮的制动力,使其制动力与摩擦力(牵引力)相匹配,提高 ABS 系统的功效,防止出现甩尾、侧移和侧翻,并缩短汽车制动距离,以保证车辆的平稳和安全。

2. EBD 系统的结构组成

EBD 实际上是 ABS 系统的辅助功能,是 ABS 系统的有效补充。它是在 ABS 系统的电子控制单元中增加一个控制软件,和 ABS 系统共用一套电子控制单元及液压单元,机械系统与 ABS 完全一致。

3. EBD 系统的工作原理

在汽车制动的瞬间,车轮转速信号传送至电子控制器,电子控制器根据这些信号计算出汽车参考车速和车轮转速,然后进一步计算出前后轮的滑移率之差,并按照一定的控制规律向液压执行器中的电磁阀发出信号,对车轮实行保压、减压和加压的循环控制,使前、后轮趋于同步抱死。当制动结束后,制动踏板松开,总泵内的制动压力为零,此时再次打开常闭阀,低压蓄能器中的制动液经常闭阀、常开阀返回总泵,低压蓄能器排空,为下一次 ABS 或 EDB 工作做好准备。当 ABS 起作用时,EBD 即停止工作。EBD 工作原理如图 5-3 所示。

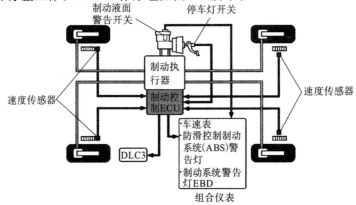

图 5-3　EBD 工作原理示意图

(三)电子差速锁(EDS/EDL)

电子差速锁的英文缩写是 EDS,也有用 EDL 的,只是英文名字的叫法不同。它是 ABS 的一种扩展功能,用于鉴别汽车车轮是否失去着地摩擦力,从而对汽车的加速打滑进行控制。

1. EDS 的功能

在汽车起步、加速和行驶时,EDS 的电子控制单元能够根据车轮轮速传感器发出的转速信号判断出车轮的状态。当车轮出现打滑或悬空现象时,EDS 的电子控制单元就会通过 ABS 系统控制打滑一侧的车轮,使发动机产生的扭力通过差速器有效地作用到非打滑侧的车轮上,保证汽车平稳运行,同时也能减少动力损失,提高车辆的动力性能。

2. EDS 的工作原理

EDS 的工作原理比较容易理解。由于没有装配 EDS 的汽车的差速器允许传动轴两侧的车轮以不同的转速转动,如果传动轴某一侧的车轮打滑或者悬空,会造成另一侧车轮动力下降或完全没了动力。

当汽车驱动轴的两个车轮分别在不同附着系数的路面起步时,如果一个驱动轮在干燥的柏油路面上,另一个驱动轮在冰面上,EDS 则可通过 ABS 系统的传感器自动探测到左右车轮的转动速度,当因车轮打滑而使两侧车轮的转速不同时,EDS 系统就会通过 ABS 系统对打滑一侧的车轮进行制动,从而使驱动力有效地作用到非打滑侧的车轮,保证汽车平稳起步。当车辆的行驶状况恢复正常后,电子差速锁即停止作用。

另外,车辆出现以下情况时,EDS 也能通过 ABS 系统的传感器自动探测到内外驱动轮的转速状况,判断车轮转动阻力以及车轮是否打滑,并通过 ABS 系统对打滑一侧的车轮进行制动调控,提高车辆的转弯能力:

(1)当汽车高速转弯或在弯道高速行驶时,由于车辆重心会向外侧偏移,导致外侧车轮载荷增大而内侧车轮载荷减小。内侧车轮趋于悬浮,旋转阻力和地面附着力减小而导致车轮打滑。外侧驱动轮由于旋转阻力增大和内侧驱动轮打滑等原因,差速器分配给它的动力扭矩减小,通过能力下降。

(2)由于大部分车辆的发动机和传动机构都布置在前轴之前,车辆静态时的前后轴重本来就显得"头重脚轻"。对于前轮驱动的车辆,在转弯或弯道行驶时重量前移使得前轴负荷进一步增大,加之离心力的作用导致的重心外移,使得外侧车轮旋转阻力进一步增大,内侧驱动轮打滑更为严重,而这时需要更大的旋转驱动力的外侧驱动轮却因此得不到,从而很容易导致转向不足。

同普通车辆相比,带有 EDS 的车辆能够更好地利用地面附着力,尤其是在倾斜的路面上 EDS 的作用更加明显。

（四）牵引力控制系统（TCS/ASR）

牵引力控制系统（循迹控制系统）是一种能够根据路面状况保持最佳驱动力，防止汽车尤其是大功率汽车在起步和行驶加速时驱动轮打滑，维持汽车行驶方向稳定性的主动安全防护系统，英文缩写是 TCS。它也称 ASR 驱动防滑系统，有些汽车还叫 TRC、DTC 系统，只是叫法不同，系统的功能都一样。

TCS 系统是继 ABS 后采用的一套防滑控制系统，是 ABS 功能的进一步扩展和重要补充。TCS 系统和 ABS 系统密切相关，通常配合使用，构成汽车行驶的主动安全系统。

1. TCS 系统的功能

汽车在起步、加速、转弯和湿滑路面上制动时往往会出现以下现象：一是汽车在起步或急加速时驱动轮可能出现打滑，在冰雪等湿滑路面上还会出现方向失控；二是在湿滑路面制动时车轮会打滑，甚至使方向失控；三是在转弯时如果油门过大，将使驱动轮打滑。前轮驱动汽车的前轮如果打滑，汽车将出现转向不足的现象；后轮驱动汽车的后轮如果打滑，汽车将出现过度转向现象。

TCS 系统的作用是防止汽车在起步、加速过程中以及在较滑路面行驶时驱动轮出现滑动现象，尤其是防止汽车在非对称路面或在转弯时驱动轮出现滑转，以保持汽车行驶方向的稳定性和操纵性。

2. TCS 系统的结构组成

TCS 系统由 ECU（TCS 电控单元，即行车电脑）、执行器（制动压力调节器、节气门驱动装置）和传感器（车轮轮速传感器、节气门开度传感器）等组成。TCS 系统可与 ABS 共用车轴上的轮速传感器，与 TCS 控制单元连接。TCS 系统的基本组成示意图如图 5-4 所示。

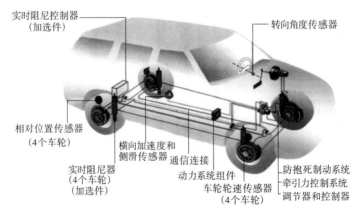

图 5-4　TCS 系统的基本组成示意图

3. TCS 系统的工作原理

通过车轮轮速传感器将驱动车轮转速及非驱动车轮转速(车速)转变为电信号输送给 TCS 电控单元(ECU),ECU 则根据车轮转速信号计算驱动车轮的滑转率,如果滑转率超出了目标范围,ECU 再综合参考节气门开度信号、发动机转速信号、转向信号灯等因素确定控制方式,并向执行机构发出指令使其工作,将驱动车轮的滑转率控制在目标范围之内。TCS 系统的基本组成与工作原理如图5-5所示。

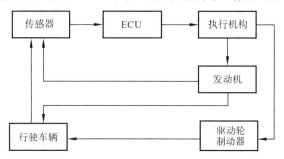

图 5-5 TCS 系统的基本组成与工作原理示意图

4. TCS 与 ABS 的区别

(1) ABS 是防止制动时车轮抱死滑移,提高制动效果,确保制动安全;TCS 则是防止驱动车轮原地不动而不停地滑转,提高汽车起步、加速及滑溜路面行驶时的牵引力,确保行驶稳定性。

(2) ABS 对所有车轮起作用,控制其滑移率;而 TCS 只对驱动车轮起制动控制作用。

(3) ABS 是在制动时车轮出现抱死情况下起控制作用,在车速很低(小于 8 km/h)时不起作用;而 TCS 则是在整个行驶过程中都工作,只要车轮出现滑转就起作用。

(五)电控行驶平稳系统(ESP)

电控行驶平稳系统(ESP)是防抱死制动系统(ABS)、牵引力控制系统(TCS)和电子制动力分配系统(EBD)等基本功能的组合,是一种车辆新型主动安全系统,能够在汽车行驶过程中迅速识别、判定和控制车辆的不稳定状态,保证行驶的稳定性和安全性。

ESP 不像 ABS,不同的汽车生产厂商和部门机构给予电子稳定程序不同的名称。尽管名称不同,但是只要具有 ABS 和 TCS 的功能,并且同时具有防侧滑功能,和 ESP 的功能便是一致的。比如美国 FMVSS126 将其称作 ESC,戴姆勒·克莱斯勒、菲亚特、大众汽车、奥迪都用 ESP,马自达、宝马用的名字是 DSC(动态稳定控制系统),Nissan 则称之为 VDC(车辆动态控制系统),其中 ESP 用得比较普遍。

1. ESP 系统的功能

在汽车行驶过程中,因外界因素的干扰(如行人、车辆及环境的突然变化等),驾驶员会采取一些紧急避让措施,使汽车进入不稳定状态,即出现偏离预定行驶路线或翻转趋势等危险状态,装置 ESP 的汽车能够在极短的几毫秒时间内识别并判定这种汽车的不稳定行驶趋势,通过智能化的电子控制方案,让汽车的驱动传动系统和制动系统产生准确响应,及时恰当地消除这些不稳定的行驶趋势,使汽车保持驾驶员意想的行驶路线,防止车辆翻滚事故的发生。

ESP 最主要的功能就是通过纵向力适度地调整不平衡,保证汽车能够按照驾驶员的指令进行转向,并能够提高汽车极限行驶的性能,如转弯制动,对防止侧滑、翻车等能够发挥很大的作用。

2. ESP 系统的结构组成

ESP 系统主要由传感器(轮速传感器、加速度传感器、横摆速度传感器、转向角度传感器、制动液压传感器、节气门位置传感器)、电子控制单元、执行器及警示装置组成。图 5-6 所示为 ESP 结构示意图。

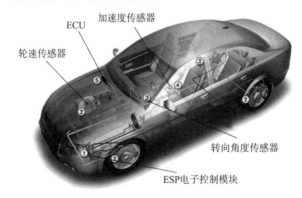

图 5-6　ESP 结构示意图

3. ESP 系统的工作原理

当车辆在非常极端的操控情况(如高速转弯、高速躲闪障碍物等情况)下时,ESP 系统会在极短的时间内收集包含 ABS、EDS 及 TCS 系统的庞大信息数据,并加上转向盘转向角、车速、横向加速值和车身滚动情况,再与电脑记忆体中的基准值做对比后,指示 ABS 等各有关系统做出适当的应变动作,使车辆遵从驾驶人意愿的方向行驶。这时即使驾驶员不断改变行驶路径,电脑也能持续计算,并以对个别车轮增加或降低制动力的方式修正转向过度或转向不足的倾向,维持车身的动态平衡。

(1)车辆转弯时,如果速度过快,在没有 ESP 的情况下,车辆会出现甩尾,如图 5-7(a)所示。如果有 ESP,ESP 电控行驶平稳系统根据多个传感器采集到的信号，及时启动右前轮上的制动装置，以修正转向过度的倾向，使车辆保持稳定行驶，如图 5-7(b) 所示。

　　(a) 没有 ESP 的情况　　　　　　　　　　　(b) 有 ESP 的情况

图 5-7

　　(2) 车辆在湿滑的路面上行驶时，前轮会出现打滑并且转向不足，这时踩刹车，如果没有 ESP，前轮会偏离正常的轨迹，使车辆失去转弯能力，如图 5-8(a) 所示。如果有 ESP，ESP 电控行驶平稳系统根据横摆速度传感器、车轮轮速传感器、转向角度传感器等多个传感器采集到的信号，及时增大右后轮的制动力，同时减少发动机的输出扭矩，使车辆保持稳定行驶，如图 5-8(b) 所示。

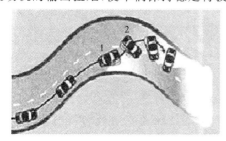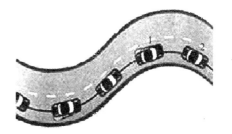

　　(a) 没有 ESP 的情况　　　　　　　　　　　(b) 有 ESP 的情况

图 5-8

　　(3) 车辆在高速闪避障碍物时，驾驶员慌忙制动，扭转转向盘，车辆转向不足，继续冲向障碍物，驾驶员为避免冲撞，必须加大转弯角度。当躲过障碍物后，驾驶员迅速回正转向盘，车辆失控甩尾，如图 5-9(a) 所示。如果有 ESP，ESP 电控行驶平稳系统根据多个传感器采集到的信号，及时增大左后轮制动压力，增加前轮的转向角度。为使前轮返回原来轨迹，在没有 ESP 的情况下，驾驶员要回正转向盘，车辆面临转向过多的危险。但在 ESP 作用下，前左轮自动制动，车辆继续向前稳定行驶，如图 5-9(b) 所示。

(a) 没有 ESP 的情况　　　　　　　(b) 有 ESP 的情况

图 5-9

(六) 紧急制动辅助装置(EBA)

EBA 是靠时基监控制动踏板的运动,并能根据制动踏板的运动情况施加制动力的一种电子控制制动辅助装置。

1. EBA 的功能

EBA 通过压力传感器感知驾驶员是否进行紧急制动行为。如果是紧急制动,车载控制电脑会启动电子真空助力器内部的电磁机构,迅速将制动压力提升至助力器的最大伺服点。

2. EBA 的结构组成和工作原理

EBA 由传感器、执行器和控制器组成。核心的执行器是车内的电子真空助力器。

在正常情况下,大多数驾驶员开始制动时只施加很小的力,然后根据情况增加或调整对制动踏板施加的制动力。如果必须突然施加大得多的制动力,由于人的反应相对较慢,或一些驾驶员没有心理准备,因而不能及时施加最大的制动力,造成制动距离过长,导致追尾等交通事故的发生。

EBA 通过时基监控制动踏板的运动,获取驾驶员踩踏制动踏板的速率,理解驾驶员的制动行为。一旦 EBA 监测到驾驶员踩踏制动踏板的速度陡增,而且驾驶员继续大力踩踏制动踏板,EBA 会在几毫秒内启动,释放出储存的 180 bar (18 MPa)的液压施加最大的制动力,其速度要比大多数驾驶员移动脚的速度快得多。驾驶员一旦释放制动踏板,EBA 就转入待机模式。由于 EBA 能够更早、更快地施加最大制动力,可显著缩短制动距离,有助于防止在停停走走的交通状况中发生追尾事故。

(七) 汽车轮胎压力实时监视系统(TPMS)

TPMS 是能够在汽车行驶中实时地对轮胎气压进行自动监测、报警的一种主动安全防护系统。

轮胎是汽车最重要的组成部件之一,对行驶安全关系重大,因轮胎所引发的交通事故时有发生,在事故原因中占有较高的比例,尤其是在汽车高速行驶中更容易导致事故发生。

1. TPMS 的功能

(1)事前安全保护。TPMS 系统能够实时检测出轮胎气压和温度,帮助驾驶员随时准确掌握轮胎状况,在轮胎出现异常征兆时提示驾驶者采取相应措施,保障车辆安全行驶。

(2)延长轮胎寿命。轮胎气压每减少标准气压值的 10%,轮胎寿命减少15%。TPMS 系统有助于使轮胎气压处于标准气压状态,从而延长轮胎使用寿命。

(3)减少油耗。轮胎气压低于标准气压值的 30%,油耗将上升 10%。如果轮胎气压过高,抓地力就会下降,油耗也会随之上升。

(4)保护汽车部件。轮胎在非标准气压下行驶会对发动机底盘及悬挂系统造成磨损。而且各个轮胎气压如果不均匀,会造成刹车跑偏,增加对悬挂系统的磨损。

2. TPMS 的种类和工作原理

TPMS 可分为间接式胎压监测系统(WSBTPMS)和直接式胎压监测系统(PS-BTPMS)。

(1)间接式胎压监测系统。

它与 ABS 共享传感器和监测信号,不必添加额外的硬件装置,只需调整车内计算机的软件便可获得胎压异常的警示信息,开发和生产成本较低。

间接式胎压监测系统是通过汽车的 ABS 系统的轮速传感器来比较轮胎之间的转速差别,以达到监测胎压的目的。当轮胎压力降低时,车辆的重量会使轮胎直径变小,车速就会产生变化。车速变化就会触发 WSB 的报警系统,从而提醒车主注意轮胎胎压不足。因此,间接式胎压监测系统属于被动型 TPMS。

由于间接式胎压监测系统是通过收集和比较各车轮转速的方式来判定轮胎的胎压是否过低的,因此,使用间接式胎压监测系统的前提是车辆必须有 ABS 系统。不过,影响轮胎转速的因素除了胎压异常外,路面状况也是主要原因,从而对间接式胎压监测系统的检测判断产生影响而出现错误警告信息。另外,当 4 个轮胎的胎压同时下降时,系统便失去判定的准则,警告信息自然就不会出现。间接式胎压监测系统受到最多争议的就是侦测功能仅在车辆行驶中才能发挥作用,对备胎或当车辆停滞时无法判断。

（2）直接式胎压监测系统。

它由感测传输器、接收天线、接收器和监视器设备组成,通过安装在 4 个轮胎里的胎压监测传感器来测量轮胎的气压和温度,利用无线发射器将压力信息发送到中央接收器对轮胎气压数据进行显示。当轮胎出现高压/低压、高温时,系统就会报警提示驾驶员,避免因轮胎故障引发的交通事故,以确保行车安全。

直接式胎压监测系统能在汽车静止或者行驶过程中对轮胎气压和温度进行实时自动监测,并且车主可以根据车型、用车习惯、地理位置自行设定胎压报警值范围和温度报警值。因此,直接式胎压监测系统属于主动型 TPMS。

二、被动安全防护装置

被动安全防护装置是指在事故发生时,保护内部乘员及外部人员安全的汽车安全防护装置。目前主要包括汽车安全带、安全气囊、汽车座椅、座椅头枕、安全玻璃、前后保险杠、货车等的侧面及后下部防护装置、溃缩式转向柱、溃缩式制动踏板和车身安全结构等。

（一）安全带

汽车安全带是一种由织带、带扣、调节件和固定件组成的,用于在车辆骤然减速或撞车时通过限制佩戴者身体的运动以减轻其伤害程度的总成。该总成一般称为安全带总成,它包括吸能和卷收织带的装置。

1. 安全带的功能

当车辆发生碰撞、翻滚、坠落事故或紧急制动时,高强度的织带能够将驾乘人员牢固地束缚限制在车辆座椅上,可以有效地避免人体由于巨大的惯性力被甩出车外或撞击到车内其他部件上而造成伤害,尤其是在车辆发生翻滚、坠落事故时,它能够确保驾乘人员不因车辆翻滚、坠落而在车辆发生反复多维运动,从而有效避免驾乘人员遭受二次或多次碰撞伤害。三点式安全带由于具有肩带,它能够防止驾乘人员上体在巨大惯性力作用下突然前倾而使头部急剧后仰所造成的颈部扭折伤害。同时,安全带具有一定的缓冲吸能作用,能够避免当安全带突然勒紧时对人肢体和器官造成的伤害。

有关资料表明,在发生车辆正面碰撞时,如果驾乘人员正确地使用安全带,可使死亡率减少 57%,侧面碰撞时可减少 44%,翻车或坠车时可减少 80%。当汽车以 50 km/h 的速度发生撞击时,正确使用安全带的有效保护率为 43%,有安全气囊而没使用安全带的有效保护率为 18%,既有安全气囊又使用安全带的有效保护率为 60%。由此可见,安全带可谓是关键时候的救命草。图 5-10 是汽车以 50 km/h的车速发生碰撞时的情景。

图 5-10 50 km/h 车速发生碰撞时的情景

根据美国运输部的调查,使用三点式安全带,驾驶员座位上的负伤率可降低43%~52%(因车速不同而异),副驾驶员座位上的负伤率可降低37%~45%。如果不装用安全带,即便是在 20 km/h 的碰撞速度下也可能发生死亡。两点式安全带的效果要比三点式安全带差一些,但又比不装用安全带的伤亡率要降低很多,装用与不装用安全带的效果是不同的。

2. 国家相关规定要求

1985 年,原机械工业部发布了《汽车座椅安全带的安装固定点》(JB 4074－1985),首次对汽车安全带的安装提出了标准要求,1993 年被《汽车安全带安装固定点》(GB 14167－1993)代替。1989 年,我国发布了《汽车安全带总成性能要求和试验方法》(GB/T 11549－1989)和《汽车安全带用卷收器性能要求和试验方法》(GB/T 11558－1989)两个有关汽车安全带的国家标准,对汽车安全带提出了性能要求。1987 年,我国发布了《机动车运行安全技术条件》(GB 7258－1987),对轿车前排座椅必须装置座椅安全带提出了规范要求。1997 年对其进行了修订,修订后的《机动车运行安全技术条件》(GB 7258－1997)对机动车辆安装使用安全带的范围进行了扩展,要求"座位数小于或等于 20 座或者车长小于或等于 6 m 的载客汽车和最大设计车速大于 100 km/h 的载货汽车和牵引车的前排座椅必须装置汽车安全带。长途客车和旅游客车的驾驶员座椅及前面没有座椅或护栏的座椅应安装汽车安全带。卧铺客车的每个铺位均应安装两点式汽车安全带"。到 2012 年又进行了修订,新修订发布的《机动车运行安全技术条件》(GB 7258－2012)修改了应装备汽车安全带的座椅范围,增加了安全带的形式要求、乘用车驾驶人座位应装备汽车安全带佩戴提示装置及乘用车儿童座椅固定的要求。具体要求为:

(1)乘用车、公路客车、旅游客车、未设置乘客站立区的公共汽车、专用校车和

旅居车的所有座椅、其他汽车(低速汽车除外)的驾驶人座椅和前排乘员座椅均应装置汽车安全带。

(2)所有驾驶人座椅、前排乘员座椅(货车前排乘员座椅的中间位置及设有乘客站立区的公共汽车除外)、客车位于踏步区的车组人员座椅以及乘用车除第二排及第二排以后的中间位置座椅外的所有座椅,装置的汽车安全带均应为三点式(或四点式)汽车安全带。

(3)专用校车和专门用于接送学生上下学的非专用校车的每个学生座位(椅)及卧铺客车的每个铺位均应安装两点式汽车安全带。

(4)汽车安全带应可靠有效,安装位置应合理,固定点应有足够的强度。

(5)乘用车应装备驾驶人汽车安全带佩戴提醒装置。当驾驶人未按规定佩戴汽车安全带时,应能通过视觉或声觉信号报警。

(6)乘用车(单排座的乘用车除外)应至少有一个座椅配置符合规定的ISO-FIX儿童座椅固定装置,或至少有一个后排座椅能使用汽车安全带有效固定儿童座椅。

1992年11月15日,公安部发布了《关于驾驶和乘坐小型客车必须使用安全带的通知》,首次对驾乘车辆不系安全带进行处罚,通知规定:上路行驶的小型客车驾驶人和前排乘车人必须使用安全带,凡不按规定使用安全带的驾驶人或乘车人,一律处以警告或者5元罚款。2004年5月1日,公安部发布实施的《机动车驾驶证申领和使用规定》(公安部第71号令)对驾乘机动车辆不系安全带实行违法记分。2007年12月29日,第十届全国人民代表大会常务委员会第三十一次会议通过的《中华人民共和国道路交通安全法》(修正案)第五十一条规定:机动车行驶时,驾驶人、乘坐人员应当按规定使用安全带,摩托车驾驶人及乘坐人员应当按规定戴安全头盔。2013年1月1日起施行的《机动车驾驶证申领和使用规定》(公安部第123令)规定:驾驶机动车在高速公路或者城市快速路上行驶时,驾驶人未按规定系安全带的,一次记2分。

3. 安全带的分类

常见的汽车座椅安全带按固定方式不同,可分为两点式、三点式和四点式安全带。

(1)两点式安全带。

两点式安全带与车体或座椅构架仅有两个固定点,织带从腰的两侧挂到腹部,形似腰带,在碰撞事故中可以防止乘员身体前移或被甩出车外。两点式安全带如图5-11所示。

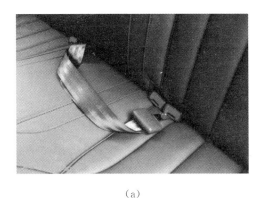

（a）　　　　　　　　　　　　　　　　　（b）

图 5-11　两点式安全带

　　两点式安全带的优点是使用方便，易于解脱；缺点是乘员上体容易前倾，前座乘员的头部撞到仪表板、风窗玻璃上的机会较大，特别是上体的急剧摇摆运动容易折伤颈部。所以，这种安全带主要用于不适宜安装三点式安全带的客车后排座位上。

　　（2）三点式安全带。

　　三点式安全带是弥补两点式安全带缺点的安全带，它在两点式安全带的基础上增加了肩带，在靠近肩部的车体上有一个固定点，可同时防止驾乘人员身体前移和上半身前倾，增加了驾乘人员的安全性，是目前使用最普遍的一种安全带。三点式安全带如图 5-12 所示。

　　（3）四点式安全带

　　四点式安全带是在两点式安全腰带上再装两条肩带而成，其固定点为 4 个，乘员保护性能最好，但结构复杂、实用性差，一般仅用于特殊用途车或赛车上。四点式安全带如图 5-13 所示。

图 5-12　三点式安全带　　　　　　　　　图 5-13　四点式安全带

4. 三点式安全带的结构和种类

三点式安全带一般由织带、卷收器、带扣、上导向器、长度调整机构、预紧器和锁紧装置等组成。

根据卷收器的功能,三点式安全带又可分为无锁式、自锁式和紧急锁止式 3 种类型。

无锁式安全带是一种在织带全部拉出时能够保持束紧力,但无法在织带拉出的位置自动锁止的安全带。

自锁式安全带是一种具有自锁式卷收器的安全带。自锁式卷收器在任意位置停止拉出织带动作时,其锁止机构都能在织带停止位置附近自动锁止并保持束紧力。

紧急锁止式安全带是一种安装有紧急锁止式卷收器的安全带。紧急锁止式卷收器是目前应用最广泛的卷收器。在汽车正常行驶时允许织带自由伸缩,但当汽车速度急剧变化时,其锁止机构锁止并保持安全带束紧力。

5. 预紧式安全带

为提高安全带的性能,一些现代汽车安全带加设了织带卷收预拉紧器,叫作预紧式安全带或预缩式安全带。

预紧式安全带能够在车辆发生碰撞事故的一瞬间,乘员尚未向前移动时先拉紧织带,立即将乘员紧紧地绑在座椅上,然后锁止织带防止乘员身体前倾,有效保护乘员的安全。预紧式安全带中起主要作用的卷收器与普通安全带的不同,除了有普通卷收器的收放织带功能外,还具有当车速发生急剧变化时能够在 0.1 s 左右加强对乘员的约束力的作用。

预紧式安全带一般由传感器、动力装置、收紧装置和防逆转结构组成。

(1)传感器。它被预紧式安全带与 SRS 安全气囊系统共用。一旦检测到来自前方的冲击高于规定值,预紧式安全带与 SRS 安全气囊系统会同时启动。

(2)动力装置。它由用于点火的加热器、点火剂、推动剂、活塞等组成,根据来自传感器的信号点火,利用产生的气压推动汽缸中的活塞,从而生成拉紧安全带的动力。

(3)收紧装置。安全带穿过固定齿轮和移动齿轮之间,通常情况下使用不会产生任何阻力。动力装置启动后产生的推力通过滑轮转换成回转运动。另外,移动齿轮转动的同时夹住与固定齿轮之间的安全带,从而边转动边拉紧安全带。

(4)防逆转结构。它一旦收紧安全带,乘客安全带的张力便会使防反向转动齿轮咬合并保持咬合状态。

预紧式安全带按照控制装置的不同可分为电子式控制和机械式控制两种。

电子式控制装置由电子控制单元(ECU)检测到汽车加速度的不正常变化,经过电脑处理后将信号发至卷收器的控制装置,激发预拉紧装置工作。这种预紧式安全带通常与辅助安全气囊组合使用。

机械式控制装置由传感器检测到汽车加速度的不正常变化,控制装置激发预拉紧装置工作。这种预紧式安全带可以单独使用。

预拉紧装置有多种形式,常见的预拉紧装置是爆燃式的,由气体引发剂、气体发生剂、导管、活塞、绳索和驱动轮组成。当汽车受到碰撞时预拉紧装置被激发,密封导管内底部的气体引发剂立即自燃,引爆同一密封导管内的气体发生剂产生大量气体膨胀,迫使活塞向上移动而拉动绳索,带动驱动轮旋转,将织带卷在卷筒上回拉,同时卷收器将织带紧急锁止,固定驾乘人员的身体。

预紧式安全带装置有气体引发剂和气体发生剂,因此有效期满必须更换,同时启动后无法再次使用。

6. 安全带的正确使用

在汽车安全带的使用上,一些驾驶员对安全带的重要性认识不足,存在着安全带使用上的误区,尤其是后排座的乘车人更是如此。有关调查资料表明,目前在我国约有 80% 的驾乘人员没有自觉系安全带的意识和习惯,约有 82% 的人认为安全带非常重要,但认为车速慢时没有必要系安全带;10% 的人将安全带作为摆设,认为有安全气囊就可以了;2% 的人认为驾驶技术好,可不系安全带;6% 的人认为安全带不需要保养。有资料显示,在交通事故死亡人员中,排在第一位的是行人和非机动车使用者,约占死亡人数的 29.7%;第二位是副驾驶座乘员,约占 28.8%;第三位是驾驶员,约占 21.1%;第四位是后排座乘车人,约占 17.8%。而不正确使用安全带是导致道路交通死亡事故发生的第三大原因,仅次于超速行驶和酒后驾驶。那么,如何正确地使用安全带呢?

(1)经常检查安全带的织带、配件是否完好无损,安全带固定螺栓是否紧固无松动。如发现损坏或固定不牢,应及时更换或紧固。

(2)调整座椅,不能让座椅靠背过于倾斜,应使身体能够坐直而稍微后倾。

(3)调节安全带的高度,应使肩部安全带跨过肩部的中央,如图 5-14 所示。肩部安全带位置太高,有可能会割伤驾乘人员颈部;肩部安全带位置太低,安全带容易滑落,导致无法限制驾乘人员身体前倾(如图 5-15 所示)。

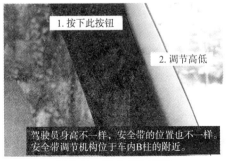

图 5-14　安全带的调整

图 5-15　肩部安全带的正确位置

（4）抓住安全带头部的锁舌，沿着身体往下拉安全带，将锁舌插入锁扣内，顺势往上拉一拉安全带，确保安全带锁扣已经扣好且没有损坏，如图 5-16 所示。

（5）腰部安全带应系在髋部，肩部安全带应斜跨过胸腔，不能系在其他部位。这样做主要是为了确保事故发生时安全带的缓冲作用和使冲击力作用在骨骼上而非柔软的内脏器官上，如图 5-17 所示。

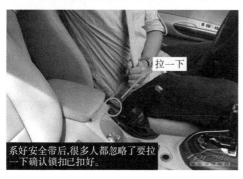

图 5-16　检查确认安全带锁扣　　　　图 5-17　安全带所处的正确位置

（6）不要让安全带压在坚硬或易碎的物品（如衣服里的眼镜、钢笔或钥匙等）上，一是避免事故发生时安全带挤压这些坚硬或易损的物品造成身体伤害；二是防止损伤安全带。

（7）系好安全带后还要检查一下锁扣上松开按钮的位置，按钮必须能够方便地触及，以便万一逃脱时能够迅速解开安全带。

（8）孕妇驾乘车辆时也应系好安全带，保护母亲是保护胎儿的最好方法。但应注意腰部安全带应当尽量系低一点，跨过肚子下缘，不要搭在腹部，如图 5-18 所示。

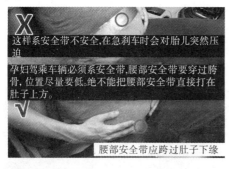

图 5-18　孕妇安全带的正确系法　　　　图 5-19　远离安全带静音扣

（9）安全带是驾乘人员的生命保护带，请珍惜生命，远离安全带静音扣，如图5-19所示。

（二）安全气囊

安全气囊是在车辆发生碰撞事故时保护驾乘人员免受伤害的一种被动性安全

保护装置,也是安全带的辅助装置。

1. 安全气囊的功能

当汽车发生碰撞导致减速度急剧变化时,气囊迅速膨胀展开,在驾驶员或乘员与车内构件之间铺垫一个气垫,利用气囊排气节流的阻尼作用来吸收人体惯性力产生的动能,从而减轻人体遭受伤害的程度,尤其对驾乘人员的头部、面部和颈部的安全保护作用更为明显。

安全带与安全气囊是配套使用的,没有安全带,安全气囊的安全效果将会大打折扣。据调查,单独使用安全气囊可使事故死亡率降低 18% 左右,单独使用安全带可使事故死亡率下降 43% 左右,而当安全气囊与安全带配合使用时,可使事故死亡率降低 60% 左右。由此可见,安全气囊是安全带的辅助系统,只有两者相互配合,才能最大限度地降低事故的死亡率。

2. 安全气囊的结构和种类

安全气囊系统主要由传感器、气体发生器、点火器、气囊以及控制单元(ECU)等组成。

按照不同的分类方法,汽车安全气囊有多种:

(1)按照气囊的数量可分为单气囊系统(只装在驾驶员侧)、双气囊系统(正、副驾驶员侧各有一个安全气囊)和多气囊系统(前排安全气囊、后排安全气囊、侧面安全气囊)。

(2)按气囊大小可分为保护全身的安全气囊、保护整个上身的大型气囊和主要保护面部的小型护面气囊。

(3)按照保护对象可分为驾驶员防撞安全气囊、前排乘员防撞安全气囊、后排乘员防撞安全气囊与侧面防撞安全气囊。

(4)按照点火系统可分为电子式安全气囊、机电式安全气囊和机械式安全气囊。

(5)按碰撞类型可分为正面防护安全气囊、侧面防护安全气囊和顶部碰撞防护安全气囊。

3. 安全气囊的工作原理

当汽车以超过 30 km/h 的速度发生碰撞事故时,装在汽车前端的碰撞传感器和装在汽车中部的安全传感器监测到碰撞信息后,由碰撞传感器将信息传给ECU,经 ECU 评断是否启动气囊。若需要,则发出点火信号使点火器开始点火,气体发生器在几毫秒的时间内向气囊充气使其膨胀,在驾驶员或乘员与车内构件之间形成一个气垫。当人体接触气囊时,气囊的泄气孔就逐渐泄气。安全气囊从触发到充气膨胀,再到驾驶员头部陷入气囊,直至气囊被压扁的全过程不超过110 ms,从而对驾驶员和乘客起缓冲保护作用。图 5-20 所示为安全气囊工作原理简易图,图 5-21 为气囊对人体保护示意图。

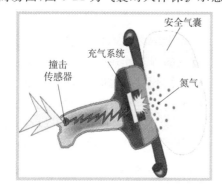

图 5-20　气囊工作原理简易图

图 5-21　气囊对人体保护示意图

(三) 汽车座椅

汽车座椅是汽车上可供驾乘人员乘坐并定位驾驶员驾驶操作姿势和乘车人乘坐姿势的靠背式座椅,也是汽车安全带借以发挥作用的重要基础装置。因此,它是一种车辆被动安全装置。

1. 汽车座椅的安全作用

(1) 在驾驶员正常驾驶车辆的过程中,汽车座椅能够定位其驾驶操作姿势,并为其提供舒适的驾驶操作环境,避免或减轻驾驶员长时间驾驶操作产生疲劳而导致事故发生。

(2) 当车辆发生事故或紧急制动、转弯时,借助安全带的束缚限制作用,能够使驾乘人员牢稳地坐在座椅上,避免身体移动而与车内装置、物品发生碰撞或被巨大碰撞冲击力、翻滚惯性力甩出车外,同时也可防止其他车载物体侵入驾乘人员所处的生存空间,避免造成驾乘人员伤害。

(3) 在事故中,当驾乘人员与座椅碰撞时,座椅能够吸收驾乘人员与之碰撞时产生的能量,使驾乘人员的伤害减到最低。

2. 汽车座椅的分类

(1) 按照座椅的使用位置,可分为前排座椅、中排座椅和后排座椅。

(2) 按照座椅的结构形式,可分为整体式座椅(坐垫和靠背一体)和分体式座椅(坐垫和靠背分开)。

(3) 按照座椅的乘坐人数,可分为单人座椅、双人座椅和长条多人座椅。

(4) 按照座椅的用途,可分为驾驶员座椅、乘务员座椅、乘客座椅和附加座椅。

(5) 按照座椅的功能,可分为固定式座椅、可调式座椅、翻移式座椅、旋转式座椅、儿童安全座椅和赛(跑)车座椅等。其中,固定式座椅为固定在车身上、位置及角度不可调节的座椅;可调式座椅为可改变位置、角度或刚度的座椅;翻移式座椅为靠背、坐垫或整体可翻转、卸下的座椅；旋转式座椅为能整体旋转以改变乘坐方向的座椅。

（6）按照座椅的饰面材料，可分为真皮座椅、仿真皮座椅、人造革座椅、布艺座椅。

（7）按照座椅的调节类型，可分为手动式调节座椅和电动式调节座椅。

目前，汽车上普遍使用的座椅为可调式单人座椅，在一些高档小型乘用车上电动座椅也较为多见。

3. 可调式座椅的结构组成和功能

从座椅安全性考虑，汽车座椅一般由座椅骨架、靠背、头枕、坐垫、调节机构和与车身相连接的固定部件组成，如图 5-22 所示。

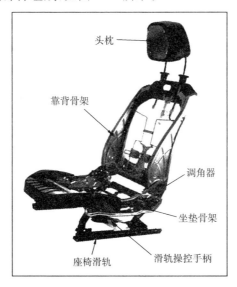

图 5-22　汽车座椅结构图

（1）座椅骨架。座椅骨架一般是由坐垫骨架和靠背骨架组成的，用于支撑人体和连接座椅零部件的框架。座椅骨架一般采用管材和板材焊接而成，并在框架内连有弹簧，具有承受一定重力载荷和冲击载荷的能力，能够给驾乘人员提供安全可靠的支撑。

（2）座椅靠背。座椅靠背是能够为驾乘人员背部和肩部提供舒适、可靠支撑的靠垫。座椅靠背应在确保强度要求的条件下，其高度和形状符合人体曲线，使驾乘人员背部肌肉处于放松状态，并能给其背部和肩部提供有效、可靠的支撑，使驾乘人员保持稳定的坐姿。当发生交通事故时，能够吸收、缓冲碰撞冲击能量，避免或减轻驾乘人员的伤害。

（3）座椅坐垫。座椅坐垫通常由座椅弹簧、缓冲材料和蒙皮组成,它应在确保强度要求的条件下,具有一定的弹性和缓冲功能,使驾乘人员的臀部肌肉得以放松。

（4）调节机构。座椅调节机构是调节座椅与车身的相对位置并使座椅锁止在调节位置上的机构装置。座椅调节机构主要有调角器、滑轨等机构。调节机构既是调节座椅前后位置、上下位置和调节靠背仰角等的装置,也是固定座椅的关键部件,它可以把座椅调节到最适合驾乘人员使用的位置、高度和倾斜度,能够满足不同的体态和坐姿的乘员的乘坐要求。

（5）连接固定部件。连接固定部件是用于将座椅连接固定在车身上的部件。它应具有足够的强度,确保车辆发生碰撞事故时座椅仍能牢固地被固定在原位,从而保证安全带最大限度地发挥作用。

4. 座椅调整方法

汽车座椅角度和前后、上下位置调整对于安全驾乘车辆非常重要,不仅关系到安全带的正确使用,更重要的是当车辆发生事故时,能够充分发挥座椅缓冲、吸收碰撞冲击能量的作用,并使自身处于最佳的空间位置和身体姿势。特别是对于驾驶员来讲,由于不同人具有不同的身高、臂长和体态,正确调整座椅位置和靠背角度,不仅能够保证驾驶员具有最佳的驾驶操作姿势和观察外部道路环境的位置,而且能够避免长时间驾驶操作车辆而产生疲劳,有利于安全行车。汽车座椅的正确调整可参考以下方法(如图 5-23 所示):

图 5-23　汽车座椅的调整方法

（1）调整座椅与踏板的距离。将座椅后推或前移,确保让右脚将油门、制动踏板或者左脚将离合器踏板踩到底时,腿部呈微微自然弯曲状态。如果座椅与踏板的距离较大,驾驶员虽然伸腿就会比较舒服,但是用脚踩踏板时的准确度与力度都会比较差;反之,如果座椅与踏板的距离较小,腿脚就很容易疲劳。

（2）围绕转向盘调整自己。双手自然伸开,肘部和肩部放松,右手握在转向盘的"9点钟"位置仍有点弯曲,并使转向盘下沿与自己身体之间保持 $10 \sim 12$ cm 的距离。

(3) 调整靠背。使靠背稍微向后倾斜,大约 $8°$,并非越直越好,但也不能过于倾斜,否则会影响操纵车辆,而且在车辆发生碰撞事故时容易造成头部和颈部伤害。

(4) 调整座椅的高度。以正常的驾驶姿势坐立,目光平视,使视线落在前风窗玻璃的中线上,确保能够拥有最佳视野。

(四) 座椅头枕

汽车座椅头枕是用于限制驾驶员和成年乘车人员头部相对于其躯干后移,以减轻或避免在发生事故时颈椎遭受损伤的装置。

1. 头枕的作用

在车辆碰撞交通事故中,颈部损伤是最常见的伤害之一,大约有七成的伤亡者颈椎都受到不同程度的损伤。当车辆发生碰撞事故尤其是追尾事故时,人体在靠背或坐垫的带动下突然向前剧烈晃动或移动,头部却因为惯性无法跟上身体瞬间的剧烈运动而后仰,这种骤然间产生的强烈弯曲和拉扯力几乎全部都积聚在了脆弱的颈部,造成颈椎不堪重负而错位、骨折等损伤,严重者会造成颈椎内部神经(脊髓)受伤,导致颈部以下全身瘫痪(高位截瘫),甚至危及生命。如果在碰撞事故中驾乘人员的头部没有剧烈地跟从躯干扭动,那么即使汽车受到严重冲撞,其颈部也不会受伤。因此,头部与躯干之间剧烈错位是造成颈部损伤的主要原因。

汽车座椅头枕的作用就是在车辆发生碰撞事故时,能够很好地支撑住头部后仰,有效地缓冲事故发生时巨大的瞬间冲击力,从而保护脆弱的颈骨,降低颈部受到伤害的概率。同时,也为驾乘人员提供了较好的舒适性,把头靠在头枕上支撑头部,可避免疲劳,特别是在长途行驶中头枕随时为疲劳的乘客提供小憩的机会。

2. 头枕的分类

汽车座椅头枕可分为 5 类。

(1) 整体式头枕:由靠背上部形成的头枕,仅能用工具将其从座椅或车身结构上拆下来,或利用将座椅外罩全部或部分拆下来的方法才能将其拆下来,如图 5-24 (a)所示。

(2) 可拆式头枕:采用插入或固定的方式与座椅靠背相连且可以与座椅分开的头枕,如图 5-24(b)所示。

(3) 分体式头枕:采用插入或固定的方式与车身结构相连且完全与座椅分开的头枕,如图 5-24(c)所示。

(4) 嵌入式头枕:下端嵌入靠背凹部的头枕。

（5）主动式头枕：是一种纯机械系统的头枕，在车辆碰撞时能够减小人体头颈运动行程来保护驾乘人员头颈部安全。

（a）整体式头枕　　　　（b）可拆式头枕　　　　（c）分体式头枕

图 5-24　头枕

3. 头枕的正确使用

为了有效地发挥汽车头枕的安全保护作用，保障驾乘人员的安全，就像汽车安全带一样，正确地使用头枕尤为重要。

（1）正确调整身体与座椅的角度，使背部尽可能直立。颈部与身体间角度趋于平缓，能降低追撞时的伤害程度。但应注意：座椅靠背角度并不是越直越好，应尽量保持微微后倾。正确的座椅角度如图 5-25 所示。

图 5-25　正确的座椅角度　　　　　　　图 5-26　正确的头枕高度

（2）正确调整头枕高度，头枕不能过高，也不能过低。头枕中心应与耳朵上沿平齐，使后脑勺置于头枕最柔软的中间部位。头枕高度过高，不能缓冲头部撞击；头枕高度过低，容易造成颈椎折断，正确的头枕角度如图 5-26 所示。

（3）头枕高度调整后要看插销卡位是否稳固，不能让头枕上下移动或前后摇晃，如图 5-27 所示。

（4）驾乘车辆时，后脑与头枕的间距要尽可能小。在汽车受到撞击时，后脑与头枕之间的距离越小，头枕对头颈部起到的缓冲作用就越大。这个间距最多不要超过 4 cm，相当于两根手指并列的宽度，如图 5-28 所示。

调节好头枕高度后，还要检查插销是否在相应高度的卡位中，保证头枕稳固，避免在行车过程中移位。

头部与头枕之间的距离不要超过4 cm（两根手指的宽度）。这个距离越小，头枕对头部的缓冲保护效果就越好。

图 5-27　检查固定头枕　　　　　　　图 5-28　保持适当距离

（五）汽车安全玻璃

汽车安全玻璃是能够有效保护或避免驾乘人员受到事故二次性伤害或行驶中外来飞行物体伤害的一种安全防护性汽车玻璃，它也是机动车被动性安全防护装置的一种。

自国产汽车诞生以来，整个 20 世纪 50 年代，我国一直使用普通平板玻璃或部分曲面玻璃。在无数次交通事故中，有成千上万人因受锋利的玻璃碎片伤害而死亡。到 50 年代后期，虽然钢化玻璃的应用使人体伤害程度降低了，但因碰撞使钢化玻璃碎成无数小碎块而使整个玻璃变白，无法保证驾驶员的正常视野，往往导致二次事故的发生。

1. 汽车安全玻璃的作用

当车辆发生碰撞事故时，没有正确佩戴安全带的驾乘人员在巨大冲击力的作用下，身体会发生剧烈的移动，有可能会从破碎的风窗玻璃或风窗以外的玻璃框中被抛出车外而造成二次伤害，或被破损的玻璃刺伤、割伤等。

当汽车发生事故造成车辆倾翻、坠落时，没有正确佩戴安全带的驾乘人员将会随着车辆的倾翻、坠落而被抛出车外造成伤害，或因破损的玻璃而受到伤害等。

在车辆行驶过程中，常常会出现被车辆碾飞的石块、石子，从前面货车上散落飞出的货物，行驶车辆飞出的轮胎钢圈、压条等外来飞行物体，这些外来飞行物体有可能会碰击汽车玻璃而导致人员伤亡。

据有关部门统计资料显示，在交通事故中由于汽车玻璃的原因，大约有 10% 的驾乘人员受到二次伤害，死亡率增加了 2%。因此，汽车玻璃安全也是人们关注的一个重要安全问题。

汽车安全玻璃的作用是在保证能为驾驶员提供良好视线穿透性的前提下，能够在车辆发生碰撞、翻滚、坠落事故时有效地阻挡或避免驾乘人员因巨大车辆碰撞冲击力、车辆翻滚和坠落惯性力被抛出车外或因玻璃破碎而造成的二次伤害，同时也能有效地避免车辆行驶过程中外来飞行物体对驾乘人员的伤害。在车辆发生事故时，驾驶副座部位的风窗玻璃还能作为安全气囊展开时的后支撑板。

2. 汽车安全玻璃的安全特性

汽车安全玻璃是严格按照 GB 9656－2003《汽车安全玻璃》和 GB/T 5137－2002《汽车安全玻璃试验方法》的要求,经过厚度、可见光投射比、副像偏离、光畸变、抗磨性、耐热性、耐辐射性、耐湿性、耐燃烧性、耐温度变化性、耐化学腐蚀性、抗穿透性、抗冲击性、人头模型冲击和碎片状态等 15 项试验合格的产品。安全玻璃与普通玻璃相比,不仅具有较好的抗穿透性、抗冲击性等强度性能,而且当车辆发生撞击事故时风窗玻璃能较好地保留在车身上,保障了驾乘人员不被抛出车外;当遇破坏性外力冲击造成玻璃破裂时,夹层玻璃的碎片能黏结在一起,不至于因玻璃碎片脱飞或散落而造成驾乘人员伤害;钢化玻璃碎片呈类似蜂窝状的钝角颗粒,不易对驾乘人员的肌体和眼睛造成较大伤害。在汽车玻璃安全防护性方面,要模拟车辆发生碰撞事故时和车辆行驶中外来刚性物体冲击时的情形,对汽车安全玻璃进行抗冲击性试验、抗穿透性试验和人头模型冲击试验,以保证汽车安全玻璃的安全防护性。

3. 汽车安全玻璃的分类及其特性

(1) 汽车安全玻璃的分类。

根据 GB 9656《汽车安全玻璃》分类方法,汽车安全玻璃的分类有两种。

一是按照应用部位分类,可分为风窗玻璃(即前挡风玻璃)和风窗以外玻璃(即门窗玻璃)两类。风窗以外玻璃包括车门、角窗、侧窗、后窗及顶窗玻璃等。

二是按照加工工艺分类,汽车安全玻璃可分为夹层玻璃、区域钢化玻璃、钢化玻璃、中空安全玻璃和塑玻复合材料五类。

① 夹层玻璃适用于所有机动车风窗玻璃和风窗以外的玻璃。

② 区域钢化玻璃适用于不以载人为目的的载货汽车风窗玻璃和所有机动车风窗以外玻璃,但不适用于以载人为目的的轿车及客车等的风窗玻璃。

③ 钢化玻璃适用于设计时速低于 40 km/h 的机动车风窗玻璃和所有机动车风窗以外玻璃。

④ 中空安全玻璃适用于所有机动车的风窗以外玻璃。

⑤ 塑玻复合材料适用于所有机动车风窗玻璃和风窗以外玻璃。

(2) 汽车安全玻璃的特点。

① 夹层玻璃。

夹层玻璃是由 2 片或 2 片以上的玻璃,用透明的弹性胶片牢固黏合而成。防弹玻璃也是夹层玻璃的一种。夹层玻璃如图 5-29 所示。

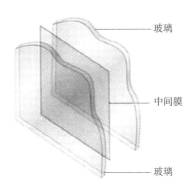

图 5-29 夹层玻璃

用于制造夹层玻璃的玻璃可以是普通玻璃,也可以是钢化玻璃、半钢化玻璃、镀膜玻璃、吸热玻璃、热弯玻璃等。

制造汽车用夹层玻璃的黏合胶片一般为 PVB 胶片。PVB 胶片是聚乙烯醇和油状的醛缩合的产物,它具有透明、无色、耐热、耐光、耐寒、耐湿、黏结性能好、机械强度高等特性,在常温下是高弹态物质,在高温下也具有很好的弹塑性,它带给夹层玻璃很好的整体性。用 PVB 胶片制成的夹层玻璃在受到外界强烈的冲击时,能够吸收冲击能量,玻璃碎片被 PVB 胶片黏在一起,不产生飞散或脱落的玻璃碎片,整块玻璃仍能保持完整,是当前世界上制造夹层安全玻璃用的最佳黏合材料。因此,在车辆发生碰撞、翻滚、坠落事故时或车辆行驶中遭到外来飞行物体冲击时,用 PVB 胶片制成的汽车安全玻璃能够有效地保护驾乘人员免遭伤害,是目前较为理想的汽车安全玻璃。

② 钢化玻璃。

钢化玻璃是一种预应力玻璃,为提高玻璃的强度,通常使用化学或物理的方法对普通玻璃进行强化处理,在其表面形成压应力,玻璃承受外力时首先要抵消表层应力,从而提高了承载能力,增强玻璃自身的抗压性、寒暑性和冲击性等。钢化玻璃具有强度高、安全性好和热稳定性好的优点。同等厚度的钢化玻璃抗冲击强度和抗弯强度是普通玻璃的 3～5 倍。当玻璃受到外力破坏时,玻璃碎片呈类似蜂窝状的钝角颗粒,不易对人体造成伤害。钢化玻璃具有良好的热稳定性,能承受的温差是普通玻璃的 3 倍,可承受 200 ℃的温差变化。因此,钢化玻璃又称为安全玻璃。

③ 区域钢化玻璃。

区域钢化玻璃是一种分区域控制钢化程度制成的玻璃,具有与钢化玻璃相似的性能。区域钢化玻璃一旦破碎,玻璃的主视区(驾驶员的前方或玻璃的中部区域)为较大的玻璃碎片,周边部分为较小的碎片,在主视区内仍能保证一定的能见度,以避免因钢化碎片过小,驾驶员无法观察而发生二次事故。目前,世界发达国家的汽车已淘汰了区域钢化玻璃,我国法规只允许用于不以载人为目的的载货汽车的风窗玻璃和所有机动车风窗以外的玻璃。

④ 中空安全玻璃。

中空安全玻璃一般是由2层或多层钢化玻璃构成,四周用高强度、高气密性的复合粘接剂将2片或多片玻璃与密封条、玻璃条粘接密封,中间充入干燥气体,框内充以干燥剂,以保证玻璃片间空气的干燥度。中空安全玻璃如图5-30所示。

中空安全玻璃因留有一定的空腔,所以具有良好的保温、隔热、隔音等性能,同时还具有一定的钢化玻璃的特性。

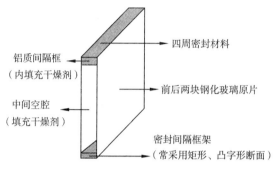

铝质间隔框
(内填充干燥剂)

中间空腔
(填充干燥剂)

四周密封材料

前后两块钢化玻璃原片

密封间隔框架
(常采用矩形、凸字形断面)

图 5-30　中空安全玻璃

(六) 汽车保险杠

汽车保险杠是车身前后部外侧用于吸收和缓冲外部冲击力、保护行人和车身前后部的车辆被动安全装置。

1. 汽车保险杠的安全防护作用

在汽车交通事故中,发生概率最高的是汽车前后部碰撞事故,尤其是在当前国民交通安全意识还普遍不高的情况下,驾车或行走不遵守信号、行人和非机动车突然横穿公路、车辆与行人争道抢行等交通违法行为屡见不鲜,使得车辆与行人及非机动车碰撞事故居高不下,造成了大量人员伤亡。

汽车保险杠的安全作用是当汽车发生前后碰撞事故时,充分利用其吸能和缓冲作用,最大限度地保护行人,减轻其伤亡程度,同时能够有效地保护车辆低速碰撞时所造成的车辆部件损坏,减少车辆损失。

为了加强对汽车保险杠安全防护作用的监管,国家对汽车保险杠产品实行强制认证制度,目前涉及汽车保险杠的国家标准和行业标准有:GB 7258《机动车运行安全技术条件》,GB 17354《汽车前、后端保护装置》,GB/T 24550《汽车对行人的碰撞保护》,GB 11566《乘用车外部凸出物》,QC/T 487《汽车保险杠的位置尺寸》,QC/T 566《轿车的外部防护》等。2013年4月,全国汽车标准化技术委员会发布了汽车行业标准 QC/T 905—2013《汽车防护杠》,对汽车防护杠的术语和定义、类别、要求、试验方法和检验规则进行了规定,并将"汽车保险杠"更名为"汽车防护杠",但本书为遵从以往的习惯性叫法,仍沿用"汽车保险杠"这个名词。

2. 保险杠的种类

按照最新汽车行业标准 QC/T 905－2013《汽车防护杠》,汽车保险杠共有 5 种分类方法,可将保险杠分为 12 种。

(1)按照防护杠安装在车身的位置可分为前保险杠、后保险杠和侧保险杠。其中,侧保险杠是指轿车等小型乘用车车身侧面车门内部的防撞梁(也称侧门防撞梁或侧门防撞杠)或大型货车、货车底盘改装的专项作业车和挂车两侧下部的防护装置。

(2)按照杠体材料可分为金属保险杠(如不锈钢、碳素钢、铝合金等)、非金属保险杠(如塑料、聚酯、树脂等)及组合型材料保险杠。

(3)按照杠体表面覆盖层可分为粉末涂层保险杠和镀铬层保险杠。

(4)按照是否承重可分为承重保险杠和非承重保险杠。

(5)按照功能可分为装饰性保险杠和承载性保险杠。

3. 装饰性保险杠的结构组成及功能

装饰性保险杠是用于装饰车身,不作承载用途的具有一定防护能力的保险杠。目前生产的轿车、SUV 等小型乘用车和大中型客车普遍采用这种类型的保险杠。

装饰性保险杠一般由塑料保险杠壳体、吸能缓冲材料或缓冲吸能装置、金属保险杠加强横梁和安装连接部件组成,如图 5-31 所示。

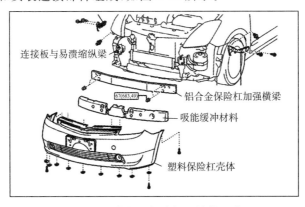

图 5-31 装饰性保险杠的结构组成

塑料保险杠壳体一般是由耐候性、耐低温冲击性等性能良好的塑料(如 ABS 塑料、PP 塑料等)制成的塑料蒙皮,其表面光滑柔软、富有弹性,用于包裹内部的吸能缓冲材料和加强横梁。由于它光滑柔软、富有弹性,对行人能够起到一定的保护作用。

吸能缓冲材料是填充在塑料保险杠壳体和加强横梁之间,用于吸收和缓冲碰撞冲击能量的材料,一般为泡沫材料、蜂窝结构材料等吸能材料,当车辆发生碰撞时能够吸收和缓冲一定的冲击能量,特别是当车辆与行人或其他车辆、障碍物低速(8 km/h以下)碰撞时,能够起到较好的保护行人或车辆的作用。

金属保险杠加强横梁也称车身前防撞梁,位于保险杠吸能缓冲材料和车身最前端或最后端之间,与车身的前、后纵梁通过螺栓相连。金属保险杠加强横梁主要采用高强度钢材和铝合金材料制成,具有足够的刚度和强度,用于抵御前后碰撞冲击力。为保证加强横梁在尽量轻的重量下具有良好的强度,钢制防撞梁一般采用"C"形和"D"形截面,而铝合金防撞梁采用"B"形截面。

当车辆发生前后碰撞时,加强横梁通过自身抵御前后碰撞冲击力并吸收部分能量,同时将冲击动能传递到车身前后纵梁上,如图 5-32 所示。

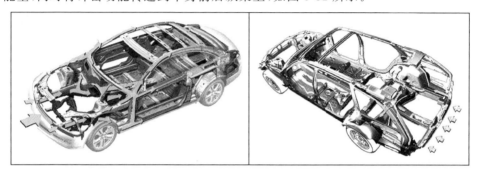

图 5-32　车身前后结构件传导碰撞冲击能量路线示意图

随着科技的发展进步,目前生产的承载式车身中高档轿车、SUV 车等小型乘用车辆普遍采用具有压溃变形阻尼作用的吸能盒,该吸能盒通常与保险杠加强横梁焊接在一起,再与承载式车身的纵梁用螺栓连接,与塑料保险杠壳体、吸能缓冲材料和保险杠加强横梁共同组成了吸收和缓冲功能更加有效的保险杠系统。该吸能盒能够通过自身的压溃变形,有效地吸收和缓冲车身前后部碰撞能量,更好地对车辆和行人进行保护,如图 5-33 所示。

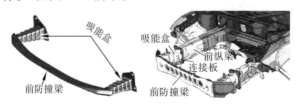

图 5-33　吸能盒式保险杠系统结构

4. 承载性保险杠的结构组成及功能

承载性保险杠是具有一定刚度和强度,能承受重量或冲击载荷的保险杠,目前主要用在货车或以货车底盘改装的专项作业车上。

承载性前保险杠一般有两种形式:一种是用高强度钢板冲压而成,横截面多为倒"U"形,用保险杠支架与车身纵梁连接,如图 5-34(a)所示。这种保险杠的钢板既有较高的强度,又有良好的冲压性能,但它对行人的保护作用很差,基本上对行人起不到保护作用。另一种是由金属骨架、塑料外壳组成,如图 5-34(b)所示。金属骨架一般也是用高强度钢板冲压而成的倒"U"形,外部套上塑料外壳,并用保险杠支架与车身纵梁连接。这种保险杠虽然明显地改善了装饰性能,但对行人的保护作用仍然很差。

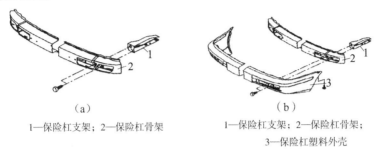

（a）
1—保险杠支架；2—保险杠骨架

（b）
1—保险杠支架；2—保险杠骨架；
3—保险杠塑料外壳

图 5-34　承载性前保险杠结构

承载性后保险杠基本上都是用高强度钢板冲压而成,其横截面多为倒"U"形或矩形。

(七) 货车、专项作业车和挂车侧面及后下部防护装置

1. 货车、专项作业车和挂车侧面防护装置

货车、专项作业车和挂车侧面防护装置是指总质量大于 3 500 kg 的货车、货车底盘改装的专项作业车和挂车的侧面安装的能够有效地保护无防御行人跌于车侧而被卷入车轮下的装置,如图 5-35 所示。

侧面防护装置　　　　　侧面防护装置

图 5-35　侧面防护装置

侧面防护装置应符合 GB 11567.1《汽车和挂车侧面防护要求》的规定。

2. 货车、专项作业车和挂车后下部防护装置

货车、专项作业车和挂车后下部防护装置是指总质量大于 3 500 kg 的货车、货车底盘改装的专项作业车和挂车的后下部安装的对追尾碰撞的机动车具有足够的阻挡能力,以防止发生行人钻入碰撞的装置,如图 5-36 所示。

图 5-36　后下部防护装置

后下部防护装置应符合 GB 11567.2《汽车和挂车后下部防护要求》的规定。

(八) 车身安全结构

车身安全结构是指当车辆发生碰撞、翻滚、坠落等事故时,能够吸收、缓冲、分散碰撞冲击能量,为车内人员提供坚实、牢固、安全的生存空间的车身结构。它可以有效地减轻或避免事故冲击能量对车辆内外人员造成的伤害,是保护驾乘人员的最后一道安全屏障。车身安全结构性能的优劣在关键时刻决定着驾乘人员的生命安全。

1. 车身安全结构的功能

在机动车辆所发生的碰撞、碾压、翻滚、坠落、火灾等多种形式的交通事故中,车辆碰撞、翻滚、坠落是最为常见和最为严重的交通事故形式,由其所造成的人员伤亡约占车辆交通事故伤亡人数的 90% 以上。而导致人员伤亡的根本原因就是事故中因车辆碰撞、翻滚、坠落而产生的巨大能量对人体所造成的伤害。经过大量的车辆事故人员伤亡致因分析和车辆模拟碰撞实验证明,车身的安全防护性能好坏并非简单地取决于车身结构的刚度和强度,即车身越坚固越好,而是取决于车身结构刚度、强度、溃缩变形吸能和碰撞冲击力分散框架结构等多项指标,也就是说车身该硬的地方必须硬,该软的必须软,这一点对于承载式车身的车辆尤为重要。当车辆发生事故时,车辆在能够为车内人员提供足够强度安全座舱的基础上,通过在车身结构上设计、制造的溃缩变形区和冲击力分散框架结构,能够分散、吸收和缓冲车辆在碰撞、翻滚、坠落中产生的大量冲击能量,减少或避免这些能量对人体所造成的伤害,从而有效地保护车辆内外部相关人员的人身安全。如果车身结构完全设计制造成牢不可破的刚性体,那么车辆在发生碰撞、翻滚、坠落事故时所产生的巨大能量就不可能被有效地吸收、减弱或消除,而通过车身、车架传递到事故所涉及人员的身体上就会造成更大的人身伤害。

车身安全结构的作用是当车辆发生碰撞、倾翻、坠落等事故时,使车架不易产生变形,能够有效地保护车身座舱;或者能够通过车身结构上的溃缩变形区和冲击力分散框架结构,分散、吸收和缓冲因车辆碰撞、翻滚、坠落所产生的大量能量,为车内驾乘人员提供坚实牢固的安全生存空间,从而有效地减轻或避免事故对车辆内外部人员所造成的伤害。

2. 汽车车身的种类和结构特点

汽车车身按照受力情况,可分为非承载式车身、半承载式车身和承载式车身(或称全承载式车身)3 种。

(1)非承载式车身。

非承载式车身具有一个刚性车架,又称底盘大梁架,它是一种历史非常悠久的底盘形式,在早期,几乎所有汽车都采用这种结构。非承载式车身的发动机、部分传动系统和车身等总成部件都是用悬架装置固定在车架上,车身置于车架上并通过弹性元件与车架作柔性连接,车架再通过前后悬架装置与车轮连接,车身及其所载人员或货物的载荷由车架承担。非承载式车身如图 5-37 所示。

(a)　　　　　　　　　　　　　　(b)

图 5-37　非承载式车身

由于非承载式车身比较笨重、强度高、质量大、承载面高,一般用在货车、客车和越野车上,也有部分高级轿车使用,如巡洋舰、牧马人、奔驰 G、悍马 H2、双龙 SUV 等纯正越野汽车都是采用这种车身结构。

(2)半承载式车身。

半承载式车身是一种介于非承载式车身与承载式车身之间的结构形式,拥有独立完整的车架,车架与车身通过铆接、焊接或螺钉与车架刚性相连,车身在一定程度上加固了车架,分担车架所承受的一部分载荷。半承载式车身如图 5-38 所示。

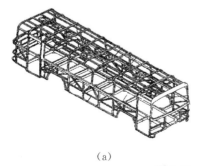
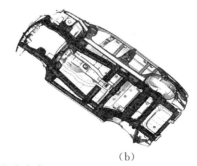

(a)　　　　　　　　　　　　　　(b)

图 5-38　半承载式车身

半承载式车身一般用于大中型客车,如广汽考斯特、宇通客车、金龙客车、海格客车等客车系列都是采用这种车身结构。

③ 承载式车身。

承载式车身没有刚性车架,发动机、前后悬架和部分传动系统等总成都安装在车身上,车身负载直接通过悬架装置传给车轮。承载式车身除了承载全部载荷外,还要直接承受各种负荷力的作用。目前广泛用于轿车、SUV 等小型乘用车辆上。承载式车身如图 5-39 所示。

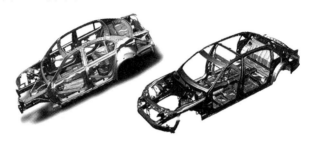

图 5-39　承载式车身

3. 非承载式、半承载式和承载式车身的安全结构及功能

由于造成人员伤亡的直接原因是车辆各种类型事故碰撞能量作用于人体的结果,而在车辆碰撞、翻滚、坠落事故中,最多的是车辆碰撞事故。车辆碰撞事故又可分为正面碰撞(包括正面偏置碰撞)、侧面碰撞、追尾碰撞等形式。其中正面碰撞最为常见,其概率约为 60% 以上;其次是侧面碰撞,居车辆碰撞事故的第二位。大型客车、大型货车被追尾碰撞的比例远高于轿车,而且右后角更容易被碰撞。从撞车速度来看,正面撞车速度高于侧向撞车和追尾碰撞,约有 50% 以上的正面碰撞事故的速度高于 60 km/h,而 90% 的追尾碰撞事故的速度低于 30 km/h。汽车和自行车碰撞时速度多在 40~50 km/h,而汽车与摩托车的碰撞速度则高得多,往往超过 65 km/h。大多数行人是在交叉路口和道路入口处从侧面被汽车正面所撞,碰撞速度平均不超过 35 km/h。汽车速度超过 40 km/h,则常会导致行人死亡,载货汽车以 20 km/h 的速度碰撞行人可使行人头部受到致命伤害。因此,汽车车身安全结构防护应针对以上车辆碰撞事故特点,尽量避免或减轻车辆内外部人员的伤亡。

(1) 车身结构安全防护功能特性基本要求。

一是车身前、后部结构要尽可能多地吸收碰撞能量,使碰撞过程中作用于车辆内外部人员身上的力和加速度降到规定的范围内。

二是车身前、后部构件具有足够的强度,在碰撞中不易产生变形损毁且能对车身座舱起到有效保护作用;或者在碰撞中应使其根据碰撞强度逐级产生变形,控制各受压构件的变形形式,防止车轮、发动机、变速箱等刚性部件侵入座舱对驾乘人员造成伤害。

三是车身座舱结构必须坚固可靠,确保车辆发生侧面碰撞、翻车或坠落时驾乘人员的人身安全。

（2）三种车身结构防撞安全防护特点。

由于非承载式车身和半承载式车身的汽车都具有独立完整的刚性车架,车架不易产生变形,能够有效地保护车身座舱,并且非承载式车身的车架与车身的连接是弹性元件的柔性连接,碰撞冲击力不容易传递给车身座舱,而半承载式车身的车架与车身虽不是柔性连接,但它与车身的刚性连接却极大地增强了车架和车身的刚性强度,车身座舱也不容易溃缩变形。因此,采用这两种车身结构的汽车前、后部防碰撞安全性能较高,对车身座舱的安全保护较好,不需要像承载式车身汽车那样需要采取前后部结构件溃缩变形吸能保护措施。

承载式车身由于没有刚性车架,车辆正面碰撞或被追尾碰撞容易造成车身无规则的压溃或弯曲变形而损坏,从而导致碰撞冲击动能传导至车身座舱而造成人员伤害。为保护车身座舱人员安全,必须采取有效的措施,在车辆发生正面碰撞或被追尾碰撞时,使前、后部车身件按照预定的部位和方式溃缩变形吸能或传导冲击力,以保证车身座舱不被损坏。

（3）车身前、后部安全防护结构的功能。

① 非承载式和半承载式车身。

非承载式和半承载式车身汽车的前、后部低速安全防护结构与承载式车身汽车基本相同,都采用了光滑柔软和具有弹性吸能作用的前、后保险杠,以及光滑柔软、富有弹性的翼子板、发动机盖、行李厢盖等车身外壳护板,能够在低速时对行人起到有效的保护作用,同时也对车辆部件起到一定的防护作用。对于总质量大于3 500 kg的货车、货车底盘改装的专项作业车和挂车,由于其总质量、体积、货物承载面和车身刚度都比小型乘用车辆大得多,在车身后部保险杠安全防护功能上,可不必考虑对其自身的保护,而只需要具备防止小型车辆钻入其车底避免造成人员伤亡的功能。因此,QC/T 487—1999《汽车保险杠的位置尺寸》中规定"轿车和小型客车应装置有前后保险杠,载货汽车应装置有前保险杠"。为防止小型机动车辆钻入车底,GB 7258《机动车运行安全技术条件》对其后下部安装防护装置做出了强制规定。

在非承载式和半承载式车身汽车的前、后部高速安全防护上,因其独立式车架本身具有良好的刚度和强度,不容易因前后部高速碰撞造成自身变形而使车身驾乘座舱受力变形致使驾乘人员受到伤害,符合车身结构安全防护功能特性基本要求。

② 承载式车身。

由于承载式车身没有刚性车架,车辆在遭到前后部碰撞后容易造成车身无规则变形损坏而使车上驾乘人员受到伤害。因此,承载式车身必须在车身安全结构设计、制造和新材料的应用上采取措施。

20 世纪 80 年代后期,随着科学技术和计算机应用技术的发展进步,使现代汽车车身安全结构设计、制造和新材料的应用逐步成为可能,运用计算机汽车设计和汽车模拟碰撞软件对承载式车身构件的安全进行设计,并应用新材料、新技术来实现车身构件的安全性。

目前,承载式车身前、后部安全防护措施主要依靠车身前部构件弯曲变形和压溃变形吸收碰撞能量来实现,并通过采取分区变形吸能、逐级加强刚性保护的措施,尽可能地吸收碰撞能量,保护车身座舱,并对发动机舱内的重要部件也实施相应防护,以避免或减轻驾乘人员伤亡,同时也减少维修成本。

根据车身结构安全防护应具有的 3 个方面的功能特性,将承载式车身前部划分为 3 个溃缩变形吸能区,如图 5-40 所示。

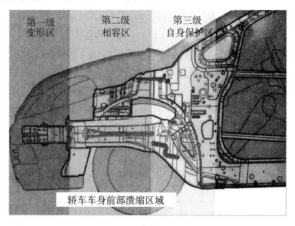

（a）

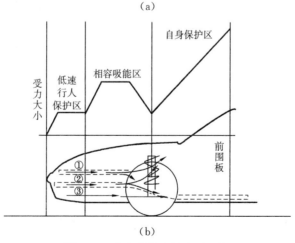

（b）

图 5-40 车身结构溃缩变形区域

第一级变形区位于发动机舱前部,该区车辆的变形及变形力值都比较小,用于保护行人和降低车辆在低速下碰撞时对车辆的破坏。此区域前部是保险杠,保险杠一般是由塑料保险杠壳体、前防撞梁和吸能缓冲材料等部件组成,其表面光滑柔软,能够减少被撞行人受伤程度。前防撞梁可为车辆提供有效的低速保护。

为了使第一级变形区易于轴向压溃吸能,过去的老款车型和现在的少数车辆人为地在纵梁前端与前后保险杠连接的部位设置一些诸如凸台、凹陷、长孔、缺口或波纹管状等薄弱处,当车辆发生碰撞使纵梁受冲击挤压时,薄弱处隆起变形或呈现折叠式弯曲,以吸收较多的冲击能量,减少冲击能量向座舱传递。但目前主流设计是布置与前纵梁独立的左右两个吸能盒,用于轴向压溃吸能。

第二级变形区位于发动机舱中部,是碰撞相容区,即车辆中速碰撞吸能区。当两辆不同质量的车在中速正面碰撞时,能够通过该区域的溃缩变形最大化吸收能量,并通过纵梁将剩余撞击力导入底板结构,如图 5-41 所示。该区域是前防撞梁和左右两条前纵梁组成的梯形或矩形框架,前纵梁的前端与两个吸能盒通过焊接相连,并通过螺栓连接到前防撞梁上。前纵梁一般会被设计得很直,并采用不等厚度和截面的钢板材质,有利于更高效地逐级吸能。其中纵梁的中部一般采用大截面设计,并采用高强度,以保证吸能盒未完全变形时纵梁中部不变形,从而起到逐级吸能的作用。

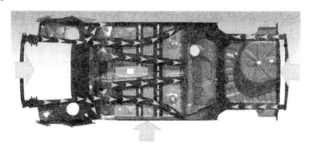

图 5-41 将撞击力导入底板

第三级变形区则靠近发动机舱后部,被称为自身保护区,用于最大限度地保持驾乘舱的完整性,主要体现为在车辆发生高速碰撞时对驾乘人员的自我保护能力。该区段具有较大的刚度,从悬架到车身前围板之间的变形力急剧上升,阻止变形扩展到驾乘舱,并使发动机、变速箱等下移,不使其侵入驾驶室。

前纵梁至此区段会被设计为更高强度的加厚钢板向下弯曲的形状,并在弯曲部位设置加强筋,加强对局部弯曲变形的控制,使此区段极易变形但又不能严重变形。

承载式车身后部防撞安全结构与车身前部基本相同,主要由后保险杠、后防撞梁和后纵梁组成,如图 5-42 所示。

图 5-42　车身后部防撞安全结构

　　由于车辆被追尾碰撞时两车的相对速度等于一车的速度或两车速度之差,而车辆正面碰撞时两车的相对速度是一车速度或两车速度之和,两种情况产生的撞击力大小差别很大。因此,车身后部结构的防护程度往往没有车身前部的高。

　　在车辆正面碰撞或被追尾碰撞事故中,前、后防撞梁仅是被动安全的配角,担负主要吸能作用的是前、后纵梁,纵梁通过压溃变形和弯曲变形吸收碰撞能量,其中前纵梁更是要担负总碰撞能量的 60% 左右,后纵梁所需承担的吸能压力虽然较前纵梁小,但是仍然是在追尾事故中吸收能量的主力。纵梁构件的设计思路是尽可能地沿着轴向压溃变形,控制弯曲变形量,从而获得满意的能量吸收效果。

　　(4) 车身侧面结构的组成和功能。

　　无论是承载式车身还是非承载式车身的汽车侧面都是汽车最为薄弱的部位,在发生侧面撞击时,极易造成驾乘人员伤亡。在汽车侧面安全防护上,由于汽车侧面车身允许碰撞变形的余地很少,所能采取的措施受限,因此只能采取相应的措施加强侧围和车门的耐碰撞能力。

　　汽车侧面防撞安全结构主要由侧防撞梁、门槛和座舱笼形车身立柱组成,它们共同承担着抵御和分散侧面碰撞冲击动能,防止座舱变形损毁,保护座舱驾乘人员免受伤害的重任。侧面防撞结构如图 5-43 所示。

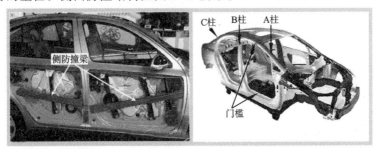

图 5-43　侧面防撞结构

　　① 侧防撞梁。

　　侧防撞梁也称侧门防撞梁或侧门防撞杆,位于车身侧面车门的内部,它是抵御车辆侧面碰撞的重要结构件。由于侧门防撞梁装在侧门内外板之间,安装空间有限,而且车门不可能过于笨重,为使其具有足够大的刚性强度,在设计上充分考虑车门内部空间和吸能作用,采用管状(圆管、矩形管、梅花形管、椭圆形管)或帽形("U"形、"m"形)的普通高强度钢或铝合金材质,按照"Y"形或一字形的结构形式布置,来提高其抗冲击力的强度能力。

一般而言,帽形防撞梁的整体强度要比管状防撞梁好。"Y"形防撞梁除了能提供更好的侧面保护外,还能在发生严重的正面或正面偏置碰撞时,把正面碰撞中传到侧门上的纵向力沿着"Y"形防撞梁分散到车身侧围上,以减少对门的冲击。

②　门槛。

门槛位于底板总成的两侧、车门的正下方,一般是由两个高强度钢板冲压成的C形钣金件和加强板焊接而成。门槛的作用有两个:一是抵御正面和后面撞击力;二是承担并分散侧面撞击的系统能量,和车身立柱、侧门防撞梁一起担负着保证侧面安全的重任。

③　三大立柱。

座舱笼形车身的左右两侧各有3条立柱。前风窗玻璃和前车门之间的斜立柱叫A柱,又称前柱;前车门和后车门之间的立柱叫B柱,又称中柱;后车门和后风窗玻璃之间的斜立柱叫C柱,又称后柱。

A柱对于汽车安全起着极为关键的作用,它不仅要在发生侧面碰撞时具有抵御侧面碰撞冲击力的能力,而且还要在发生正面碰撞时具有避免变形、保证驾乘人员顺利打开车门逃生的作用。特别是当车辆与大型货车发生追尾碰撞时,A柱应具有较高的抗剪切强度,尽量避免A柱被货车尾部切断,最大限度地保护驾乘人员的安全。但是,由于A柱所处位置在车身座舱前面驾驶员视野区域内,使其应具有的车辆碰撞安全防护功能受到了很大的影响。如果A柱过于粗大,势必遮挡驾驶员前方左右两侧的视线;如果A柱过于细小,会造成其刚度和强度不足而起不到应有的防护作用。A柱如图5-44所示。

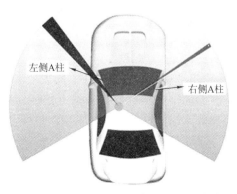

图 5-44　A柱视野限制了A柱的大小

因此,现实中 A 柱的设计是在保证驾驶员视野的前提下,尽可能增大截面积,采用超高强度钢板,而且有很多车型的 A 柱内增加了高强度的加强板。

和 A 柱类似,B 柱对于整车安全也至关重要,特别是侧面碰撞过程中 B 柱的作用更为明显,它是车身三大立柱中抵御侧面碰撞冲击力、避免车身变形、保护驾乘人员的主要结构件。由于它本身又是多个零部件的载体,前门锁扣、后门铰链、后门限位器、前排座椅安全带都要安装固定在 B 柱上;同时 B 柱的大小还直接影响前后门门洞的大小,从而影响上下车的方便性。因此,在设计上也是通过采用高强度钢板和加强板的方式来提高其自身强度。

和 A 柱、B 柱不同,C 柱的限制条件要小得多,但其对于车身正面与侧面碰撞的影响也弱得多,对其进行的加强更多的是出于车身顶部以及整车刚度的考虑。

(5) 车身座舱的结构组成和功能。

车身座舱是供驾驶员和乘车人乘坐的舱室,它一般由车身立柱、底板总成和车顶总成三部分组成,它是保护驾乘人员人身安全的最后一道被动安全防护装置。在车辆发生事故时,无论是正面碰撞、追尾碰撞还是侧面碰撞,除去被车身前后防撞安全结构件和侧门防撞梁吸收的能量外,剩余的能量都要传递到车身座舱上。如果说吸能盒、车身纵梁和前后防撞梁是可以收缩变形的"软组织",那么车身座舱则是坚固不可变形的"硬组织"。因此,车身座舱结构必须具有能够保护驾乘人员安全的刚度和强度。

① 车身立柱。

车身立柱是构成车身座舱的主要结构件,其安全防护功能是抵御侧面碰撞冲击力,防止正面碰撞冲击力、剪切力对其自身造成的损毁,保证驾乘人员不受碰撞冲击力的伤害,避免事故发生后因 A 柱变形或剪切损毁而导致驾乘人员不能顺利逃生。同时,车身立柱在车辆发生翻滚、坠落事故中,还要抵御来自路面、地面或各种障碍物对其的碰撞冲击力,保证车辆在翻滚、坠落过程中驾乘人员不受或少受伤害。关于车身三大立柱的结构组成和各自的功能作用,已在"车身侧面结构的组成和功能"部分予以叙述。

② 底板总成。

底板总成由底板纵梁、车身横梁、地板和门槛组成,其中纵梁、横梁和门槛是承受碰撞冲击力的主要部件。底板总成如图 5-45 所示。

底板总成的安全防护功能是吸收缓解车辆在正面或追尾碰撞中从前后纵梁传来的剩余冲击能量,抵御侧面撞击时传到底板横梁上的侧面撞击力,和车身立柱、侧门防撞梁、车顶总成等部件一起保护车身座舱不因碰撞冲击而变形损毁,从而保证驾乘人员的人身安全。

底板纵梁位于底板总成的最底层,在前、后纵梁之间,起到连接前后纵梁、发散撞击力的作用,一般是由高强度钢板冲压成 C 形钣金件后和车身地板焊接在一起,

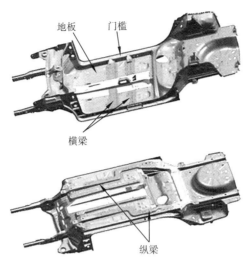

图 5-45　底板总成

形成一个封闭的 D 形腔体。

底板横梁也叫座椅横梁,它的作用是将侧面碰撞力转移到车身未受到撞击的一侧,从而达到分散撞击力的作用。其材料、结构和底板纵梁基本一致。

车身地板则是一块大面积的钢板,厚度在 0.8 mm 左右,一般焊接在底板纵梁的上面、底板横梁的下面,两侧和门槛焊接。它起到加强底板的作用。

门槛的结构组成和作用已在"车身侧面结构的组成和功能"部分予以叙述。

③ 车顶总成。

车顶总成也叫顶盖总成,它是车身的最高点。车顶总成一般由顶盖和若干顶盖横梁组成。车顶总成如图 5-46 所示。

图 5-46　车顶总成

车顶总成的作用有两个:一是防止车辆在侧面碰撞和滚翻过程中因车身变形引起对座舱空间的侵入而对车内驾乘人员造成伤害;二是顶盖横梁对侧面撞击能量进行分散缓冲。GB 26134—2010《乘用车顶部抗压强度》标准要求,车辆顶部在承受 1.5 倍车身重量载荷的情况下,车身顶部变形量不得超过 127 mm。

在车顶总成中,车顶强度主要由车顶横梁来承担。车顶横梁一般由前横梁、若干中横梁和后横梁组成。其中,前横梁连接左右 A 柱,后横梁连接左右 C 柱,若干中横梁中的一条横梁连接左右 B 柱。车顶总成和底板横梁、车身立柱共同形成了一个笼形车身，从而为驾乘人员提供了一个安全的乘坐空间。

对于带天窗的车型，虽然因为天窗的原因会导致车顶强度偏弱，但天窗周围有一圈加强板，弥补了其强度不足的缺陷。

（6）发动机盖的结构组成和功能。

发动机盖一般由发动机盖外板、内板、铰链加强板和盖锁加强板组成。

发动机盖在车辆碰撞中主要起两个关键作用：一是吸收碰撞中产生的部分能量，并在碰撞中按照设计的部位弯折变形，以防止发动机盖受力后切入座舱对驾乘人员造成伤害；二是发动机盖强度不高，具有一定的弹性，在与行人发生碰撞时能够起到保护行人的作用。

发动机盖外板是表面覆盖件，主要起美观的作用；发动机盖铰链加强板和盖锁加强板只作为局部加强件；而发动机盖的内板则是最为关键的发动机盖安全结构件。

出于保护行人的目的，发动机盖内部的硬度不能过大，特别是在第一级变形区即行人保护区域不能出现硬点，以防止对受到撞击的行人头部造成致命伤害，如图 5-47 所示。

图 5-47　出于对行人的保护，发动机盖不能太硬

发动机盖内板一般是用 0.8 mm 钢板冲压而成的几何形状的骨架形式，在设计时会在内板上沿着车身宽度方向开一道溃缩槽，以便在汽车发生正面碰撞时发动机盖能沿此槽向上折弯变形，在吸收部分能量的同时还可以防止发动机盖受力后切入座舱对驾乘人员造成伤害，如图 5-48 所示。

图 5-48　碰撞时发动机盖沿着溃缩槽向上折弯变形

第二节　车辆安全防护器材的配备和使用

一、灭火器

灭火器是预防车辆着火必备的随车消防器材,主要用于扑灭车辆初期火灾。

(一) 灭火器的作用

车辆着火事故也是车辆常见的一种事故形式,因车辆着火导致车毁人亡的事故屡见不鲜,特别是一些老旧车辆,更易发生车辆着火事故。引发车辆着火的因素很多,主要有:① 由车辆电气线路老化、线头松动搭铁,车辆维修时线路乱扯乱接、线头裸露或包扎不牢等车辆电路问题引起;② 由车辆本身或车内存放的易燃易爆物品引发,如车辆供油管路渗漏和车内放置的气体打火机、汽油桶等引起;③ 由车辆碰撞事故造成。

随车灭火器的主要作用是当车辆着火时,能够迅速地从车内取出,在着火初期迅速扑灭火灾或控制火势,等待专业消防队伍救援,避免或减轻因车辆着火造成的人员伤亡及财产损失。

(二) 车用灭火器的选用

目前市场上车用灭火器主要有干粉灭火器、超细干粉灭火器、二氧化碳灭火器和水系灭火器。而干粉灭火器又分为以碳酸氢钠(钾)为基料的干粉灭火器,以磷酸铵盐为基料的干粉灭火器和以氯化钠、氯化钾、氯化钡、碳酸钠为基料的干粉灭火器。

在上述灭火器中,一般推荐选用手提式磷酸铵盐干粉灭火器。磷酸铵盐干粉灭火器又称 ABC 干粉灭火器,其工作压力为 1.2 MPa,使用温度在 $-20\sim+55$ ℃之间,具有流动性好、存储期长、不易受潮结块、绝缘性好等特点,适用于扑救石油及其产品、可燃气体、易燃液体、电气设备等的初起火灾以及一般固体物质的火灾。手提式磷酸铵盐干粉灭火器有 1 kg、2 kg、3 kg、4 kg、5 kg、6 kg、8 kg 等多种规格,能满足不同场所的灭火需要。

在车用灭火器规格的选择上,除了中国石化对危险化学品运输车辆有较为明确的规定外,对于其他车辆,包括国家法规、标准在内,都没有明确的要求。因此,在车用灭火器规格选择上较为混乱,大小不一。但是,据有关车辆火灾事故扑救资料显示和不同规格干粉灭火器有效喷射时间推算,一般小型乘用车辆至少应配备 1 个 2 kg 的灭火器,其他车辆至少应配备 1~2 个 4 kg 的灭火器。

(三) 灭火器的鉴别

灭火器不是一般的普通商品或产品,它是关系到人的生命安全和财产安全的安全防护器材,是国家重点监管的消防产品。为了进一步加强对消防产品的监督管理,2009年9月公安部发布了 GA 846－2009《消防产品身份信息管理》行业标准,在过去实行的消防产品市场准入许可制度的基础上,实行对消防产品身份信息跟踪监管。灭火器上应标明生产单位(制造商)名称、灭火器名称、规格型号、灭火对象或种类、使用方法、生产日期及生产批号、保质期等消防产品身份信息,并在消防产品的平整、明显部位粘贴"消防产品身份信息标志"(如图5-49所示)。身份信息标志分为Ⅰ型和Ⅱ型两种,具备防转移性和揭开后即被破坏的特点,由公安部消防产品合格评定中心统一管理发放,可通过中国消防产品信息网和公安部消防产品合格评定中心网站查询。其中手提式灭火器为Ⅰ型。

消防产品身份信息标志
Ⅰ型尺寸为18 mm×33 mm

图 5-49　消防产品身份信息标志

中国石化各油田企业的消防器材基本上都是由单位统一购置发放,但是一些外部施工队伍由于偏远分散,不便于集中购置发放,往往由其自己选购,选购时一定要注意灭火器上的"消防产品身份信息标志"和消防产品身份信息,避免因选购了假冒伪劣的灭火器而耽误了车辆初期火灾的扑救,造成不必要的伤亡或损失。

(四)灭火器的检查、维护和报废

1. 灭火器的检查

应按照 GB 5044－2008《建筑灭火器配置验收及检查规范》和中国石化集团公司相关规定等,每月对灭火器进行一次检查。干粉灭火器的检查应包括以下内容:

(1)灭火器是否达到送修条件和维修期限;

(2)灭火器是否达到报废条件和报废期限;

(3)灭火器上的身份信息是否齐全完整、无残缺,并且清晰明了;

(4)灭火器的铅封、销栓等保险装置是否损坏或遗失;

(5)灭火器的筒体是否有明显的损伤(磕伤、划伤)、缺陷、锈蚀(特别是筒底和焊缝)、泄漏;

(6)灭火器喷射软管是否完好,有无明显的龟裂,喷嘴是否堵塞;

(7)灭火器的驱动气体压力是否在工作压力范围内(储压式灭火器查看压力

指示器是否指示在绿区范围内）；

（8）灭火器的零部件是否齐全，并且有无松动、脱落或损伤；

（9）灭火器是否未开启、喷射过。

2. 干粉灭火器的维修

干粉灭火器出厂后首次维修年限为 5 年，以后每满 2 年维修一次。

3. 干粉灭火器的报废

干粉灭火器有下列情况之一的，应报废：

（1）筒体严重锈蚀，锈蚀面积大于或等于筒体总面积的 1/3，表面有凹坑；

（2）筒体明显变形，机械损伤严重；

（3）灭火器喷射软管严重龟裂或泄漏，喷嘴堵塞；

（4）没有灭火器身份信息和身份信息标志；

（5）筒体有锡焊、铜焊或补缀等修补痕迹；

（6）被火烧过或已达到 10 年报废年限。

4. 干粉灭火器的正确使用方法

（1）迅速从车内取出灭火器，将灭火器提到距火源适当位置后，先上下颠倒几次，使筒内的干粉松动。

（2）站在上风向，拔去保险销，一只手握住喷嘴对准着火部位，另一只手抓住提把，按下压柄即可喷射灭火。

（3）用干粉灭火器扑救流散液体火灾时，应从火焰侧面对准火焰根部喷射，并且由近及远，左右扫射，快速推进，直至将火焰全部扑灭。

（4）用干粉灭火器扑救容器内可燃液体火灾时，应从火焰侧面对准火焰根部左右扫射。当火焰被赶出容器时，应迅速向前，将余火全部扑灭。灭火时应注意不要把喷嘴直接对准液面喷射，以防干粉气流的冲击力使油液飞溅，引起火势扩大，造成灭火困难。

（5）用干粉灭火器扑救固体物质火灾时，应使灭火器喷嘴对准燃烧最猛烈处左右扫射，并应尽量使干粉灭火剂均匀地喷洒在燃烧物的表面，直至将火全部扑灭。

（6）车辆着火事故多数情况下是发动机舱着火。对发动机舱灭火时不能迅猛掀起发动机盖，否则会因发动机盖迅猛掀起引发空气抽汲而导致火势突然扩大。正确的方法是先开启一条缝隙，观察判断着火的位置，将灭火器喷头对准可能着火的部位喷射灭火剂，等到基本没有烟雾时方可打开发动机盖，再进一步实施清理。

（7）在灭火过程中，应注意使干粉灭火器始终保持直立状态，不得横卧或颠倒使用，否则不能喷粉；同时注意防止用干粉灭火器灭火后复燃，因为干粉灭火器的冷却作用甚微，在着火点存在炽热物的条件下，灭火后易产生复燃。

二、三角警告牌

机动车用三角警告牌是能昼夜发出警告信号,以表示停驶机动车存在的等边三角形警告装置。

(一)三角警告牌的作用

当汽车在道路上行驶发生故障难以移动或发生道路交通事故时,将三角警告牌按照规定放置在来车方向,以警示来车方向驾驶员注意在道路上停驶或发生事故的车辆,避免来车驾驶员因不明情况而导致事故发生。

(二)三角警告牌的形状、结构和特性

机动车三角警告牌是严格按照 GB 19151－2003《机动车用三角警告牌》规定要求制作的。警告牌由可折叠的中空等边三角形框体和支架组成。警告牌是中空的,外侧为红色的回复反射区,与内侧邻接的为红色荧光区,均为同心的等边三角形,由支架支撑在距地面一定高度处,如图 5-50 所示。

图 5-50　机动车三角警告牌

警告牌的边长为 500 mm±50 mm,反射器宽度为 25～50 mm,外边沿宽度不得超过 5 mm,且不一定是红色。警告牌中空区域的边长最小为 70 mm。支架应使支撑面与警告牌底边之间的距离不大于 300 mm。

警告牌发光应均匀,亮度和色度一致,在大照射角、小观察角和低照度的条件下应能够清晰地辨识出其形状,并具有耐温、耐水、耐燃油和抗风稳定性。

(三)三角警告牌的正确使用

根据《中华人民共和国道路交通安全法》第六十八条和《中华人民共和国道路交通安全法实施条例》第六十条规定,机动车在道路上发生故障或者发生交通事故时,应在车后 50～100 m 处设置警告标志(三角警告牌),在高速公路上发生故障或事故时应在来车方向 150 m 以外设置警告标志。

三、车身反光标识

车身反光标识是为增强车辆的可识别性而安装或粘贴在车身表面的反光材料

的组合,是车辆灯光的辅助设施。

(一)车身反光标识的作用

众所周知,夜间车辆碰撞事故比例远远高于白天,而且夜间车辆碰撞事故的人员伤亡情况和经济损失情况也比白天要严重得多。据有关资料统计,我国39%的车辆追尾相撞事故和28.8%的侧面碰撞事故发生在夜间,而在夜间发生的车辆碰撞事故中,有45%的追尾碰撞事故和34.5%的侧面碰撞事故与大型货车和大型专项作业车有关。导致夜间车辆碰撞事故多发的主要原因有:一是夜色黑暗,能见度低,驾驶员的视距变短,视野也变窄,而且容易产生疲劳,同时夜间驾驶员易于困倦、瞌睡,使得其对道路交通情况的观察能力严重下降,尤其是一些驾驶员违法使用灯光,更加剧其对道路交通情况观察不清;二是大型货车和专项作业车辆等大型车辆与中小型乘用车甚至与大型客车相比,存在着较大的时速差异,造成了道路上高速车辆与低速车辆的行驶冲突较为频繁,加大了车辆夜间行驶碰撞的危险性;三是一些大型货车或专项作业车的灯光不全、不亮或被污染、遮盖,影响了后方车辆驾驶员对前方车辆的观察判断,从而导致了夜间车辆碰撞事故的多发。

车身反光标识的作用是能够在夜间发出反射光,最大限度地增强车辆的可视性,显示出车辆的轮廓,为随行其后的车辆驾驶员提供更多的交通信息,帮助后车驾驶员观察判断前方车辆的情况,特别是在前方车辆灯光不全的情况下更能显示出车身反光标识的作用,从而有效地减少或避免夜间车辆碰撞事故的发生。

国外研究表明,车身加装反光标识可以减少41%的车辆追尾碰撞事故和37%的侧面碰撞事故,能够有效地降低重大交通事故发生的概率。

(二)车身反光标识的种类和特性

根据GB 23254—2009《货车及挂车 车身反光标识》规定,车身反光标识按照组成反光标识的材料不同,可分为反射器型车身反光标识和反光膜型车身反光标识;按照逆反射系数的不同,可将反光膜分为一级(Class Ⅰ)和二级(Class Ⅱ)。

反射器型车身反光标识的反射器由红色单元和白色单元组成,其所有性能应符合GB 11546中Ⅳ A类的要求。

反光膜型车身反光标识的反光膜由红色和白色单元相间的材料组成。反光膜的白色单元上应有印刷、水印、激光刻印、模压或其他适当方式加施的制造商标识、材料等级标识和国家有关部门规定的其他标识,标识应易于识别。

车身反光标识的任何一种颜色单元的长度不应大于450 mm,也不应小于150 mm;两种颜色单元长度比例不应大于2,也不应小于0.5。

车身反光标识应具有可视性好、耐候性强、柔韧性好、粘贴性能好、高逆反射性强、亮度高、防水性强和使用寿命长的特性。

(三)国家对车辆使用车身反光标识的规定要求

按照GB 7258—2012《机动车运行安全技术条件》规定,下列车辆应安装或粘贴

车身反光标识,并符合 GB 23254—2009《货车及挂车　车身反光标识》相关要求:

(1) 半挂牵引车应在驾驶室后部上方设置能体现驾驶室的宽度和高度的车身反光标识,其他货车、货车底盘改装的专项作业车和挂车(设置有符合规定的车辆尾部标志板的除外)应在后部设置车身反光标识。后部的车身反光标识应能体现机动车后部的高度和宽度,对厢式货车和挂车应能体现货厢轮廓。

(2) 所有货车(半挂牵引车除外)、货车底盘改装的专项作业车和挂车应在侧面设置车身反光标识。侧面的车身反光标识长度应大于等于车长的 50%,对三轮汽车应大于等于 1.2 m,对侧面车身结构无连续平面的专项作业车应大于等于车长的 30%,对货厢长度不足车长 50% 的货车应为货厢长度。

(3) 运输爆炸品或剧毒化学品的车辆,除应按上述(1)、(2)项设置车身反光标识外,还应在后部和两侧粘贴能标示出车辆轮廓、宽度为 150 mm±20 mm 的橙色反光带。

(4) 拖拉机运输机组应按照相关标准的规定在车身上粘贴反光标识。

(5) 货车和挂车(组成拖拉机运输机组的挂车除外)设置的车身反光标识被遮挡的,应在被遮挡的车身后部和侧面至少水平固定一块 2 000 mm×150 mm 的柔性反光标识。

四、客车应急锤

应急锤包括安全锤和击窗器。安全锤是在发生紧急情况时可以方便地取出并砸碎玻璃以便顺利逃生的手持破窗工具。击窗器也叫破窗器,是在发生紧急情况时可及时手动击打并击碎玻璃以便顺利逃生的固定安装式破窗工具。

(一) 应急锤的作用

在车辆发生碰撞、翻滚、坠落事故时,由于车辆车身受力变形,车门损坏,很可能造成车门打不开;或者在车辆发生落水事故时,由于车辆电路损坏或水位造成的车辆内外压差,导致车上驾乘人员不能顺利逃生而造成重大伤亡。同时,大中型客车由于车上人员多,特别是在超员的情况下,如果车辆发生上述事故或火灾事故,即使车门能够打开,但在紧急情况下,由于车上人员急于逃生,导致车内通道或车门拥挤而不能顺利逃生,从而造成更多的人员伤亡。在我国,车辆发生事故时车内人员不能顺利逃生的案例已屡见不鲜,所造成的人员伤亡也骇人听闻。

客车应急锤的作用是当车辆尤其是大中型客车发生事故而导致车上人员不能顺利逃生时,车上人员能够方便地从车上固定位置取下应急锤,击碎车窗玻璃,及时顺利地逃生,从而避免或减少人员伤亡。

(二) 应急锤的种类、结构和技术要求

目前市场上的客车安全锤有多种类型,其质量也良莠不齐。从用途上可分为

单一功能安全锤、双功能安全锤和多功能安全锤等；从样式上分，五花八门，难以分类。但经过专家实验鉴定，多数多功能安全锤都达不到破窗应急的要求。特别是2012 年 7 月 21 日，北京经历了 61 年来难得一遇的特大暴雨以后，一些专家、媒体和网民对市场上的安全锤给予了高度关注，对击窗器和各种类型的安全锤的实际功能作用做了进一步的验证，结果显示击窗器的使用效果最好，而多功能安全锤都未能有效砸破车窗玻璃，只有单一功能的安全锤能够顺利实现破窗逃生自救。

为此，汽车行业标准委员会决定制定客车应急锤行业标准，规范客车应急锤的技术要求。根据汽车行业《客车应急锤》（征求意见稿），客车应急锤可分为安全锤和击窗器两种。

（1）客车安全锤。

客车安全锤主要由锤体（含锤头）、锤把、底座和防盗报警装置等部分组成。锤头应采用钨钢或镶嵌钨钢，表面硬度应不小于 60HRC；锤体应采用优质钢材；锤把、底座应采用阻燃材料，燃烧速度应小于等于 70 mm/min。客车安全锤在紧急情况下，在大于等于 50 N 的锤击力作用下，可击碎单层钢化玻璃；在 150 N 的锤击力作用下，锤头应无变形和脱落，各连接处无开裂和松动现象。

客车安全锤的底座至少两点与车体固定，且固定牢靠，并与应急锤配合紧固，无松动现象，紧急情况下应易于取出。安全锤应具有声响防盗报警装置，并注明电池安装位置及更换周期。

客车安全锤锤体长≥70 mm，锤头长≥15 mm，锤体直径≥16 mm，锤把手握部分长度≥85 mm，如图 5-51 所示。

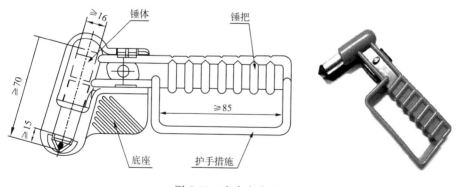

图 5-51　客车安全锤

（2）客车击窗器。

客车击窗器主要由冲击头（含尖锐钨钢）、击打柄、底座、保险插销、报警装置等部分组成。

客车击窗器冲击头尖端采用钨钢，表面硬度应不小于 80HRC；击打柄、保险插销、底座均应采用阻燃材料,燃烧速度应小于等于 70 mm/min,颜色为红色。

客车击窗器在紧急情况下,在大于等于 50 N 的击打力作用下,可击碎单层钢化玻璃;在 125 N 的击打力作用下,可击碎中空玻璃;在 150 N 的击打力作用下,击窗器冲击头应无变形和脱落,各连接处无开裂和松动现象。

客车击窗器冲击头直径≥4 mm,冲击头外露部分长度≥15 mm,冲击头头部与底座边缘间距≤12 mm,击窗器击打行程≥28 mm,且击打处有护手软材料,如图 5-52 所示。

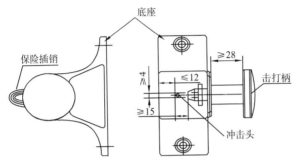
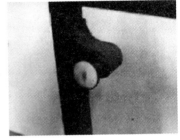

图 5-52　客车击窗器

客车击窗器应贴牢车窗玻璃安装,固定点在车窗立柱上,击窗器底座至少两个点与车体固定,且牢固可靠,无松动现象。

目前市场上较为多见的是一种便携式破窗器,因其体积较小,通常也称为迷你破窗器,主要由撞击件、弹簧和主体壳身构成,其工作原理也很简单,类似于弹弓,在按下去的过程中就是一个拉伸的过程,当按到最深处时自动释放内部一个锥形尖物,会以很快的速度打在玻璃上,达到瞬间压强极大的效果,如图 5-53 所示。

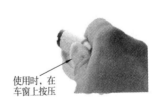

图 5-53　便携式破窗器

另外,有的客车厂家已经研制了一种电动客车击窗器,该击窗器的操作控制装置安装在车辆前部,由驾驶员操作控制,如图 5-54 所示。

图 5-54　电动客车击窗器

（三）应急锤的配备和使用

1. 应急锤的配备

按照 GB 7258－2012《机动车运行安全技术条件》的要求,车长小于 6 m 的客车,在乘坐区的两侧应具有紧急时乘客易于逃生或救援的侧窗;车长大于等于 6 m 的客车,如果车身右侧仅有一个乘客门且在车身左侧未设置驾驶人门,应在车身左侧设置应急门。车长大于 7 m 的客车应设置撤离舱口。

应急窗应采用易于迅速从车内、外开启的装置;或在钢化玻璃上标明易击碎的位置,并在每个应急窗的邻近处提供一个应急锤以方便地击碎车窗玻璃,且应急锤取下时应能通过声响信号实现报警。

安全顶窗应易于从车内外开启、移开或用应急锤击碎。安全顶窗开启后,应保证从车内外进出畅通。

2. 应急锤的正确使用

（1）安全锤。

当车辆发生事故需要破窗应急逃生时,驾驶员或乘车人应迅速地从车上取下安全锤。如果车窗玻璃上标明了易击碎的位置,则用锤头用力击打该处;如果没有标明易击碎的位置,则用锤头用力击打车窗玻璃的 4 个角,不要击打玻璃的中部,因为钢化玻璃的中间部分最坚固。如果车窗玻璃有贴膜,玻璃破碎后仍留在车窗上,可以用锤头敲打直至脱落或用脚踹开。

（2）击窗器。

① 手动击窗器。在应急状态下,驾驶员或乘车人应迅速找到击窗器,拔出保险插销,用手掌用力击打击窗器手柄,车窗玻璃即刻爆裂并呈整体冰裂状,然后用手掌轻轻一拍玻璃,玻璃即刻脱落,便可快速安全逃生。

② 迷你破窗器。在应急状态下,驾驶员或乘车人只需要将破窗器的射口端对准车窗玻璃的一个角,用力一按即可破窗逃生。

③ 电动击窗器。当需要破窗应急逃生时,由驾驶员操作控制设在车辆前部的

击窗器按钮开关,车窗即刻爆裂并呈整体冰裂状,乘车人只要用手掌一拍车窗玻璃即刻脱落,便可快速安全逃生。

五、机动车防火帽

机动车防火帽是一种安装在机动车排气管后,允许排气流通过,且阻止排气流内的火花或火星喷出的安全防火、阻火装置,是一切机动车在易燃易爆禁火区域必配的消防安全防护器材。机动车防火帽又称为汽车排气管防火罩、汽车防火罩、汽车排气管阻火器、防火帽、防火罩等,标准术语是机动车排气火花熄灭器。

(一)防火帽的作用

由于机动车发动机的动力来源是通过点燃或压燃其燃烧室内的压缩可燃混合气体做功的,压缩可燃气体燃烧做功后所排出的废气中仍具有较高的热能并夹杂着未完全燃烧的火花、火星或火焰,这些火花、火星或火焰是发生火灾三要素中最重要的一个要素。而在易燃易爆禁火区域又不可避免地存在可燃物,更不可能隔绝助燃剂(空气)。要避免易燃易爆区域发生火灾爆炸事故,就必须消除一切可能的火源。

机动车防火帽的作用就是运用安装在机动车排气管后部的防火帽,通过对排气管排出的尾气进行消除过滤,阻止排气流内的火花、火星或火焰排到排气管外部,以防止易燃易爆区域发生火灾或火灾爆炸事故。

(二)防火帽的种类

根据《机动车排气火花熄灭器》(GB 13365—2005),按照不同的分类方法对机动车防火帽(即机动车排气火花熄灭器)的分类如下。

(1)按照排气火花熄灭器与排气管的组合形式,可分为一体型排气火花熄灭器和分开型排气火花熄灭器。

一体型排气火花熄灭器是指与机动车排气消声器装为一体,对机动车废气进行冷却,从而达到熄灭废气内夹带的火花目的的装置。该类型排气火花熄灭器通常称为汽车火花熄灭消声器和汽车防火消声器,一般用在危化品专用运输罐车上,如图 5-55 所示。

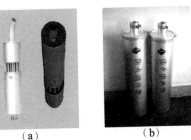

（a）　　　　　　　（b）

图 5-55　一体型排气火花熄灭器

　　分开型排气火花熄灭器是指与机动车排气管分开,使用时可将其装配在机动车排气管的后端口,对机动车废气进行冷却,从而达到熄灭废气内夹带的火花目的的装置。该类型排气火花熄灭器通常称为汽车防火帽或汽车防火罩等,如图 5-56所示。

（a）开关式夹紧箍防火帽　　　　　（b）快捷安装式防火帽

图 5-56　分开型排气火花熄灭器

　　分开型汽车防火帽是目前使用最为广泛的防火帽。这种防火帽按照使用安装形式又可分为开关式夹紧箍防火帽和快捷安装式防火帽。

　　开关式夹紧箍防火帽要用夹紧箍、螺栓、螺母与排气管连接固定,需要时应扳动开关,将翻转阻火阀门关闭,不需要时将翻转阻火阀门开启,如图 5-56(a)所示。

　　而快捷安装式防火帽一般是用四杆机构与汽车排气管尾管直接连接,无须夹紧箍、螺栓、螺母与排气管连接固定,也无须开关对阻火阀门进行控制,如图 5-56(b)所示。

　　分开型汽车防火帽为非液体冷却型防火帽。目前技术最先进、使用普遍的是开关式涡流阀结构防火帽,适用于汽车长期装配使用和临时装配使用,其规格型号齐全,能够满足不同汽车排气管的选择需要。

　　(2) 按照排气火花熄灭器装配使用时间的长短,可分为长期配装型排气火花熄灭器和临时配装型排气火花熄灭器。

　　长期配装型排气火花熄灭器是长期配装在机动车排气消声器出口端,对机动车废气进行冷却,从而达到熄灭废气内夹带的火花目的的装置。

　　临时配装型机动车排气火花熄灭器是仅在某些特殊场合中使用,临时配装在机动车排气消声器出口端,对机动车废气进行冷却,从而达到熄灭废气内夹带的火花目的的装置。

　　(3) 按照排气火花熄灭器冷却介质的不同,可分为非液体冷却型排气火花熄灭器和液体冷却型排气火花熄灭器。

　　非液体冷却型排气火花熄灭器是不采用水等液体作冷却介质,对机动车废气进行冷却,从而达到熄灭废气内夹带的火花目的的装置。

　　液体冷却型排气火花熄灭器是采用水等液体作冷却介质,对机动车废气进行冷却,从而达到熄灭废气内夹带的火花目的的装置。

（三）防火帽的正确使用和要求

（1）一体型排气火花熄灭器,由于其火花熄灭装置与排气管消声器装为一体,不需要安装和使用操作。

（2）快捷安装式机动车防火帽使用时应选用与机动车排气管口径相匹配的规格型号,用手握紧汽车防火帽上的星形把手,按轴线顺时针方向转动直至手感觉到扭转力增大且汽车防火帽不能沿尾管轴向移动即可。

（3）开关式夹紧箍机动车防火帽使用时也应选用与机动车排气管口径相匹配的规格型号,安装时需要用自带的夹紧箍、螺栓、螺母将其与排气管连接固定,防止车辆行驶过程中颠簸脱落。进入易燃易爆禁火区时,应及时将翻转阻火阀门关闭,离开禁火区时将翻转阻火阀门开启。

（4）防火帽使用注意事项。

① 定期检查防火帽壳体是否有裂痕、配件是否齐全;

② 定期清理防火帽内的积炭;

③ 及时清理消声器内的积炭,检查消声器和排气管是否完好。如果消声器和排气管开裂有缝隙或锈蚀、烧蚀有空洞,即使正确使用防火帽也起不到防火作用。

第三节　油田特种专用工程车辆安全防护

一、危险货物运输车辆安全防护

（一）防火防爆

（1）车辆驾驶室内应设置开、关电源总开关的控制装置,该装置应安装在易于操作的位置,并设置清晰标记和防止误操作的设施。

（2）车辆电气导线应绝缘可靠,横截面积足以防止过热,且线路布置合理、固定可靠,有防碰撞、防腐蚀、防磨损和防电火花的保护措施。车辆维护维修时线束接头应包扎牢固、绝缘,不应乱接乱扯导线和使用螺口灯泡。

（3）车辆电气开关盒应符合 GB 4208 规定的 IP65 防护等级的要求,开关上的线束接头应符合 GB 4208 规定的 IP54 防护等级的要求。

（4）厢式货车的厢体内不应装设照明灯光和敷设电气线路。

（5）车辆蓄电池接线端子应采取可靠的绝缘保护措施或用绝缘的蓄电池箱盖住。

（6）驾驶室结构材料应为不易燃材料。在用车辆若为易燃材料的,应在驾驶室后部设置一块与货厢同宽的金属保护板。

（7）装运易燃易爆危险货物车辆发动机的排气装置应采用防火型或在出气口加装排气火花熄灭器，且排气管出口应安装到车身前部，排气火花熄灭器应符合GB 13365 的规定，排气装置整体应密闭完好，不应有窜气漏气的孔洞或缝隙。

（8）罐体的安全阀、呼吸阀和紧急泄放、切断装置应灵敏可靠、清洁，并按规定进行检验。

（9）运输易燃易爆货物的车辆应配备 2 个适用于运输介质的有效灭火器，灭火器规格建议采用表 5-1 的要求。其他车辆灭火设施的配备应符合 GB 7258 的要求。灭火器应装在灭火器保护箱内，分别设置在车辆两侧便于安放和取用的位置，并按照灭火器材相关规定要求进行检查、维护和管理。

表 5-1　车辆配备灭火器的最小规格

装载质量 m/t	$m \leqslant 2$	$2 < m \leqslant 10$	$m > 10$
灭火器规格/kg	2	4	8

（10）车辆应配备防爆手电和不产生火花的必备工具。

（二）防静电

（1）车辆尾部应安装符合 JT 230 规定的导静电橡胶拖地带，拖地带胶皮内的金属导线与车体接触良好可靠。

（2）运输易燃易爆货物车辆的底盘、罐体或厢体、金属管路及其他相关附件任意两点间或任意一点到接地线插钎末端或到导静电橡胶拖地带的电阻值均应不大于 5 Ω。

（3）装卸软管（鹤管）所用材质应与所装运介质相适应，应采用金属管或防静电胶管。装卸软管两端金属件之间的电阻值应不大于 5 Ω。

（4）罐车宜设置一接地线卷盘，接地线应柔韧，展开、收回方便，末端应装设弹性"鳄鱼夹"或其他有效弹性夹。接地线与车架之间的电阻值应不大于 5 Ω。

（5）运输易燃气体和液体罐车的尾部靠近罐体处应加设不锈钢片（或不锈钢板）作为导静电接地板。罐体导电部件上任意一点到导静电接地板末端的电阻值应不大于 5 Ω。

（三）装卸作业现场安全器材

（1）装卸现场应采取相应的隔离措施，并设置避雷和消防设施，配备消防器材，无关人员和车辆不得进入。

（2）装卸作业现场应设置警示标志，远离火种和热源，通风良好；电气设施应符合国家有关防火防爆规定。

（3）易燃易爆气体、液体的装卸台和单井拉油点等均应设置 2 处可供罐车导除静电的接地装置，装卸前分别接于罐体和车体，间距宜为 2.5 m，且接地电阻不应大于 5 Ω。

（4）各种装卸机械和工具应具有可靠的安全系数；装卸易燃易爆危险货物的机械和工具应有消除产生火花的措施。

二、汽车起重机安全防护

（1）起重量为 16 t 及 16 t 以上的汽车起重机应装设力矩限制器，要求其完好、灵敏、有效，符合国标 GB 12602 的规定。

（2）起重量小于 16 t 的汽车起重机应装有符合 JB/T 9738 要求的起重量显示器，要求其灵敏、有效。

（3）汽车起重机应装有起升高度限位器，起升高度限位器应能可靠报警并停止吊钩起升，只能做下降操作。

（4）汽车起重机应装有读数清晰的幅度指示器（或仰角指示器），要求其完好、灵敏、有效，符合 JB/T 9738 的规定。

（5）起重量大于等于 16 t 的汽车起重机应装有水平仪。

（6）汽车起重机回转机构的回转锁定装置和支腿回缩锁定装置应完好有效、安全可靠，不得缺损。

（7）吊钩应有防止重物意外脱钩的保险装置，要求其完好、有效。

三、其他专用工程车辆安全防护

其他专用工程车辆应根据现场作业要求及单位安全规定，配备适用的安全防护装置、器材，如正压式空气呼吸器、移动式硫化氢报警器等。

第六章　驾驶员应急避险与事故应急处置

驾驶员驾驶车辆行驶过程中会遇到各种突发的险情和交通事故,充分掌握各种险情和发生交通事故后的应急处置方法,避免次生事故的发生,是我们每一名驾驶员都必须要掌握的内容。

第一节　险情应急避险建议

一、突然爆胎

车辆轮胎气压过高或过低、轮胎胎体有损伤、轮胎老化或者车辆超载、高速行驶等,都可能造成汽车在行驶中发生轮胎爆裂事故,尤其是夏季高温天气在高速公路上高速行驶时,因路面温度高、车轮转速快、胎内气体受热膨胀等原因,更容易导致车辆突然爆胎事故。轮胎在高速行驶时突然爆裂,是一件非常可怕的事情,若处理不当,会引发严重的行车事故,极有可能造成车毁人亡。

当车辆发生爆胎时,无论是前轮爆胎还是后轮爆胎,驾驶员都必须保持沉着冷静,不能慌张,立即告知乘车人不要惊慌,系好安全带,头、背、臀紧贴座椅,抓紧扶手,身体不要前倾,并牢牢把稳转向盘,迅速判断爆破轮胎处于车身的哪个位置,根据爆裂轮胎位置的不同采取不同方法处理。

(一)前轮爆胎

1. 前轮爆胎现象

由于爆胎的前轮滚动阻力急剧增大,而正常的前轮滚动阻力基本不变,驾驶员在未踩制动的情况下,车辆将会向爆胎轮的方向偏驶,转向盘也会受此力矩发生偏转,车辆行驶方向很难控制。如果出现这种现象,可能是前轮爆胎。

2. 前轮爆胎处置措施

(1)保持直线行驶。前胎爆胎,车身会出现向一侧突然倾斜,汽车方向会跑偏或摇摆不定。此时驾驶员应双手紧握转向盘,尽量使汽车保持直线行驶。

(2)调整车头时动作轻柔。在转动转向盘控制车辆行驶方向时动作要轻柔,不要猛打转向盘,以免车辆出现强烈侧滑甚至调头。

（3）缓慢减速。减速时应带挡收油，采用间断制动法制动减速（即迅速踩下制动踏板，当踏板行程达到 1/2～3/4 时，再松回 1/4 行程，如此反复多次制动，使车辆减速停车。此方法通常称为"点刹"），当车身姿态可控时再逐级减挡，将汽车缓慢停下来，切勿急踩刹车。

（4）打开紧急报警灯。待情况基本稳定后，一定要打开紧急报警灯或转向灯，让汽车缓慢靠路边停下，并在车后来车方向按照规定放置三角警告牌，以警示来车驾驶员注意。

（二）后轮爆胎

1. 后轮爆胎的现象

如果是后轮爆胎，驾驶员在未踩制动的情况下爆胎轮的较大滚动阻力同样会产生偏转力矩，在车速较低的情况下这个力矩可能不足以克服后轮侧向附着力产生的与之相抵抗的力矩，车辆就不会偏驶，驾驶员甚至可能察觉不出已经爆胎了。但如果车速较高或路面湿滑，后轮会向爆胎轮的反向滑移，形成甩尾，甩尾严重时会造成车祸，因此后轮爆胎的危险性亦不可低估。

2. 后轮爆胎处置措施

（1）保持直线行驶。后胎爆裂，汽车尾部会摇摆不定，但方向不会失控，此时驾驶员仍应双手紧握转向盘，使汽车保持直线行驶。

（2）缓慢减速。采用间断制动法制动减速，并采用收油减挡的方式将汽车缓慢停下。与前胎爆裂时一样，千万不要猛踩刹车踏板。

（3）打开紧急报警灯。待情况基本稳定后，一定要打开紧急报警灯或转向灯，让汽车缓慢靠路边停下，并在车后来车方向按照规定放置三角警告牌，以警示来车驾驶员注意。

二、制动失灵

如果车辆在行驶中发生行车制动器失灵，这时驾驶员要沉着冷静，不要慌张，并采取以下措施：

（1）告知乘车人不要惊慌，系好安全带，头、背、臀紧贴座椅，抓紧扶手，身体不要前倾，不要影响驾驶员操作，更不要开门跳车。

（2）根据路况和车速控制好方向，尽可能利用转向避开障碍物，以免车辆与障碍物、行人或其他车辆发生碰撞。装载重心高的货车或牵引挂车避让障碍物时，应特别注意方向不可过急或角度不可过大，否则会导致车辆重心不稳或挂车不能及时与牵引车头同步而造成翻车。

（3）脱开高速挡，迅速轰一脚空油，从高速挡换入低速挡，充分利用发动机的牵制力使车辆减速。抢换低速挡时可从 5 挡换入 3 挡或 2 挡，再逐步到 1 挡。自动挡汽车也有低速挡,如 1 挡或 D1 挡、2 挡或 D2 挡、S 挡或 L 挡等,可以从 D 挡逐步换入 3(D3)挡、2(D2)挡、1(D1)挡或 S 挡、L 挡。手自一体的车辆可以换到手动模式进行减挡减速。自动挡汽车在情况危急、迫不得已的情况下,还可强行挂入停车挡(P 挡),实现即刻停车,但这样做有些冒险,一是会因车速即刻降到零而可能出现严重甩尾调头,二是对发动机和车辆也有不同程度的损害。

(4)在抢挂低速挡的同时,可以结合使用手刹,但一定要注意手刹不能拉得太紧、一下拉死,可将手刹操纵杆端部的锁止按钮按下,一扣一扣地缓拉,但也不宜拉得太慢。如果拉得太紧,容易使制动盘"抱死",车辆很可能会侧滑甩尾,产生"漂移"现象,尤其是在冰雪路面或潮湿路面上,车辆会即刻甩尾转圈;如果拉得太慢,会使制动盘与制动蹄片长时间处于相对旋转磨损状态而造成烧蚀,最终失去制动作用。

(5)如果上述措施还不能解除险情,那么只能采取以下措施:果断地利用车的保险杠、车厢等刚性部位与路边的天然障碍物(如土坡、大树等)碰撞,以达到强行停车脱险的目的,或者将车辆开进花池、草地或缓坡的浅沟等行驶阻力较大的地方,以便尽可能地减少事故损失。值得注意的是,当采取与天然障碍物碰撞减速时,一定要找准角度,并反复轻碰,不能因强行停车而酿成更大的车祸。

(6)上坡时出现刹车失灵,应适时减入中低挡,保持足够的动力驶上坡顶停车。如需半坡停车,应挂入低挡位,拉紧手制动,随车人员及时用石块、垫木等物卡住车轮。如有后滑现象,车尾应朝向山坡或安全的一面,并打开大灯和紧急信号灯,引起前后车辆的注意。

(7)下坡时刹车失灵,如果不能利用车辆本身的机件控制车速,驾驶员应果断地利用天然障碍物,如路旁的岩石、大树等,给汽车造成阻力。如果一时找不到合适的地形、物体可以利用,紧急情况下可将车身一侧向山边靠拢,通过摩擦来增加阻力,逐渐降低车速。

车辆在下长坡、陡坡时,不管有无情况都应该踩一下刹车。这样做既可以检验刹车性能,也可以在发现刹车失灵时赢得控制车速的时间,也称为预见性刹车。

特别注意,当出现制动失灵时,自始至终无论车速降低与否,操纵转向盘、控制行驶方向、规避撞车都是第一位的措施。只有当交通情况暂时不会发生撞车事故时,才可腾出手来抢挡、拉手制动操纵杆。

三、转向失控

转向系统突然失去控制,使驾驶员无法掌控方向,后果极其严重。遇转向机构突然失控,驾驶员要沉着冷静,判明险情程度,采取应急措施,切不可惊慌失措,贻误时机,使险情加重。应立即告知乘车人不要惊慌,系好安全带,头、背、臀紧贴座椅,抓紧扶手,身体不要前倾。

当车辆行驶中转向突然失控时,应立即抬起油门,抢挡减速,迅速踩下制动踏板,使汽车慢慢地停下,同时打开紧急报警灯、大灯、鸣喇叭等,对道路上的其他车辆和行人发出信号示警。并且不管转向系统是否有效,都应尽可能将转向盘打向路边或大树等天然障碍物,以便到路边停靠脱险。

如果车辆仍能保持直线行驶状态,前方道路情况也允许保持直线行驶,不可采取紧急制动,以免车辆在高速行驶和方向失控的情况下紧急制动,造成车辆侧滑、倾翻或被后车追尾。

如果车辆高速行驶中转向突然失控,车辆偏离正常行驶方向,事故已经无法避免,则应果断地持续点刹,或用手按下手刹操纵杆端头按钮缓慢地拉起手刹,使车辆尽快减速停车。切勿一脚踩死制动或一下子将手刹拉紧,否则将会造成车辆倾翻。

当车辆突然转向不灵时,应尽快减速,靠右行驶,选择安全地点停车,查明原因。如果还可以实现转向,在保证安全的情况下谨慎驾驶,低速前进,将车开到附近修理厂维修。

四、车辆侧滑

车辆侧滑是行车中最为常见的一种险情。所谓汽车侧滑,就是在车辆急加速、突然制动或启动时扭矩过大而产生的侧向甩动现象。汽车侧滑特别是后轮侧滑,对安全行车威胁较大,常常造成碰撞、翻车、掉沟等事故,对人身安全危害很大。

(一)侧滑原因

车辆在起步和行驶中产生侧滑的原因很多,如在附着力很小的冰雪路面、泥泞路面上起步或行驶时起步过猛、紧急制动、转向过猛、突然加速或减速等,或在弯道、坡道、不平整路面上行驶速度太快,或车辆前后轮制动不均匀、轮胎气压不符合规定、轮胎花纹磨平等,都可能产生侧滑现象。

(二)侧滑预防措施

(1)当车辆在冰雪、泥泞、潮湿等附着力较小的路面上起步或行驶时,应把稳转向盘,根据路面情况保持中低速匀速直线行驶,尽量不要制动、急转向、急加速、急松油门和超车、变道。

(2)当遇情况需要减速或停车时,应持续点刹,使车辆减速停车,同时也可抢挂低速挡,充分利用发动机的牵制力降低车速,切勿紧急制动。

(3)当车辆转弯时,应提前减速,轻打方向慢转弯,切勿高速转弯、转小弯、紧急制动或转向过急过猛。

(4)会车时,应提前减速,换入低速挡,选择好会车地点,尽量不制动或少制动,充分利用发动机的牵制力控制车速,并避免在窄路、窄桥、上下坡处会车。

（5）超车时,应提前轻打方向缓慢进入超车道,并确保在超车过程中不会发生为避让对面来车而急加速、急打方向或紧急制动的现象。

（6）上坡时应提前减速,并根据坡度使用稍低一级的挡位,与前车保持一定的安全距离,争取"一气呵成"完成爬坡,以免上坡时减速或打滑而无法顺利到达坡顶。

（7）下坡时应平稳地将挡位换至低速挡,充分利用发动机的牵制力低速行驶,尽量不使用制动,即便是轻踩制动也容易使车辆发生侧滑。

（8）在有冰霜的秋冬季节的夜间和早晨或冰雪未完全融化的路面以及有积水、有散落油污的路面上行驶时,一定要注意桥涵上的冰霜和未融化的冰雪、积水。当发现上述情况时,应提前减速,稳住方向,匀速低速通过,切勿在车轮碾压在上面时急踩制动、急打方向、急加速或急松油门。

（9）如果所驾驶车辆不是采用的对传动轴实施制动的手制动器,当车辆在冰雪、泥泞、潮湿等附着力较小的路面上行驶时,千万不要使用手制动减速。

（三）侧滑处置措施

（1）当车辆在行车过程中突然发生侧滑时,处置侧滑总的原则是沉着谨慎,切勿紧急制动,顺着车尾甩动方向轻打方向,当感觉到车头快要回正时再回转转向盘到正常位置。

（2）如果侧滑是由于制动过猛引起的,应立即松开制动踏板,稳住油门,向车尾甩动方向（后轮侧滑的方向或前轮侧滑的反方向）适度转动转向盘,待车身即将回正时再回转方向继续行驶。

（3）如果侧滑是由于转向过急过猛引起的,应立即轻缓地松开油门,向车尾甩动方向适度转动转向盘。

（4）如果侧滑是由于低附着力路面的高低不平、坑坑坎坎等引起的,应把稳转向盘,降低车速,车尾向哪个方向侧滑就向哪个方向转动转向盘,但不可急踩刹车和急打方向。

（5）如果车辆侧滑失控,应当向车尾甩动的方向打方向,感到车头快要回正时再略微向反方向打方向,必要时可重复上述步骤,绝对不可以踩刹车。

（6）如果车辆起步时车轮打滑空转或侧滑,手动挡的汽车可挂入比平时高一级的挡位,利用离合器半联动,轻踩油门、慢加油起步;自动挡的汽车使用2（D2）挡,轻踩油门起步。当在坡道上起步时,还应配合手制动起步。

五、车辆滑溜

汽车在行驶过程中,尤其是在山区低等级道路上行驶时,经常会遇到坡度和坡长不同的坡道。车辆在上坡途中,特别是在冰雪、泥泞、潮湿的路面上上坡时,如果车辆动力不足、未能顺利实现换挡或车轮打滑、侧滑等,车辆就会向后滑溜甚至失去控制而处于非常危险的境地。如果处置不当,将会造成车辆碰撞、倾翻、坠落等重大交通事故。如果车辆在坡道上因故停车,因措施不当而出现车辆失控滑溜,同样也是一件非常可怕的事情。

(一)滑溜预防措施

车辆上坡前,驾驶员应根据车辆的动力性能、载重量、坡道坡度与长度、路面附着力和道路交通流量等情况,采取不同的措施上坡,以防车辆中途动力不足、车轮打滑而被迫熄火停车,进而造成车辆失控滑溜,发生事故。

(1)如果坡度较大、路面附着力较好和道路交通流量较小,对于载重量过大、动力不足的车辆,可采取上坡前适时加油提速,利用较大的行驶惯性冲坡,必要时再迅速减低1~2个挡位继续上坡。

(2)如果坡道附着力较小甚至溜滑、既陡又长、道路交通情况复杂,应根据坡度使用稍低1~2级的挡位,增大扭矩,低速上坡,尽量避免上坡制动或中途换挡。当感到轮胎开始打滑时,应立即减小油门,保持附着力不要丧失。当车辆侧滑时,应立即向甩尾一侧适度转动转向盘,及时纠正侧滑。如果感到动力不足,应较平时稍微提前一些减挡,以避免发生脱挡的现象而造成车辆熄火停车甚至滑溜。

(二)滑溜处置措施

(1)如果车辆上坡时因动力不足熄火下滑,应在车辆刚要后退的瞬间挂上倒挡,利用发动机的牵阻力减缓后退车速,并立即用力踩下制动踏板、拉紧手刹,尽力避免车辆失控滑溜。

(2)如果车辆因路面附着力丧失而出现车轮打滑空转下滑,应保持挡位不在空挡上,并立即持续点刹车,切勿紧急制动,以免车轮抱死后滑得更快或侧滑。

(3)如果所采取的滑溜控制措施仍不能阻止车辆下滑后溜时,应立即打开紧急报警灯,谨慎稳妥地操控转向盘,控制好车辆后溜方向,避开路上的危险目标,慢慢地使车辆后溜下坡,将车辆停放到安全地带。如果地形复杂,向后溜滑有危险时,应将车尾向路边的山体、岩石、大树等天然障碍物靠拢,借助天然障碍物阻止车辆下滑;或将车辆后溜至路边的农田、沙地等行驶阻力较大的地方,以缓冲并消耗汽车的惯性能量,减小事故损失。

六、柴油汽车发动机"飞车",车辆失控

柴油发动机"飞车"是指发动机转速突然失去控制,大大超过额定转速,发动机剧烈振动,发出轰鸣声,排气管冒出大量黑烟或蓝烟的故障现象。汽车发动机"飞车"不仅会造成发动机零部件损坏,而且还会造成驾驶员恐慌、紧张而导致应急处

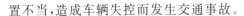

置不当,造成车辆失控而发生交通事故。

柴油发动机"飞车"主要发生在传统机械式高压油泵的发动机上,而对于现代电喷柴油发动机则很少发生。引起柴油发动机"飞车"的主要原因之一是喷油泵调速器出现故障,二是有额外油料进入燃烧室参与燃烧。

目前,在各油田企业的柴油汽车中,装配传统机械式高压油泵的柴油发动机汽车还有不少,多数为前几年的汽车。当柴油发动机出现"飞车"故障时,可采取以下措施处理,以避免发动机损坏或车辆失控而发生人身伤亡事故。

(1)在车辆行驶中,一旦发现发动机"飞车",应迅速挂上高速挡,踩下制动踏板,强制发动机熄火,必要时还可以缓慢拉紧手刹,辅助制动,加大制动力。同时,应告知乘车人系好安全带,双手抓住车辆扶手或座椅,头、背、臀紧贴座椅,身体不要前倾。

(2)如果行车制动器失灵、失效或者制动效能下降、地面附着力小,在采取挂高速挡和手、脚制动并用等措施仍不能强制发动机熄火的情况下,应果断放弃对发动机的保护,迅速踩下离合器踏板,挂上空挡,切断车辆行驶动力来源,再采取手、脚制动,使车辆迅速停下,以避免发生交通事故。

(3)如果上述措施仍不能使发动机熄火或将车辆停下,驾驶员更应保持沉着冷静,在全力控制方向避让道路车辆和行人的同时,挂上空挡或踩下离合器,寻找道路两旁可以利用的障碍物,使车辆与之剐碰,或将其驶入行驶阻力较大的空地、田地或较陡较浅的坑沟中,以消耗或吸收车辆的运动惯性,使车辆能够迅速停下,避免发生交通伤亡事故。

七、前风窗玻璃破碎

车辆在高速行驶时可能会遇到前风窗玻璃被前面行驶车辆后轮扬起的飞石击破或被其他不明飞行物体击破,破碎的风窗玻璃可能会形成"马赛克"状的裂纹但又整体粘连在风窗玻璃框上,从而导致玻璃模糊不清,严重影响驾驶员对前方道路情况的观察判断。遇到这种危机情况时,驾驶员要沉着冷静地采取以下措施:

(1)应立即降低车速,尽快驶离车道,但不能突然急打方向,更不能紧急制动,以防与后车发生追尾碰撞。

(2)如果玻璃破碎严重而导致情况十分紧急时,应开启危险报警灯,降下左侧车窗,从侧面观察前方情况,将车辆停放在路边,再实施救助措施。或者待车辆适当降速后,一只手掌稳转向盘,另一只手持硬物将破裂的玻璃击落。若车内找不到硬物,可以用拳头将破裂的玻璃击落。挥拳时前臂要伸直,不要弯曲手腕,这样快速地重重一击,手部不至于被割伤。

(3)在没有前风窗玻璃的情况下,若要继续行驶或到就近的修理厂更换玻璃

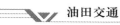

时,要把所有的车窗都关紧才可上路。当车出现"颤动"时,表明车内外的气压相等,这时驾驶员不必担忧,可以放心地开车,但车速不要太快。

八、车辆驶出路缘、路肩

油田车辆经常行驶在戈壁、沙漠、荒滩、田野或山区等通行条件恶劣的道路上,有时会发生由于驾驶员观察或驾驶操作不当而导致车辆驶出路面,造成车辆一侧的前轮或前后轮骑压在路肩、路缘上,或者因车轮骑压路肩、路缘而导致车轮悬空,如果操作处理稍有不当,便会发生车辆滑溜、翻车、坠落等事故。在行车中发生这种情况时,可采取以下应对措施:

(1) 当发现车辆一侧的前轮或前后轮驶出路缘、路肩时,应用力小角度转动转向盘,并根据路肩、路缘的坡度和车速情况,适当跟上油门,使前轮驶入正常路面。切不可猛打方向,否则可能会因为方向过猛而导致车辆失控,驶向道路的另一侧,或因方向过猛而导致车辆倾翻。

(2) 当发现车辆已不可能驶入正常路面时,可收油门、反复多次点刹、逐步换入低速挡,让外侧车轮紧贴路肩、路缘慢慢停车,然后再进行车辆施救。切勿紧急制动,否则,由于路缘、路肩的土质或沙石松软,可能会因为紧急制动而使地面急剧受力,导致路缘、路肩地面塌陷或沙石、泥土滑落,造成车辆滑落、坠落或翻车事故。

(3) 当发现车辆既无法驶入正常路面也无法停车,势必要造成车辆翻车、滑落或坠落时,可参照"汽车坠崖或坠河应对措施"处理。

(4) 当车辆停下后,可采取以下措施:

① 驾驶员或乘车人应迅速地从靠近路面一侧的驾驶室门或其他车门、车窗出来,切不可从路缘外侧出来,否则可能会因为人的移动、重心的偏移而导致车辆滑溜、坠落或翻车。

② 如果情况允许,在确保人身安全的情况下,可将车厢内货物由路缘外侧的一边搬到内侧的一边,以减轻路缘外侧车轮对地面的压力,防止汽车因失去平衡而倾覆。

③ 如果发现车辆随时都有滑溜、倾翻和坠落的危险,可在条件允许和确保人身安全的情况下,用绳索系住车身并拴在路边的树木或桩上,或用一木杠、木板、石块等支撑住悬空或滑移的车轮,等待救援。

④ 如果情况不是很严重,车辆没有翻车、滑落、坠落的可能性,可根据情况在周围寻找砖瓦石块垫平垫实悬空的车轮及影响车轮前进的坑洼、棱台等,或者用铁锹等工具挖去轮胎周围及前后桥、传动轴触地处的泥土等,以增大车轮与地面的附着力和减小车轮行驶阻力。

⑤ 在未确认车身平稳前,不可冒险开动车辆,以防发生翻车事故。

九、铁路道口抛锚

铁路和公路的平交路口,由于铁轨穿越公路而形成了一道道凹凸不平的轨梁,使得公路沟坎不平,车辆行驶至此处即使减速通过,也避免不了剧烈的颠簸,可能导致车辆熄火或抛锚。车辆在铁路道口抛锚是非常危险的,不仅影响火车的正常行驶,而且还有可能导致与火车发生碰撞事故,甚至会造成火车脱轨,引发更大甚至灾难性的事故。

当车辆行驶至铁路道口抛锚时,驾驶员和乘车人员应立即下车将车辆推出道口,或求助过往车辆协助将车辆拖拽出道口。

如果无法将车辆拖出道口,驾驶员和乘车人员应迅速离开车辆,在道口外安全区域拨打110、122报警,使他们能够及时通知铁路部门或派出警力救助。

如果发现火车已经临近,应立即下车,沿着铁路外侧安全区域,迎着火车驶来方向快速跑动,并挥动衣物示意火车减速停车,以避免火车与汽车发生相撞。

十、路遇塌方

(1)在道路塌方比较严重的地区,车辆无法行驶,应原路返回,找到能够提供补给的地方,再考虑改走其他线路。

(2)在遇到轻微塌方的情况时,可先派人探查前方道路车辆是否能通行。

(3)在公路或国道出现断路或塌方的情况时,政府和有关部门很快会组织救援,遇险人员应耐心等待。

(4)驾车出门远行要必备一些食品、饮用水和燃料,以备遇到断路或难以找到补给用品时的急需。

十一、路遇泥石流

泥石流是山区和其他沟谷深壑、地形险峻地区特有的一种自然地质灾害现象,它是由于暴雨、冰雪融水或水塘溃坝等水源激发而产生在沟谷或山坡上的一种夹带大量泥沙、石块等固体物质的特殊洪流。泥石流具有突然性、流量大、能量大、可携带巨大石块、来势凶猛、破坏性强等特点,一般发生在多雨季节。在我国黄土高原、天山及昆仑山等山前地带、太行山及长白山山脉、大巴山等山区泥石流危害较为严重,台湾省也常有泥石流发生。

在夏季多雨季节,车辆在易发生泥石流的山区或沟谷深壑、地形险峻等地区行驶时,要特别关注国家天气及地质灾害预报,提前做好应急防范。当车辆沿山谷、深壑行驶时,一旦遭遇暴雨或大雨,应迅速将车开到安全的高地,不要在谷底过多停留。同时,要注意观察周围环境,尤其要注意远处山谷传来的打雷般声响,若听

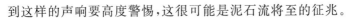

到这样的声响要高度警惕,这很可能是泥石流将至的征兆。

如果在开车时遇到泥石流,应迅速果断地弃车逃离,尽力向泥石流两侧的山坡上爬,切勿犹豫不决,以免留在车里发生被泥石流掩埋窒息死亡的事故。

如果途中需要休息或宿营,应选择平整的高地作为休息宿营地,尽可能避开有滚石和大量堆积物的山坡下面,不要在山谷和河沟底部扎营。发现泥石流后,要立即向与泥石流成垂直方向的两边山坡上爬,爬得越高越好,跑得越快越好,绝对不能往泥石流的下游走。

十二、车辆涉水

在夏季多雨季节,汽车行驶时经常会遇到大雨、暴雨,当车辆行驶到低洼处或漫水桥、漫水路、桥下通道等有积水的路段时,有一些驾驶员往往会因心存侥幸、胆大冒险或没有涉水行驶经验而导致车辆途中熄火,造成发动机和车内进水而使车辆严重损坏;或者因不清楚积水的深度、流速和水下道路情况而发生车辆落水、倾翻等事故,造成车毁人亡。

在车辆行驶途中,如果遇有积水需要涉水时,应采取以下措施,切勿胆大冒险、心存侥幸,以免发生车辆损坏或发生车辆落水、倾翻等事故。

(1)汽车行驶途中遇到积水路面时,首先应当减速或停车观察,探明水深、流速和水下道路情况,注意道路上被水淹没的暗坑和较大的石块以及路基的软硬度,更要重视经水流冲击后可能形成塌陷、缺口的漫水路面或桥面,并根据所驾车的底盘高度、车辆性能等情况,判断是否能够安全顺利地通过。若不符合安全通行条件,应尽快绕道行驶。

一般情况下,当水位超过保险杠下沿或轮胎的一半时,便不要冒险通过。否则,水很容易呛入发动机排气管而造成发动机熄火,同时积水也会从车辆底部进入机舱和车身座舱室,造成车身底板内衬和内装饰过水损坏。

(2)当汽车涉水时应保持低挡位、中高油门匀速通过,中途尽量不停车、不换挡、不收油门,也不要加速。否则,会因为车速快而激起水浪或水花,导致积水呛入发动机进排气管而造成发动机熄火。同时,积水会造成道路附着力严重下降,车速快更容易发生侧滑;道路单边积水会使高速行驶的车辆单边阻力突然增大,车辆被突然抢胎,严重时出现使车辆打圈或失去控制等问题。

(3)行驶中应尽量注视远处固定目标,双手握住转向盘向前直行,切不可注视水流或浪花,以免晃乱视线产生错觉,使车辆偏离正常路线而发生意外。如果前面有车涉水,最好不要跟随其后,以防止前车因故障停车而迫使己车在水中进退两难。同时,也要尽量避免与大型车辆逆向迎浪行驶,以免水浪突然升高、水位上升而造成车辆进水。

（4）当车辆通过积水后,应继续以低速行驶,观察车辆有无异常,然后间断地轻踩刹车,使刹车鼓与刹车片摩擦产生热能将水分蒸发排干,等待车辆制动性能恢复后再正常行车。如果涉水位超过半胎或更高,应尽快到汽车维修厂检查处理,以免留下隐患。

（5）在车辆涉水过程中,如果水位超过半胎出现发动机熄火时,应立即关闭点火开关,不要试图再次启动发动机,否则会导致发动机损坏。当车辆关闭点火开关停车后,应设法及时将车推离积水路段,停放至安全地点。停放时尽量使车辆前高后低,这样可使进入排气管中的水流出,避免损坏三元催化转换器及消声器。经专业人员检查没有进水后才能重新启动。

（6）当因道路积水堵车时,如果堵车时间超过 30 min,原地不动,即便是外面下着大雨,也要下车前后走动观察。如果发现地面上的水都往前面积水的地方流而不是往路边下水道流,有可能水位很快就会涨起来。这时应尽力发动周围同处险情的车辆驾驶员去游说后车驾驶员向后倒车。如果每辆车都能向后倒一点,就能很快使自己脱离险情。如果不能向后倒车,应将车辆摆正、熄火、关灯、关空调、拉紧手刹,避免车辆过水造成电气线路损坏而不能将车开动,同时也为事后移动车辆提供方便。对于自动挡的汽车,还应挂上空挡(N 挡),以避免因挡位挂在停车挡(P 挡),车辆没有电时不能摘挂挡而导致无法将车辆推走或拖走。

十三、车辆落水

车辆行驶过程中,由于观察判断不够、操作不当、车辆失控或发生事故等原因,导致车辆落水。一旦发生车辆落水事故,可根据情况采取相应的应对措施。

（1）车辆落水后,由于每台车辆的密封情况不同,下沉的速度也不同,但是一般情况下最多也就是短暂的几分钟。所有的求生措施都要在这几分钟内完成,因此速度是最关键的。

（2）当车辆落水后,不要惊慌失措,第一时间以最快的速度将车窗摇下,尤其是电动车窗的汽车,要尽量在车辆熄火前将车窗降下,否则车辆会因进水而熄火和电路短路,造成车窗无法打开。打开车窗的目的是为了让水进入车内,使车内外水压保持一致,车门就可以轻松地打开;同时也为车门打不开时做好从车窗逃生的准备。

（3）尝试车门是否能够打开。如果可以打开车门,就要迅速逃离;如果车门已经无法打开,就要从已降下玻璃的车窗迅速逃离。千万不可犹豫,错失良机,逃命要紧。

（4）如果车窗和车门都没法正常开启或者摇下,那么只能破坏车窗逃生或从后备厢逃生。

① 如果车上配备了安全锤或破窗器,则用安全锤或破窗器破窗逃离。

② 如果车上没有安全锤或破窗器,那么就要迅速取下或找到座椅头枕、灭火器等可以用来破窗的工具破窗逃离。使用座椅头枕破窗时,要将头枕的一根插杆设法插入玻璃与车窗框的缝隙中,用力下压别碎车窗玻璃。但有的车辆缝隙太小可能插不进去。使用灭火器破窗时,要抓住灭火器的上部,用力反复地砸车窗玻璃的四角或边缘,因为车窗玻璃设计制造时四角或边缘的刚性、强度较小,容易击破。

③ 如果座椅头枕不能拔掉,车内也没有灭火器等可以用来破窗的其他工具,也可尝试用安全带的锁扣插头插入玻璃与车窗框的缝隙中,然后用力拉安全带,用安全带插头别碎玻璃逃生。

④ 当车辆落水,无法从车门或车窗逃离,而这时因车辆尾部较轻仍露出水面时,可放倒后排座椅,从通往后备厢的空洞中爬到后备厢,找到后备厢开关,打开后备厢逃离脱险。多数后排座椅能够放倒的车辆都有一个通往后备厢的空洞,后备厢锁扣处往往也有如拉环或月牙板式的应急开关,或者可用钥匙捅开后备厢开关。平时驾驶员应寻找检查,以备应急之用。

(5)砸开车窗前,切记一定要吸足一口气等待水进入车内,直到车内外的水平面持平后,快速解开安全带,这时车门已经可以打开,迅速逃离车辆。如果车辆还没有完全沉入水中,车头会沉得比较快,这时驾驶室内还有一部分空间没有浸没,待车内外水平面持平后开启车门逃生的风险比较小。如果车辆已经完全没入水中,那么你的时间估计也就不到一分钟,憋足一口气尝试开启车门,如果无法打开车门,立即选择从车窗逃出。

(6)车辆落水最怕倾翻。因为人的方向感没了,更加恐惧,会四处乱动,加速下沉。此时驾驶员和乘车人应尽快辨清哪边车窗是靠近水面的,然后奋力砸破车窗,从里面游出来。

(7)如果车辆是从高处坠入水中,一定要紧紧握住转向盘或车内扶手,头、背、臀紧贴座椅,一只手护住头部,防止车辆从高处跌落至水面时车内人员受到二次伤害而导致昏迷。

十四、车辆着火

万一车辆着火,应本着先人后车、及时有效、方法得当的原则进行现场应急处置。当发现车辆着火时,应沉着冷静,迅速判明着火部位,并根据火情采取相应的应急处置措施。

(1)在行车过程中,一旦嗅到焦臭味或者看到烟雾,应立即减速靠边,将车辆停放到远离加油站、油库等危险区域或人员密集的地方,迅速切断电源,拉紧手刹,打开车门,组织乘车人员迅速、有序地下车撤离到安全区域,并探明着火部位。如

果发现车辆某个部位已经着火,可能发生火灾时,应立即拨打"119"报警,并迅速取出灭火器进行扑救。

① 当发现车辆因着火而导致车辆电路损毁,不能打开车门时,应立即告知乘车人员不要紧张慌乱和拥挤,迅速使用安全锤、破窗器、灭火器或座椅头枕等用具,按照上述"车辆落水应急处置"中所讲的使用方法,破窗逃离车辆。

② 当发现发动机舱冒烟着火时,应立即打开发动机盖锁,戴上手套或用螺丝刀、手钳、木棍等工具将发动机盖掀开一条缝隙,将灭火器喷嘴插入缝隙中,对准可能着火的部位往里喷射灭火剂,等到基本没有烟雾时方可打开发动机盖。切勿立即打开发动机盖,否则会因发动机盖迅速掀起而引发空气抽汲,导致火势突然蔓延扩大。

③ 当发现驾驶室、乘坐舱或客(货)车车厢等车辆的某个部位冒烟着火且火势不大、对人身安全造成威胁时,应立即手持灭火器喷嘴对准火焰根部进行扫射,直至将火熄灭为止。

④ 当车上没带灭火器或灭火器已经用完而着火还没有完全扑灭时,应立即向过往车辆求助。当向过往车辆求助未果或没有过往车辆时,可将车上自带的毛毯、衣物、遮盖货物的篷布等用水浸湿,覆盖在火源上使火焰窒息,或者用路旁的沙土、泥土、冰雪进行覆盖。

⑤ 当发现火情危及车上货物时,应在扑救的同时组织人员迅速地把货物从车上卸下。

⑥ 当发现火势很大,已经蔓延至车辆全身,特别是威胁到油箱,可能引发更大火灾或爆炸时,应立即组织疏散围观人员,隔离火场,并采取力所能及的措施,防止火焰蔓延危及周围房屋、建筑或重要公共设施,等待消防人员扑救,尽量减少损失。

(2) 当车辆在加油过程中发生火灾时,应立即停止加油,大声呼叫,并迅速将车辆开出加油站(库)停至安全区域,然后用灭火器或衣物等将油箱上的火焰扑灭后,再扑救其他部位的着火。如果是加油时地面流散的燃油或加油机着火,应迅速用站区附近的灭火器、消防砂将其扑灭。

(3) 当车辆在修理中发生火灾时,修理人员应迅速上车或钻出地沟,迅速切断电源,用灭火器或其他灭火器材扑灭火焰。

(4) 当车辆发生事故后引起火灾时,由于车辆零部件损坏,乘车人员伤亡比较严重,首要任务是设法救人。如果车门没有损坏,应立即打开车门,指挥协助乘车人员逃离车辆。如果车门损坏打不开,应立即使用安全锤、破窗器、灭火器或座椅头枕等工具破窗逃生。同时,驾驶员要积极配合前来救援的消防队员,利用扩张器、切割器、千斤顶、消防斧等工具救人灭火。

(5) 当停车场发生火灾时,应在扑救火灾的同时组织人员将着火车辆周围的其他车辆开走或拖开、推走,避免火势殃及周围车辆。

(6) 当大中型客车发生火灾时,由于车上人多,驾驶员应保持高度冷静和果断,首先应考虑到救人和报警,并根据具体情况确定逃生方法,待车上乘客全部下车脱离危险后,再组织扑救火灾。

① 如果着火的部位是客车的发动机,驾驶员应立即开启所有车门,组织乘客有序下车后,再组织扑救火灾。

② 如果着火部位在车厢内,驾驶员迅速开启车门后,组织指挥乘客绕过火源从相应的车门下车。如果火源阻挡了乘客从车门下车,应果断砸坏车窗,组织指挥乘客从就近车窗逃离;如果车辆电路被烧坏,打不开车门或火势很大、人员很多,也应立即破窗,有序组织指挥乘客逃离车辆。

③ 如果火势已起,烟雾很大,应告知乘客不要张口大声喊叫,立即用随身携带的矿泉水将毛巾、手绢、衣物等弄湿,捂住口鼻,弯腰俯身,依次等候下车或从车窗逃离,以免烟火呛入呼吸道而造成呼吸道伤害或窒息,或因拥挤挤压、踩踏而受到伤害。当火源阻挡住乘客下车通道时,可用衣物蒙住头部迅速冲出去。

(7) 当驾驶员或乘客身上穿着的衣物着火时,为防止烧伤或灼伤,如果时间允许,可以迅速脱下衣服,用脚将衣物上的火踩灭;如果来不及,乘客之间可以用衣物拍打或用衣物覆盖火焰使之熄灭,或者就地打滚压灭衣物上的火焰。救火时不要张口喊叫,以免烟火呛伤呼吸道。

(8) 在扑救时,驾驶员及其他人员应脱去身上穿着的化纤衣物,避免因化纤衣物易燃而造成身体烧伤、灼伤。

十五、迎面相撞

(1) 在车辆行驶中,当发现与对面来车有迎面碰撞可能时,应立即向右侧稍许转动方向,随即适量回转,并迅速踩踏制动踏板,尽量避免事故发生。

(2) 当发现与对面来车已不可避免地发生正面碰撞时,应立即紧急制动,以减少正面碰撞力。

① 如果撞击方位不在驾驶员一侧或撞击力量较小,驾驶员应用手臂支撑转向盘,两腿向前蹬直,身体后倾,使头、背、臀紧贴座椅,以此形成与惯性相反的力,保持身体平衡,以免在车辆撞击的一瞬间头撞到挡风玻璃上而受伤。

② 如果判断撞击的部位临近驾驶座位或撞击力量较大,在迎面相撞发生的瞬间,双手迅速放弃转向盘并抬起双腿,身体侧卧于右侧座上(右侧卧不会受安全带的约束),以避免身体因转向盘和发动机向后移位而被抵压受伤。

十六、侧面碰撞

车辆侧面相撞常发生在交叉路口,这种撞击若是发生在车身座舱部位,伤害性非常大。

（1）行车过程中,若发现自己的车辆即将撞击来车的侧面,应立即采取紧急制动,同时转动转向盘采取避让措施。对无 ABS 刹车功能的车辆,在紧急制动过程中,驾驶员应适时瞬间抬起制动踏板,迅速操纵转向盘进行避让,尽量减小撞击力或避免直着撞击被撞车辆的驾驶室或车身座舱部位,竭力将侧面撞击转化为剐碰。

（2）行车过程中,当发现来车有可能与自己的车辆发生侧面撞击的危险时,要立即顺车转向,极力使可能发生的侧撞转变为剐撞,并在可能的情况下采取急刹车或急提速的措施,尽力加大车身座舱与来车的间距。同时驾驶员身体向右侧倾斜,双手应握紧转向盘,使头、背、臀紧贴座椅,稳住身体,避免被甩出车外。

（3）即便已采取制动措施也无法避免事故时,也应立即顺车转向避让,尽量避开来车直着侧面撞击,极力使侧面碰撞变成剐撞,以最大限度地减少损伤,同时应对撞击的位置和力量迅速做出判断。

① 如果撞击力量较小且撞击部位偏离驾驶室或在右侧,驾驶员应双臂稍曲,紧握转向盘,以免肘关节脱位。同时,双腿向前挺直,身体向后紧靠座椅靠背,使身体定位较稳,防止头部前倾撞击挡风玻璃或胸部前倾撞击转向盘。

② 若判断车辆撞击方位在驾驶员一侧或撞击力相当大,驾驶员应毫不犹豫地抬起双腿,双手放弃转向盘,身体侧卧于侧座上,避免身体被转向盘抵压受伤。

十七、即将追尾

在道路交通事故中,汽车追尾是一种最为常见的道路交通事故,也是造成人员伤亡最为严重的道路交通事故类型之一。汽车追尾一般可分为追尾和被追尾两种形式。导致车辆发生追尾碰撞事故的原因很多,主要有驾驶员酒后开车、疲劳开车或走神、跟车距离近、能见度低、前方车辆突然减速停车或改变行驶方向等原因。在车辆即将发生事故的一瞬间,大多数驾驶员大脑往往一片空白,惊慌失措,很难通过应急避险措施避免或减轻事故的发生。要避免追尾事故,必须从预防做起,但是有效的应急避险措施也是能起到一定的避免或减轻追尾碰撞事故的作用。

（1）在停车等待交通信号或因事故堵车依次停车排队等待通行时,要通过车辆内外后视镜对后面来车进行不断的观察判断,当发现后面来车凶猛或有异常现象,可能对你造成严重碰撞时,如果来不及将车开走避让,应立即解除制动,使车辆进入运动状态,通过碰撞时车辆的向前移动缓解碰撞冲击力,可以有效地减轻事故程度。

（2）当车辆行驶中转弯、变道或制动减速停车时,或者在能见度较低的天气环境下行驶时,应在保证对前方道路交通情况观察判断的前提下,通过车辆内外后视镜对后面来车进行不断的观察判断,当发现后面来车有可能追尾时,应立即打开紧急报警灯、不停轻点刹车点亮刹车灯,以引起后方车辆的警觉和注意,并在保证安全的前提下迅速提速、打方向避开。

(3)当发现后面来车即将追尾无法躲避时,驾驶员应立即用双手抓牢转向盘,左脚蹬住车底,使头、背、臀紧贴座椅,稳住身体,右脚仍踩在油门踏板上,以应对后车冲击碰撞,避免方向失控和身体移动、头部晃动而造成的更大伤害。同时,放在油门踏板上的右脚在碰撞时因受力能使车辆突然加速,缓冲碰撞。

(4)当发现车辆即将与前车发生追尾碰撞时,驾驶员应立即采取紧急制动措施,极力减少撞击力,并充分利用汽车 ABS 制动功能,操控转向盘转动方向,尽可能地避开与前车追尾。必要时可与被追尾车辆或前方其他车辆的侧面发生刮擦碰撞,以此来转化事故形式,减小巨大冲击力对驾乘人员的伤害。但是,如果被追尾车辆是大(重)型货车、半挂车或大型货车底盘改装的专项作业车,因其后部是刚性很强的框架结构,而且其车厢左右两侧多数为直角,具有很强的剪切作用,如果在追尾碰撞时不是与其尾部的正面相撞而是偏撞,将会由于碰撞接触面小而导致全部碰撞能量都集中在车辆碰撞接触的一侧,从而造成车辆损毁更加严重,车内人员伤害更大。因此,当车辆势必要与大型货车等发生剧烈碰撞时,如果车内坐有多人,应尽可能地选择与其尾部正面的防撞装置碰撞,充分利用长头车辆前部结构的溃缩变形吸能作用和货车尾部防撞装置的吸能作用,大量吸收和缓冲碰撞能量,保护车身座舱内的驾乘人员。

没有 ABS 功能的车辆,可采用人工 ABS 技术,即在车辆紧急制动车轮抱死后,在驾驶员转动转向盘采取避让措施的瞬间,及时快速地间断性微抬制动踏板,恢复转向轮的转向功能,迅速打转向盘绕避前车。但这样做难度不小,需要冷静和平时演练。

(5)无论是车辆追尾还是被追尾,当驾驶员发觉后都应立即发出应急信号,让车内人员做好碰撞应急准备。当车内乘车人发觉或听到车辆即将发生追尾碰撞时,应立即用双手抓牢车内扶手或前排座椅靠背,双腿蹬住前排座椅支腿下部(前排乘车人蹬住车底两侧或仪表盘右侧),使头、背、臀紧贴座椅,稳住身体,以应对碰撞冲击。

十八、即将翻车

车辆在行驶中,常常会由于侧滑、转向不足、转向过度等原因导致车辆翻车,时常会造成严重的车毁人亡交通事故。车辆翻车逃生避险的三大前提是保持正确驾(座)姿,背、臀紧贴座椅,系好安全带。而在车辆即将翻车的一瞬间,保持沉着冷静,采取必要的应对措施,也是避免或减少、减轻伤亡的关键。

(1)在车辆行驶过程中,当感觉到即将翻车时,驾驶员应立即熄火,将点火开关钥匙关到底,使车辆转向盘处于锁止的状态,避免车辆在倾翻、翻滚过程中起火发生燃烧、爆炸等事故,同时也能为驾驶员抓扶提供稳定可靠的支撑。

（2）当车辆即将翻车时,驾驶员应立即用双手抓牢转向盘,双脚勾住踏板或蹬住底部两侧,或抬起双脚顶住仪表盘,使头、背、臀紧贴座椅,稳住身体,随车体翻滚。乘车人员也应立即用双手抓牢车内扶手或前排座椅靠背,双腿蹬住前排座椅支腿下部（前排乘车人员蹬住车底两侧或仪表盘右侧）,使头、背、臀紧贴座椅,稳住身体,随车体翻转。同时,取下身上的眼镜等尖锐物品,以免身体在随车体翻转时受到伤害。

（3）在车辆停止翻滚后,驾乘人员应迅速解开安全带,慢慢移动身体逃出车外。如果车身变形,车门和车窗都打不开,可用安全锤、破窗器或灭火器等将车窗玻璃砸碎,或用座椅头枕的一根插杆插入玻璃与车窗框缝隙中,用力下压别碎玻璃。

（4）如果车辆翻滚后停在路沟、山崖边,应判断车辆是否还会继续往下翻滚。在未能判明情况前应维持车内秩序,让靠近相对安全一侧的人先下,从外到里依次离开。绝不能多人同时移动,否则可能会使车体晃动而使车体继续往下翻滚。

十九、车辆坠崖或坠河

在车辆行驶过程中,由于车速快、侧滑、转向不足或过度以及制动失灵或失时等原因,导致车辆失控而坠下悬崖或坠入深坡河中。当驾驶员或乘车人员发现或意识到可能要坠崖或坠河时,可采取以下措施:

（1）在汽车下落时,驾驶员应立即熄火,将点火开关钥匙关到底,使车辆转向盘处于锁止的状态,避免车辆在倾翻、翻滚过程中起火发生燃烧、爆炸等事故,同时也能为驾驶员抓扶提供稳定可靠的支撑。

（2）驾驶员和乘车人员应立即抓牢转向盘或车内扶手,用脚蹬住车内固定支撑,使头、背、臀紧贴座椅,稳住身体,随着车体翻滚,以避免车辆翻滚时身体移动、晃动而遭到二次伤害。同时,当车着地时也可使身体有一定的反冲空间。

（3）如果汽车不是在剧烈的翻滚中下坠,当车体即将坠落到地面时,应缩头弓背蜷缩身体,双手抓牢车上的固定物,支撑住身体,做好冲击准备。

（4）若来不及调整身体姿势,也要尽可能地使腿部朝着坠地方向,或一手死死抓住车上固定物,一手曲臂做好头部支撑,保护好头部,以免受到致命的伤害。

二十、车辆漏油

车辆行驶中储供系统最容易出现故障,而且也很容易由此引发车辆着火事故。因此,驾驶员在行车过程中一旦嗅到燃油气味或发觉车辆有异常现象,应尽快靠边停车,在车后来车方向放置三角警示牌,进行检查和临时应急处理,并尽快到修理厂进行维修。

（1）油箱损坏。油箱漏油时,可将漏油处擦干净,用肥皂或泡泡糖涂在漏油处,暂时堵塞。

（2）油管破裂。油管破裂时,可将破裂处擦干净,涂上肥皂,用胶布或布条缠绕在油管破裂处,并用铁丝捆紧,然后再涂上一层肥皂。

（3）油管折断。油管折断时,可找一根与油管直径适应的胶皮或塑料管套接。如果套接不够紧密,两端再用铁丝捆紧,防止漏油。

（4）油管接头漏油。发动机油管接头漏油,一般是油管喇叭口与油管螺母不密封所致。可用棉纱缠绕于喇叭口下缘,再将油管螺母与油管接头拧紧;还可将泡泡糖或麦芽糖嚼成糊状,涂在油管螺母座口,待其干凝后起密封作用。也可将人造革或皮腰带剪成型或放入孔中砸成型,安上即可;还可将一截塑料管剪成型安上。

二十一、危化品罐车泄漏

在危化品车辆运输和装卸过程中,有可能因为车辆长期行驶颠簸而导致罐体上的阀门,安全阀,爆破片,压力表,液位计以及液位、压力、温度的检测报警器松动,造成罐内危化品液(气)体泄漏;也可能因车辆碰撞、倾翻、坠落事故而造成危化品泄漏。危化品罐车一旦泄漏,特别是大量泄漏,其后果极其严重,不仅会对周围环境造成严重污染,而且极有可能导致火灾爆炸事故和窒息中毒事故,造成重大人员伤亡和财产损失。因此,在危化品运输和装卸过程中,一旦发生危化品泄漏、渗漏,驾驶员应立即会同押运员、站内装卸人员采取相应的措施,进行应急处置。

（1）无论危化品泄漏情况如何,只要确认泄漏有可能会造成安全事故或污染事件,都必须向单位报告。如果情况危急,应先拨打"119""122"报警,然后再向单位报告。

（2）在进行应急处理前,应根据所载危化品的特性,穿戴好随车配备或站内存放的安全防护用品,使用安全防护器材,不得在危险区域内使用手机或动用火种。

（3）在装车过程中一旦发现泄漏或渗漏,应立即停止装车,并将装入车内的危化品卸掉,将车开到具有相应资格能力的修理厂进行维修。

（4）在车辆行驶过程中如果发现危化品泄漏,应立即查明原因,并采取相应的应急处置措施进行处置。

① 如果危化品是从罐体破损孔洞或阀门管口泄漏,应用随车携带的木塞进行封堵。如果没有携带木塞,可用路边的树枝砍削成木塞进行封堵。封堵后为防止渗漏,可将肥皂涂在缝隙上。

② 如果危化品泄漏是因罐体焊缝开裂造成的,可将棉纱或布条涂抹上肥皂,

用平口螺丝刀小心翼翼地塞住,并在两侧涂抹上肥皂。

③ 如果危化品是从安全阀、压力表、液位计等丝扣连接处渗漏且渗漏较为严重,可将棉纱或布条涂抹上肥皂,将其紧紧地缠绕包裹起来,然后用绳或铜丝、铝丝捆扎结实。

④ 如果泄漏量很大、无法封堵,可用水桶将液体危化品接住,再倒回罐内或者将其倒入路边封闭的坑内或围堰内,再进行处理。如果没有带水桶或流量很大无法用水桶接时,应立即用土筑起围堰,将其引入坑中或不流水的死沟中,防止危化品液体四处流淌,造成污染事件或安全事故。

(5) 如果运输途中发生车辆碰撞、倾翻、坠落事故,已经导致或可能导致危化品泄漏,应立即拨打"119""122"或"110"报警,疏散围观人员,设置三角警示牌和道路障碍,封锁事故现场,并在确保自身安全的情况下尽力采取措施,以减小事故扩大、蔓延,为专业救援队伍施救争取更多的机会和时间。

(6) 如果危化品泄漏可能会危及周边(尤其是下风向)居民或村民,应立即设法向他们通报,使他们能够迅速撤离转移,以免造成严重后果。

(7) 如果罐内危化品属于易燃易爆危化品,应在保证自己不使用手机、不动用火种的前提下,极力劝阻和制止现场危险区域内的其他人员使用手机和动用火种。

第二节　车辆交通事故应急处置

一、立即停车

停车后按规定拉紧手制动,切断点火开关,开启危险报警闪光灯,并在车后 50～100 m 处设置警告标志,夜间还应当开启示廓灯和后尾灯。如果电路损坏,应切断电源,防止车辆着火,保护好自身安全。

二、保护现场

保护现场的原始状态,车辆、人员、牲畜和遗留的痕迹、散落物不能随意挪动位置。应果断处置,不要惊慌失措,保护好货物财产,避免造成更大的损失;抢救伤者移动现场时,应在其原始位置做好标记,不得故意破坏、伪造现场。当事人在交警部门到来之前可用绳索等设置警戒线,保护好现场。

三、迅速报警

当事人应立即进行自救,并报警或委托过往车辆、行人向附近的公安机关或执勤民警报案。事故报警电话是122。如果有人员伤亡需要救治,应及时向附近的医疗单位、急救中心呼救,急救电话是120,或者拨打110求救。应简明讲清事故发生的时间、地点、肇事车辆、伤亡、损失等情况,以及事故对周围环境的危害程度。

当车辆发生着火时,应当迅速用车上的灭火器进行灭火。如果无法控制火势,要迅速拨打火警电话119报警。立即疏散和阻止其他人员靠近,防止事态扩大。

四、抢救伤者

对伤者的外伤应立即进行包扎止血处理,并将其移至安全地带,设法拦搭过往车辆送医院抢救治疗或通知急救部门、医院派救护车前来抢救。积极协助120救护人员救死扶伤,避免事故扩大,把伤害减至最低程度;对死亡人员也应将其移至安全地带妥善安置;对于现场物品或伤者的钱财应妥善保管,防止被盗被抢。

五、事故现场伤害的简单处理

(一)急救头外伤

最重要的是不要随便移动患者。首先让伤者侧卧、头向后仰,保证呼吸道畅通。若伤者呼吸停止,则进行人工呼吸;若脉搏消失,则进行胸外心脏按压。如果伤者头皮出血,可用纱布等直接压迫止血。

如果头部受伤,并有血液和脑脊液从鼻、耳流出,一定要让伤者侧下,即左耳、鼻流出脑脊液时左侧向下,右侧流出时右侧向下。

(二)急救胸外伤

当胸部出现外伤时,最危险的是每当呼吸时伤口都有响声,此时应立即用铝片或塑料片密封伤口,再用胶布固定,不让空气通过。一时找不到密封用的铝片时,可立即用手捂住。

胸部发生骨折会有各种各样的情形,如相连的几根肋骨同时骨折叫"浮动骨折",这时一定要使伤者患部向下、安静地平卧。

(三)外伤止血法

(1)指压止血。用手指在伤口上方(近心端)的动脉压迫点上用力将动脉血管压在骨骼上,中断血液流通,达到止血目的。指压止血是较迅速有效的一种临时止血方法,止住出血后,需立即换用其他止血方法。

① 手指出血:将伤指抬高,可自行用健侧的拇指、食指分别压迫伤指指根的两侧(指动脉)。适用于手指出血的自救。

② 手部出血:将伤者手臂抬高,用双手拇指分别压迫手腕横纹上方内、外侧搏

动点止血。

③ 手、前臂及上臂下部出血：将上肢外展外旋，曲肘抬高上肢，用拇指或四指在上臂肱二头肌内侧沟处施以压力，将肱动脉压于肱骨上即可止血。

④ 大腿、小腿、脚部的动脉出血：在腹股沟中点稍下方，大腿根处可触摸到一个强大的搏动点（股动脉），用两手的拇指重叠施以重力压迫止血。

（2）加压包扎止血。如果背包内正好有消毒纱布，先用它垫覆盖伤口后，再用棉花团、纱布卷或毛巾、帽子等折成垫子，放在伤口敷料上面，然后用三角巾、绷带或头巾紧紧包扎，以达到止血目的。用于小动脉、静脉及毛细血管出血。注意：伤口有碎骨存在时，禁用此法。

（3）加垫屈肢止血。前臂或小腿出血，可在肘窝或腘窝放纱布垫、棉花团、毛巾或衣服等物，屈曲关节，用三角巾、绷带或头巾将屈曲的肢体紧紧缠绑起来；上臂出血，在腋窝加垫，使前臂屈曲于胸前，用三角巾或绷带把上臂紧紧固定在胸前；大腿出血，在大腿根部加垫，屈曲髋关节和膝关节，用三角巾或长带子将腿紧紧固定在躯体上。注意：有骨折和怀疑骨折或关节损伤的肢体不能用加垫屈肢止血，以免引起骨折端错位和剧痛。采用此法要经常注意肢体远端的血液循环，如果血液循环完全被阻断，要每隔 1 h 左右慢慢松开一次，观察 3～5 min，防止肢体坏死。

（4）止血带止血。如果发生四肢较大动脉出血，用其他方法不能止血时，才可用止血带。因止血带易造成肢体残疾，故使用时要特别小心。也可用宽绷带、三角巾或手绢、头巾、布条等代替，以备急需。止血带的宽度要有 5 cm 以上，要放在伤口上方（近心端）约 10 cm 的地方，如果伤口在关节或靠近关节，则应放在关节的上方（近心端）。缠绕部位用衬垫垫好，用力勒紧，然后打结。在结内或结下穿一短棒，旋转此棒使带绞紧，至不流血为止，将棒固定在肢体上。

六、通知单位

发生交通事故，应立即在最短的时间内向本单位有关部门报告。

七、协助调查

当事人必须如实向公安交通管理机关陈述事发经过，不得隐瞒交通事故的真实情况，应积极配合协助警察做好善后处理工作。

八、作业现场应急处置

车辆应停放在进出作业井场比较方便的上风口位置，发生突发事件时可以迅速驶离危险区域;车辆安装防火帽,防止可燃气体泄漏时发生火灾;服从现场管理人员的指挥,发生井喷等突发事件时如果车辆不能驶离井场,应及时熄火、关闭电源,人员撤离井场到安全位置。必要时,按照作业现场应急处置要求佩戴正压式空气呼吸器。

参考文献

［1］ 中华人民共和国交通运输部令（2013 年第 2 号） 道路危险货物运输管理规定.

［2］ GB 7258－2012 机动车运行安全技术条件.

［3］ 中国石化安［2011］775 号 中国石化机动车辆交通安全管理规定.

［4］ GA 802－2008 机动车类型、术语和定义.

［5］ QC/T 739－2005 油田专用车辆通用技术条件.

［6］ 李百川.道路运输企业安全管理.北京：人民交通出版社，2006.

［7］ 中华人民共和国国务院令第 405 号 中华人民共和国道路交通安全法实施条例.